2024

AutoCAD 项目教程

主　编　覃羡烘　杨　斌
副主编　杨晶晶　冯丹艳

南京大学出版社

图书在版编目(CIP)数据

AutoCAD项目教程 / 覃羡烘，杨斌主编. -- 南京 ：
南京大学出版社，2025. 2. -- ISBN 978 - 7 - 305 - 28722 - 0

Ⅰ. TP391.72

中国国家版本馆CIP数据核字第2025Z292P6号

出版发行　南京大学出版社
社　　址　南京市汉口路22号　　　邮　　编　210093

书　　名　**AutoCAD项目教程**
AutoCAD XIANGMU JIAOCHENG
主　　编　覃羡烘　杨　斌
责任编辑　吕家慧　　　　　　　　编辑热线　025 - 83597482

照　　排　南京开卷文化传媒有限公司
印　　刷　南京新洲印刷有限公司
开　　本　787mm×1092mm　1/16　印张13.5　字数345千
版　　次　2025年2月第1版　2025年2月第1次印刷
ISBN　978 - 7 - 305 - 28722 - 0
定　　价　39.00元

网　　址：http://www.njupco.com
官方微博：http://weibo.com/njupco
微信服务号：NJUyuexue
销售咨询热线：(025)83594756

前 言

AutoCAD是由美国 Autodesk公司开发的计算机辅助绘图和设计软件，可用于二维绘图、设计文档和基本三维设计，在很多领域（如机械、建筑、汽车、电子、航天等）有着广泛的应用，尤其在机械设计与机械制造领域，已经成为广大工程技术人员必备的绘图工具之一。本书结合机械制图与 CAD 绘图国家标准，主要介绍了 AutoCAD 2024 中文版计算机绘图的流程、方法与技巧。

本书共十个项目，项目一介绍 AutoCAD 2024 软件的基本功能、操作界面、发展情况和新特性；项目二介绍二维作图的基本命令；项目三介绍二维图形编辑命令的使用、绘图模板及栅格设置；项目四介绍文本输入与编辑；项目五介绍图块与填充；项目六介绍图形的标注；项目七精确绘制比较复杂的工程图；项目八讲解装配图的绘制及基本装配步骤；项目九介绍三维线框模型、表面模型、实体模型的创建与编辑；项目十介绍图形的输入、输出与打印。

本书具有如下特色。

(1) 适用度广。本书面向 AutoCAD 的初、中级用户，内容丰富，结构合理，可作为机械类、非机械类专业的本科教材，也可作为相关工程技术人员和AutoCAD爱好者的自学参考书。

(2) 经典的任务案例。本书采用项目式编写方式，全书共十个项目，每个项目里面又设置了多个经典任务，这些任务均来自工程实践，实践应用度很高。每个任务包括任务描述、相关知识点、任务实施过程等，通过任务，掌握相关的理论知识和绘图方法及技巧。

(3) 大量的课后技能训练题。本书的每个任务结束后面都有大量相应的技能训练题，这些训练题针对性强，大部分也是来自工程实践，能充分满足知识需求，通过训练能够进一步熟悉绘图技能及方法，达到巩固知识的目的。

(4) 附录中有大量往年的认证考试真题集。这些真题集有全国的,省级的,市级的;有中级的,也有高级的。为学生后期考证打下了坚实的基础。

(5) 附录中还有近年的考试题库,仅供学习训练用。

本书由广东理工学院教师覃羡烘、杨斌任主编,广东理工学院杨晶晶、冯丹艳任副主编。本书是集体智慧的结晶,其中项目一、八、九、十及附录由覃羡烘老师编写;项目二由杨斌教授编写,杨教授还负责整本书的审查工作;项目四、五、七由杨晶晶老师编写,项目三、六由冯丹艳老师编写。

本书是在《AutoCAD 2018 项目教程》的基础上进行修订。在编写过程中,本书参考了许多论文与教材,在此一并向这些文献的作者表示诚挚的谢意。

由于编者水平有限,书中难免会有疏漏及不妥之处,欢迎广大读者批评指正。

编　者

2024 年 10 月

目　录

项目一

AutoCAD 2024 软件应用基础

教学目标

1. 了解 CAD 与 AutoCAD。
2. 熟练掌握 AutoCAD 的工作界面。
3. 掌握 AutoCAD 的启动与退出。
4. 熟悉图层界限、图形单位等绘图环境的设置。
5. 掌握图层的创建及管理方法。

任务一　熟悉 AutoCAD 2024 用户界面

任务描述

了解 CAD 与 AutoCAD，掌握 AutoCAD 2024 软件的启动及退出，熟悉 AutoCAD 2024 的工作空间和工作环境。

相关知识点

1. CAD(Computer Aided Design)计算机辅助设计：是指利用计算和图形处理功能，协助工程进行辅助设计、分析、修改和优化。

2. AutoCAD(Auto Computer Aided Design)：由美国 Autodesk 公司开发，是目前国内外最受欢迎的 CAD 软件包。

3. AutoCAD 的应用范围：建筑；机械；电子、石油、化工、冶金；地理、气象、航海、拓扑等。

AutoCAD 还可以方便地与 Solidworks、Photoshop、3ds Max、Lightscape 等软件相结合，从而制作出极具真实感的三维透视与动画效果，是目前国内外最受青睐的 CAD 软件包。

一、AutoCAD 的发展过程

1. 初级阶段

(1) 1982 年 11 月,首次推出 AutoCAD 1.0 版本。

(2) 1983 年 4 月,推出 AutoCAD 1.2 版本。

(3) 1983 年 8 月,推出 AutoCAD 1.3 版本。

(4) 1983 年 10 月,推出 AutoCAD 1.4 版本。

(5) 1984 年 10 月,推出 AutoCAD 2.0 版本。

2. 发展阶段

(1) 1985 年 5 月,推出 AutoCAD 2.17 版本和 2.18 版本。

(2) 1986 年 6 月,推出 AutoCAD 2.5 版本。

(3) 1987 年 9 月,推出 AutoCAD 9.0 版本和 9.03 版本。

3. 高级发展阶段

(1) 1988 年 8 月,推出 AutoCAD 10.0 版本。

(2) 1990 年,推出 11.0 版本。

(3) 1992 年,推出 12.0 版本。

(4) 1996 年 6 月,推出 AutoCAD R13 版本。

4. 完善阶段

(1) 1998 年 1 月,推出 AutoCAD R14 版本(划时代的,DOS 向 Windows 转变)。

(2) 1999 年 1 月,推出 AutoCAD 2000 版本。

(3) 2001 年 9 月,推出 AutoCAD 2002 版本。

(4) 2003 年 5 月,推出 AutoCAD 2004 简体中文版。

(5) 2004 年,推出 AutoCAD 2005 版本。

(6) 2005 年,推出 AutoCAD 2006 版本。

(7) 2006 年,推出 AutoCAD 2007 版本。

(8) 2007 年,推出 AutoCAD 2008 版本。

(9) 2008 年,推出 AutoCAD 2009 版本。

(10) 2009 年,推出 AutoCAD 2010 版本。

(11) 2012 年,推出 AutoCAD 2013 版本。

(12) 之后每年推出一个新的版本,2016 年推出 2017 版本开始,界面与之前的有所不同。

2017 版本后新增的主要功能如下。

DWG™比较:支持查看和记录两个版本的图形或外部参照之间的差异。

PDF 导入:支持将 PDF 中的几何图形(包括 SHX 字体文件、填充、光栅图像和 TrueType 文字)导入图形。

附加/提取点云数据:附加由 3D 激光扫描仪或其他技术获取的点云文件,以用于设计。

保存到各种设备:保存桌面的图形,以便在 AutoCAD 新应用上进行查看和编辑。

支持高分辨率显示器:可在 4K 和更高分辨率的显示器上查看设计。

新视图和视口：支持轻松地将已保存的视图添加到布局中。

共享视图：在浏览器中发布图形的设计视图，以便查看和评论。

离屏选择：即使平移或缩放的内容处于离屏状态，选定对象仍保留在选择集中。

亮显新功能：从而能够快速了解每个版本中的新增功能。

Autodesk 桌面应用程序：可在不中断工作流的情况下接收提醒和安装软件更新。

AutoCAD 2024 引入了许多新功能和改进，旨在提高设计效率和工作流程。以下是一些关键功能和特点的简介。

功能增强：AutoCAD 2024 引入了许多新功能，如智能对象捕捉、实时预览、可视化命令行等，以提高设计效率和工作流程。

2D 和 3D 设计：支持 2D 和 3D 设计，可以轻松创建和编辑精确的图形和模型。

云集成：与 Autodesk 的云服务相集成，使用户能够轻松共享和存储设计文件，并与团队成员实时协作。

自定义工具集：允许用户根据自己的需求创建自定义工具集，提高工作效率和方便性。

兼容性：与其他 Autodesk 产品和第三方应用程序的兼容性良好，可以方便地与其他软件集成和交换文件。

总的来说，AutoCAD 2024 为设计专业人员提供了更多的工具和功能，以帮助他们更高效地完成各种设计任务。

二、AutoCAD 的主要功能

(1) 完善的绘图功能。

(2) 强大的图形编辑功能。

(3) 图形的精确显示，输入、输出方便快捷。

(4) 扩展功能强大，可以采用多种方式进行二次开发或用户制定。

(5) 可以进行多种图形格式的转换，具有较强的数据交换能力。

(6) 支持多种操作平台。

(7) 具有通用性、易用性，适用于各类用户。

任务实施过程

步骤 1：AutoCAD 2024 的启动。

(1) 点击桌面上的 AutoCAD 2024 快捷方式图标，如图 1-1 所示。

(2) 执行“开始”→“程序”→“Autodesk”→“AutoCAD”→“Simplified Chinese”→“AutoCAD 2024”命令。

(3) 在“我的电脑”或“资源管理器”窗口中用鼠标双击，以 AutoCAD 文件格式保存的文件。

图 1-1　桌面图标

步骤 2：退出 AutoCAD 2024。

退出 AutoCAD 2024 最常用的方法：

(1) 单击 AutoCAD 2024 窗口标题栏最右端的“关闭”按钮 X 。

(2) 执行“文件”→“退出”菜单命令。

(3) 按键盘上的【Alt＋F4】或【Ctrl＋Q】。

(4) 在命令行中执行“Exit”或“Quit”命令。

注意：

如果软件中有未保存的文件，则会弹出如图 1－2 所示的信息提示框。单击“是”按钮，保存文件退出；单击“否”按钮则不保存文件退出；单击“取消”按钮取消退出，则继续绘图。

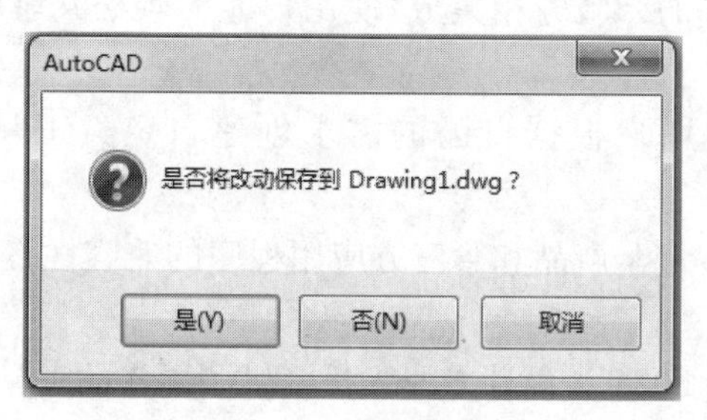

图 1－2　信息提示框

步骤 3：AutoCAD 2024 的工作空间。

AutoCAD 2024 包含了三种工作空间：“草图与注释”“三维基础”“三维建模”。

如图 1－3 所示为 AutoCAD 2024 工作空间模式的几种切换方法如下。

右下角——切换工作空间：选择相应的工作空间。

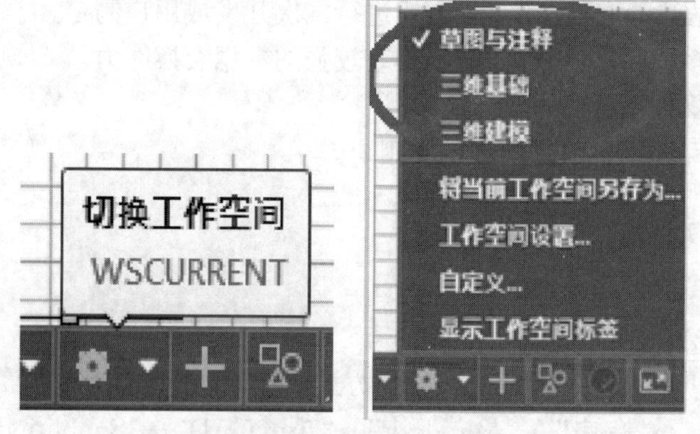

图 1－3　切换三种工作空间

注意：

本书为了适合 AutoCAD 2016 及以上版本的学习，均使用“草图与注释”绘图空间模式进行讲解。

步骤 4:认识 AutoCAD 2024 的工作界面。

默认状态下,系统打开图 1-4 所示的草图与注释主界面,由标题栏、工具栏、绘图窗口、光标、坐标系图标、选项卡控制栏、状态栏、命令行窗口、滚动条等组成。若选择"草图与注释"工作空间,它与前几个版本的工作界面风格有所不同,如图 1-4 所示。

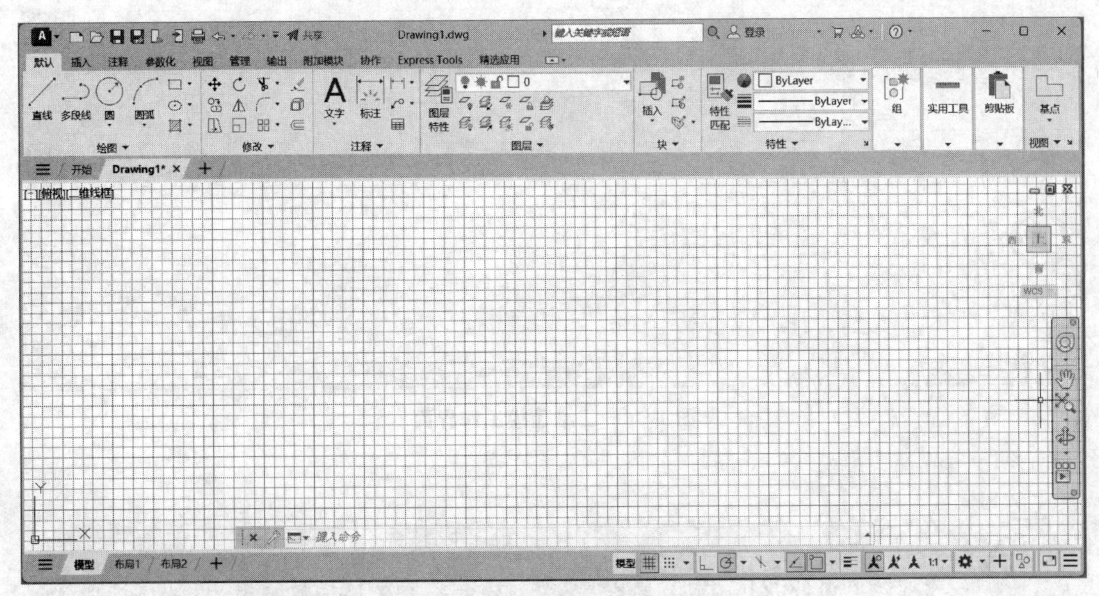

图 1-4　默认草图与注释主界面

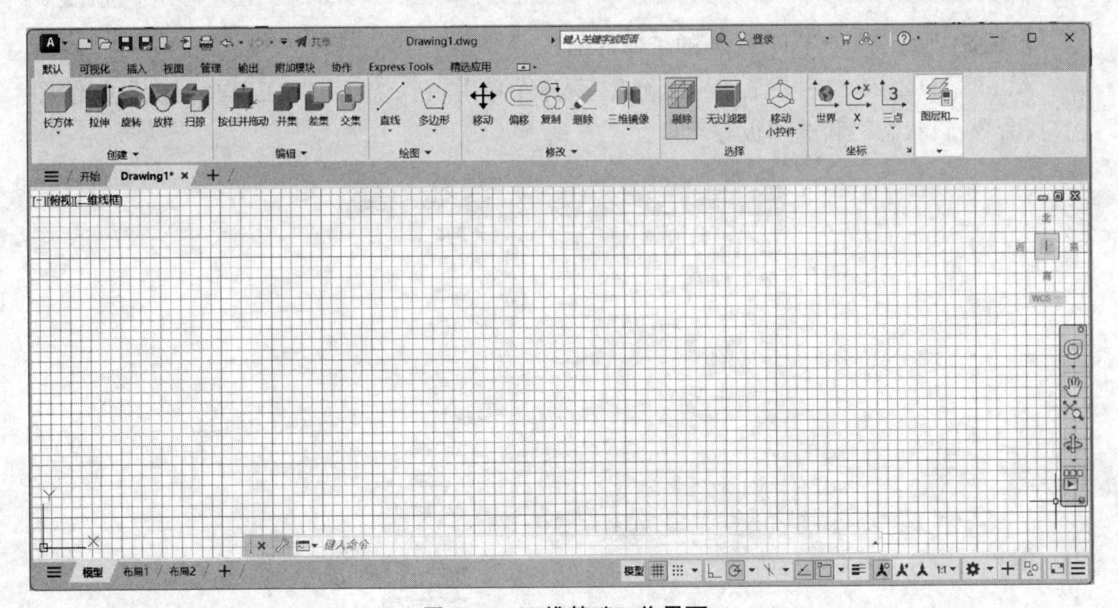

图 1-5　三维基础工作界面

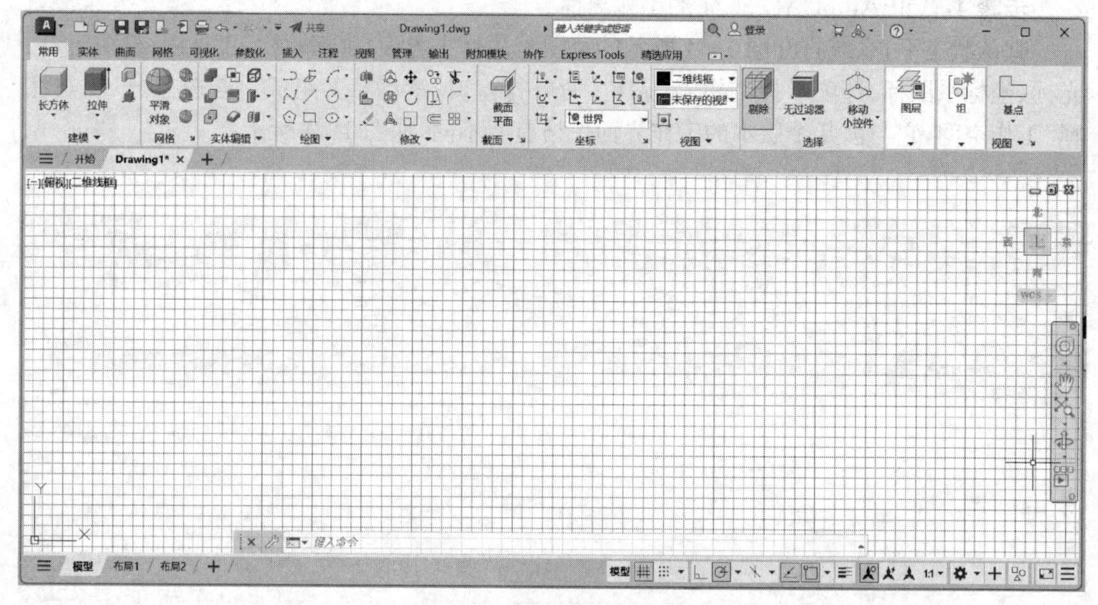

图 1－6　三维建模工作界面

注意：

一般打开界面，2024 版本菜单栏是隐藏的，需要把菜单栏显示出来，可通过点击最上方“自定义快捷访问工具栏”→“显示菜单栏”。

步骤 5：熟悉 AutoCAD 2024 的工作界面。

AutoCAD 2024 的主要工作界面包含“程序菜单”按钮、快捷访问工具栏、标题栏、绘图窗口、命令行、状态栏和选项板等元素。

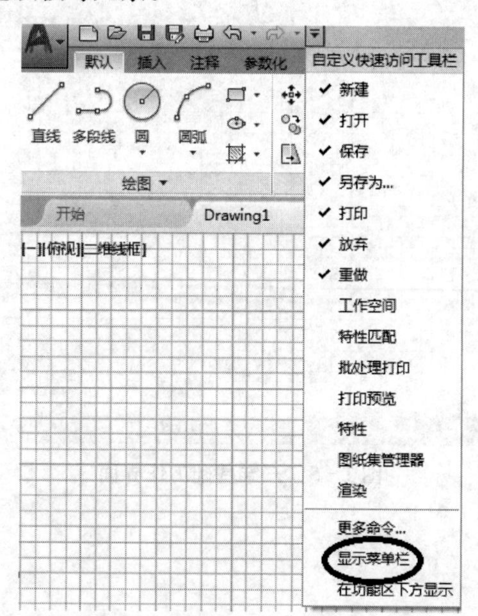

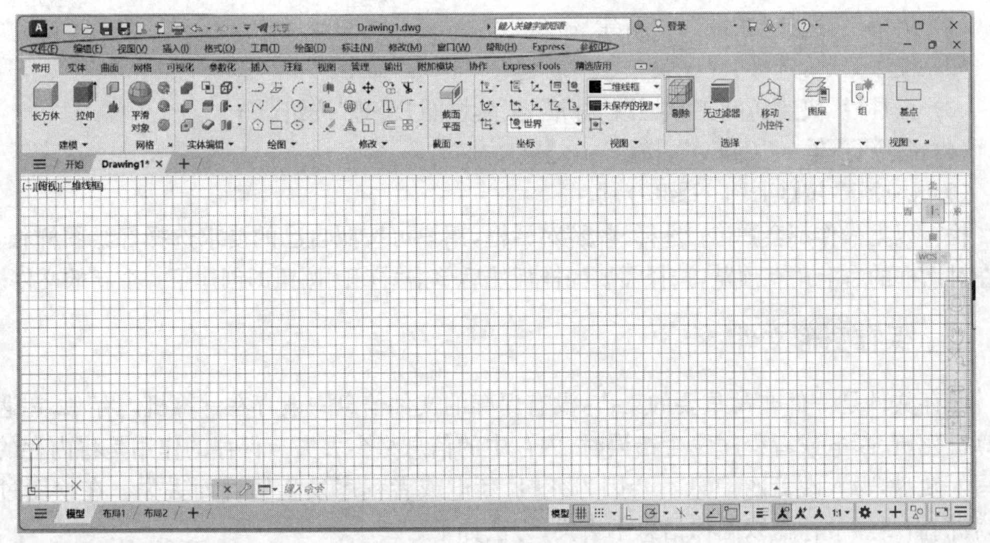

图 1－7　菜单栏显示

> **注意：**
>
> ① 单击菜单项或按下【Alt＋菜单项中带下划线的字母】(例如快捷键【Alt＋D】)，即可打开对应的下拉菜单。② 如果界面上的显示面板不小心关了，可以将鼠标放置在已有的工具栏图标上，点击鼠标右键，然后选择需要的面板，松开鼠标右键，点击所需的面板就会出现在界面上。

任务二　图形文件的基本操作

任务描述

创建新图形文件 01.dwg、保存图形文件 01.dwg、打开图形文件 01.dwg、关闭图形文件 01.dwg。

相关知识点

AutoCAD 2024 中，图形文件管理包括创建新的图形文件、保存图形文件、打开图形文件、关闭图形文件等操作。

一、创建图形文件

在 AutoCAD 2024 中，在绘图前首先应该创建一个新的图形文件，有以下几种创建新文件的方法。

(1) 菜单栏:选择"文件"→"新建"命令。

(2) 程序菜单:选择"程序菜单"→"新建"→"图形"命令。

(3) 工具栏:快速访问工具栏或"标准"工具栏的"新建"按钮。

(4) 命令行:输入"Qnew",按【Enter】键。

(5) 快捷键:按【Ctrl+N】组合键。

执行以上操作都会弹出"选择样板"对话框,用户可按照自己的要求选择好绘图样板,系统在对话框的右上角有预览,选择需要的样板然后单击"打开"按钮即创建了一个新的文件。

二、保存图形文件

保存文件是一件非常重要的工作,没有保存的文件信息一般存在计算机内存中,在遇到计算机死机、断电或者程序发生错误时,内存中的信息将会丢失。保存的作用是将内存的信息写入硬盘,写入硬盘的信息不会因为死机、断电或者程序发生错误而丢失。在绘图过程中,我们需要经常存盘以确保信息不丢失,方法如下。

(1) 菜单栏:选择"文件"→"保存"命令。

(2) 程序菜单:选择"程序菜单"→"保存"命令。

(3) 工具栏:快速访问工具栏或"标准"工具栏的"保存"按钮。

(4) 命令行:输入"Qsave",按【Enter】键。

(5) 快捷键:按【Ctrl+S】组合键。

执行以上命令保存文件时,如果要保存的文件已经命名保存过,那么执行保存命令后,AutoCAD 会直接以原文件的名称保存文件,不再提示用户指定文件的保存位置和文件名。

如要以别名保存图形,则应按如下方法进行。

(1) 菜单栏:选择"文件"→"另存为"命令。

(2) 程序菜单:选择"程序菜单"→"另存为"命令。

(3) 工具栏:快速访问工具栏或"标准"工具栏的"另存为"按钮。

(4) 命令行:输入"Save",按【Enter】键。

(5) 快捷键:按【Ctrl+Shift+S】组合键。

三、打开图形文件

(1) 菜单栏:选择"文件"→"打开"命令。

(2) 程序菜单:选择"程序菜单"→"打开"→"图形"命令。

(3) 工具栏:快速访问工具栏或"标准"工具栏的"打开"按钮。

(4) 命令行:输入"Open",按【Enter】键。

(5) 快捷键:按【Ctrl+O】组合键。

四、关闭图形文件

完成图形绘制后,用户需要关闭图形文件,从而提高计算机的性能,节省内存空间。退出 AutoCAD 2024 的操作如下。

(1) 菜单栏:选择"文件"→"关闭"命令。

(2) 程序菜单:选择"程序菜单"→"关闭"→"当前图形"命令。

(3) 标题栏：单击文件标题右上角的“关闭”按钮 。

(4) 命令行：输入“Close”，按【Enter】键。

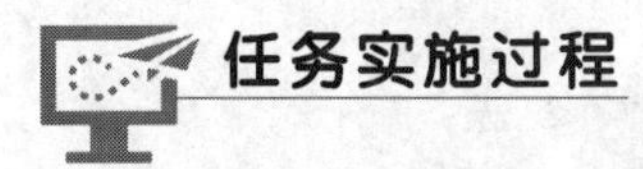

任务实施过程

步骤 1：单击快速访问工具栏中的“新建”按钮，如图 1－8 所示。

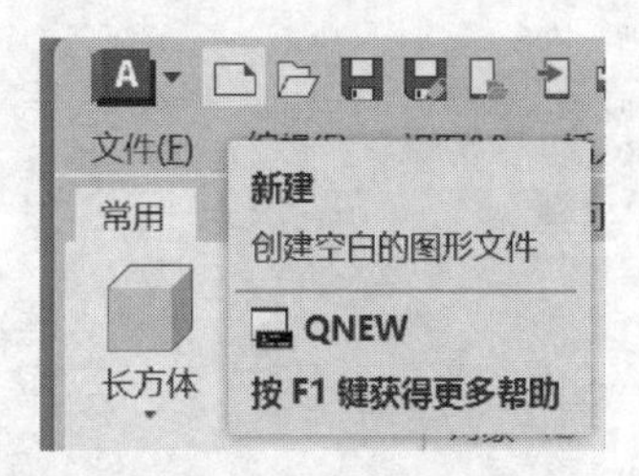

图 1－8　“新建”按钮

步骤 2：弹出“选择样板”对话框，在“名称”列表中选择 acadiso.dwt 模板。

步骤 3：单击“打开”按钮右侧的下三角按钮，弹出下拉列表，如图 1－9 所示，选择“无样板打开-公制”选项，得到如图 1－10 所示。

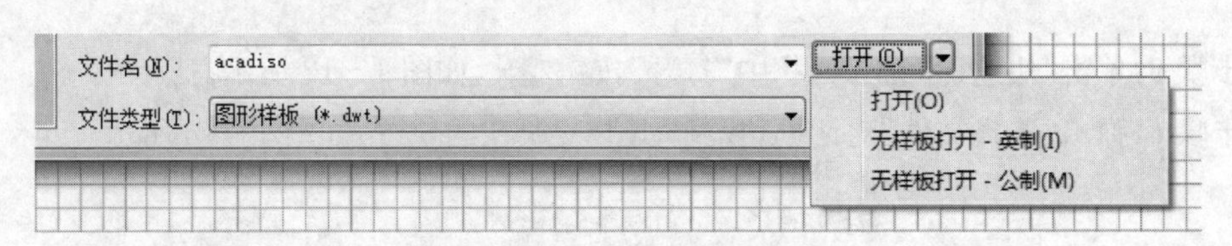

图 1－9　“打开”选择菜单

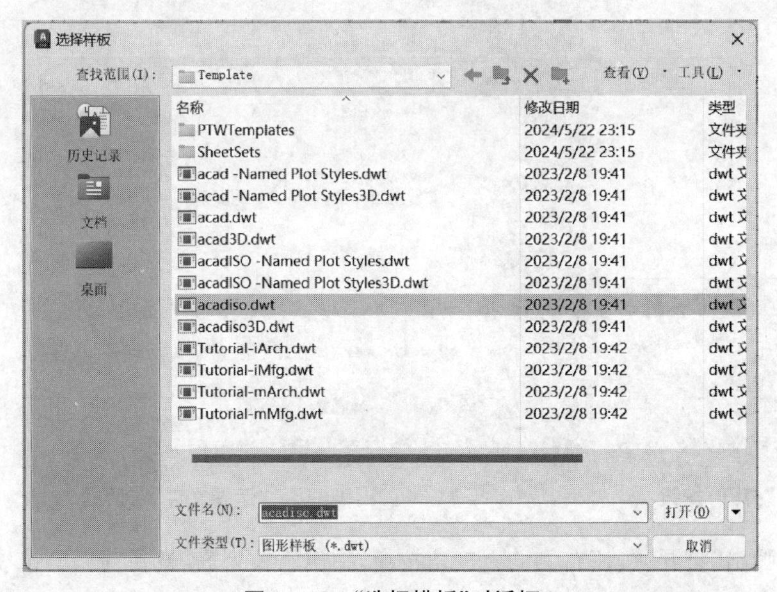

图 1－10　“选择模板”对话框

步骤 4：单击“快速访问工具栏”中“另存为”按钮，弹出“图形另存为”对话框，指定文件保存的位置，然后把文件名改成 01.dwg，如图 1－11 所示，在指定位置就会出现一个名为 01.dwg 的图形文件。

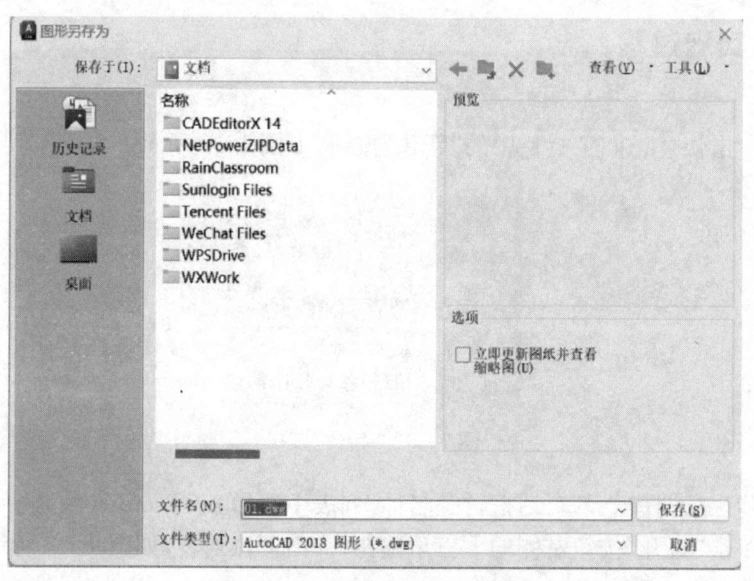

图 1－11　“图形另存为”对话框

步骤 5：单击“快速访问工具栏”中“打开”按钮，如图 1－12 所示。

步骤 6：弹出“选择文件”对话框，找到 01.dwg 所在的位置，如图 1－13 所示。

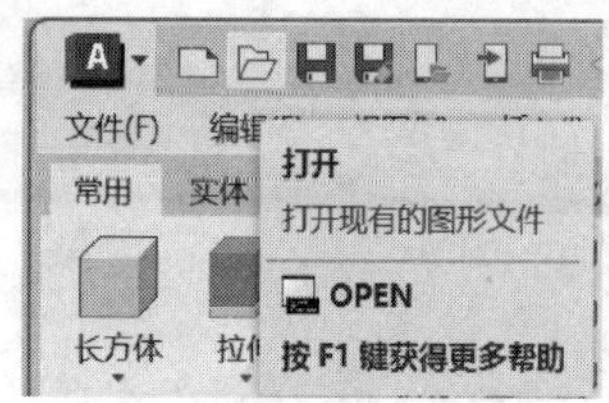

图 1－12　“打开”按钮

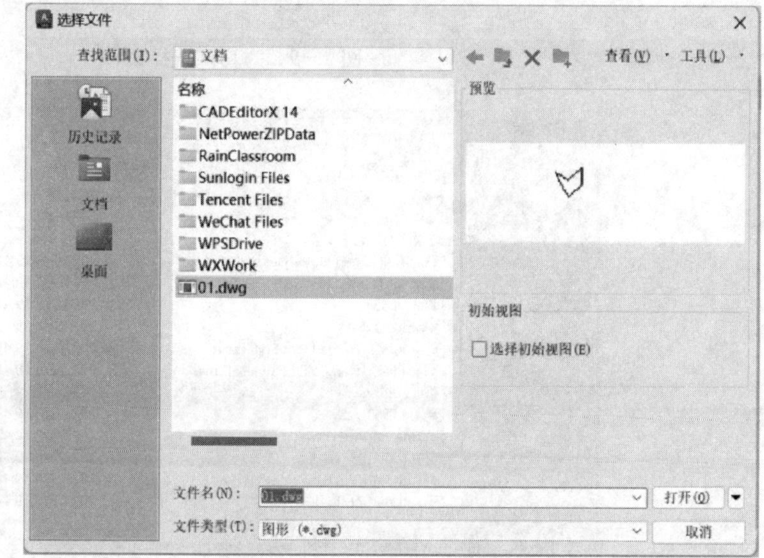

图 1－13　“选择文件”对话框

步骤 7：弹出“打开”按钮右侧的下三角按钮，弹出下拉列表，选择“打开”选项即可打开。

步骤 8：单击文件右上角“关闭”按钮，即可关闭已打开的图形文件。

技能训练

1. 新建一个名为 2024.dwg 的图形文件，保存在 E:/。
2. 打开位于 E:/的 2024.dwg 的图形文件，并关闭该文件。

任务三　设置图形界限

任务描述

设置绘图界限为 A4 图纸(297×210)，并通过栅格显示出该界限。

相关知识点

设置合适的绘图环境，不仅可以简化大量的调整、修改工作，而且有利于统一格式，便于图形的管理和使用。绘图环境设置包括绘图界限，单位设置等。

一、图形界限

图形界限是绘图的范围，相当于手工绘图时图纸的大小。设定合理的图形界限，有利于确定图形绘制的大小、比例、图形之间的距离，有利于检查图形是否超出图框。图形界限确定了栅格和缩放的显示区域，因此设置好图形界限是很有必要的。在 AutoCAD 2024 中，设置图形界限主要是为图形确定一个图纸的边界。

工程图样使用图纸时，需要设定图纸区域范围 A0(1189×841)、A1(841×594)、A2(594×420)、A3(420×297)、A4(297×210)这五种图纸规格。利用 AutoCAD 2024 绘制工程图时，通常是按照 1∶1 的比例进行绘图的，所以用户需要参照物体的实际尺寸来设置图形的界限。

二、设置“图形界限”命令的方法

在命令行输入“Limits”，按【Enter】键。
菜单栏：选择“格式”→“图形界限(I)”。

任务实施过程

步骤 1：启动“图形界限”命令，命令操作如下。

(1) 命令：Limits。
(2) 重新设置模型空间界限：(对空间界限进行设定)。
(3) 指定左下角点或[开(ON)/关(OFF)]〈0.0000，0.0000〉：(按【Enter】键默认左下

角点）。

(4) 指定右上角点〈210.0000,297.0000〉:297,210（冒号后输入新的图形界限右上角点“297,210”）。

步骤 2:选择菜单栏“视图”“缩放”“全部”命令，使整个图形界限显示在屏幕上。

步骤 3:单击右下角状态栏中的“栅格显示”按钮▦，栅格显示所设置的绘图区域如图 1－14所示。

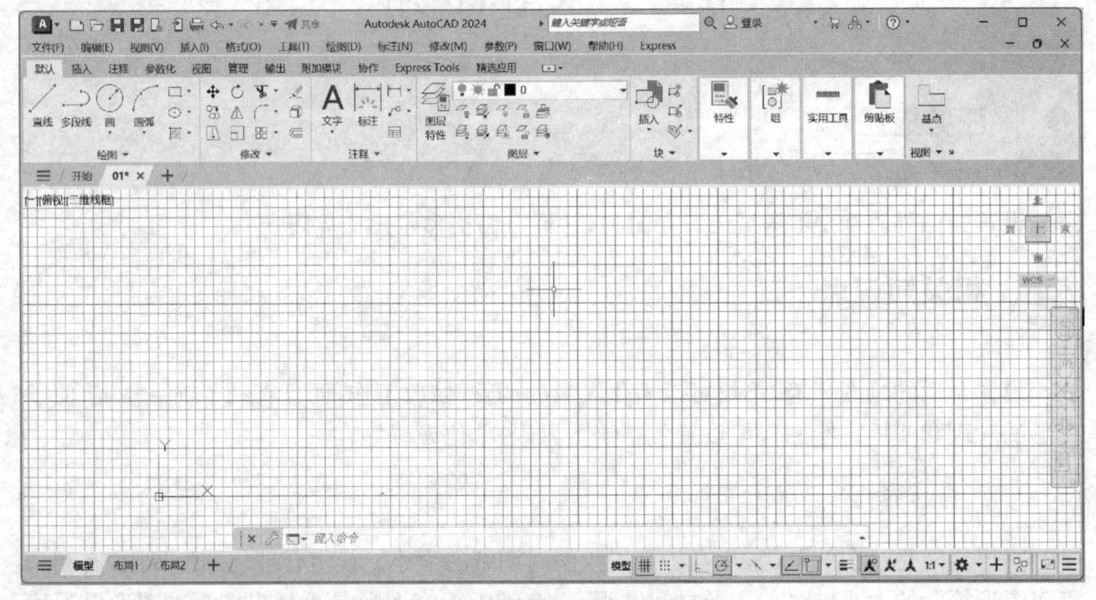

图 1－14　设置图形界限，栅格显示

技能训练

设置绘图界限为 A3 图纸(420×297)，并通过栅格显示出该界限。

任务四　创建图层

任务描述

建立图形文件“图层.dwg”，完成以下操作。

(1) 按以下规定设置图层名称、颜色、线型，线宽，如图 1－15 所示。

状	名称	开.	冻结	锁...	颜色	线型	线宽	打印样式	打印
	0				白	Continuous	默认	Color_7	
	Defpoints				白	Continuous	默认	Color_7	
	尺寸线				绿	CENTER	0.15 毫米	Color_3	
	粗实线				白	Continuous	0.30 毫米	Color_7	
	点划线				红	CENTER	0.15 毫米	Color_1	
	剖面线				绿	CENTER	0.15 毫米	Color_3	
	视口				白	Continuous	默认	Color_7	
	双点划线				洋红	ACAD_ISO0...	0.15 毫米	Color_6	
	细实线				白	Continuous	0.15 毫米	Color_7	
	虚线				黄	ACAD_ISO0...	0.15 毫米	Color_2	

图 1－15　图层设置

(2) 调整线型比例，设置全局比例因子为 0.5。

(3) 完成图层的设置后，进行如下操作：

① 把粗实线设置为当前图层。

② 冻结剖面线图层。

③ 锁定细实线图层。

④ 关闭虚线图层。

相关知识点

一、图层

我们可以把图层想象为一张没有厚度的透明纸，各层之间完全对齐，一层上的某一基准点准确地对准其他各层上的同一基准点。用户可以给每一图层指定所用的线型、颜色，并将具有相同线型和颜色的对象放在同一图层，这些图层叠放在一起就构成了一幅完整的图形。

图层所具有的特点：

(1) 用户可以在一幅图中指定任意数量的图层，并且图层数量没有限制。

(2) 每一图层有一个名称，以便管理。

(3) 一般情况下，一个图层上的对象应该是一种线型、一种颜色。

(4) 各图层具有相同的坐标系、绘图界限和显示时的缩放倍数。

(5) 用户只能在当前图层上绘图，可以对各图层进行“打开”“关闭”“冻结”“解冻”“锁定”等操作管理。

二、新图层的创建和管理

图层的设置用于创建新图层和改变图层的特性。图层工具条如图 1－16 所示。

图 1－16　图层工具条

1. 输入命令

菜单命令:“格式”→“图层”。

工具条:“对象特征工具栏”→ 。

命令行:“Layer”(别名:“LA”)。

当输入命令后,系统打开“图层特性管理器”对话框。默认状态下提供一个图层,图层名为“0”,颜色为白色,线型为实线,线宽为默认值;在图层特性管理器中,单击“新建图层”按钮 ;在亮显的图层名上输入新的图层名称,如“粗实线”;通过单击每一行中的图标,指定新图层的设置和默认的特性,如颜色、线宽,线型设置。

2. “图层特性管理器”对话框的选项

如图 1-17 所示对话框上面的七个按钮分别是:“新特性过滤器”“新组过滤器”“图层状态管理器”“新建图层”“被冻结的新图层视口”“删除图层”“置为当前按钮”。按钮后面为“当前图层”文本框;中部有两个窗口,左侧为树状图窗口,右侧为列表框窗口;下面分别为“搜索图层”文本框、状态行和复选框。

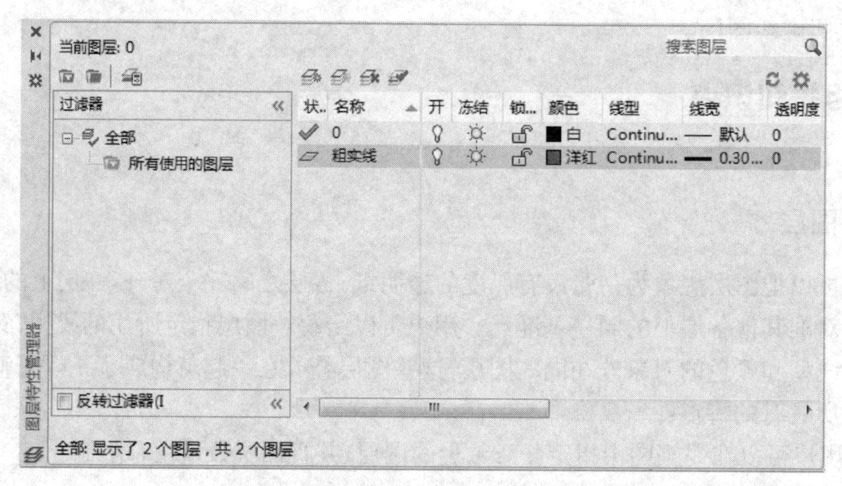

图 1-17 “图层管理特性”对话框

三、控制图层状态的工具

打开图层特性管理器,即可显示图形中图层的特性。要修改某一个选定图层的特性,单击该图层相对应图形管理器图标,图标的含义如下。

开 :点击黄灯泡,即可实现开、关图层打开,该图层上的对象即可显示。

关闭:图层上的对象不显示(与当前图层区别)。

冻结 :当图层冻结后,该层上的图形对象不能被显示或绘制,而且也不能参加图形之间运算。

> **注意:**
> 不能冻结当前图层,也不能把冻结的层设置为当前层。

锁定 ：锁定的图层，其图形仍然显示，但不能进行编辑操作，如果锁定层是当前层，仍可在该层上作图，还可改变锁定层上的对象颜色与线型，使用查询命令与对象捕捉功能。

“图层”工具栏在“标准”工具栏的下面，各项功能自左向右介绍如下。

“图层特性管理器”图标：用于打开“图层特性管理器”对话框。

“图层”列表框：该列表中列出了符合条件的所有图层，若需将某个图层设置为当前图层，在列表框中选取该层图标即可，通过列表框可以实现图层之间的快速切换，提高绘图效率。

“当前图层”图标：用于将选定对象所在的图层设置为当前层。

“上一个图层”图标：用于返回到刚操作过的上一个图层。

任务实施过程

下面以创建“点划线”为例，讲解图层设置的操作过程。

步骤 1：在“图层工具栏”中单击“图层特性管理器”按钮 ，打开“图层特性管理器”对话框，如图 1 - 18 所示。

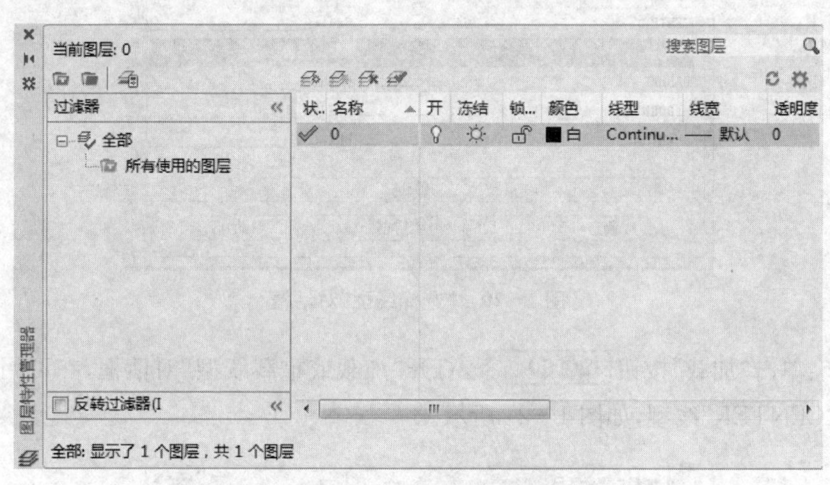

图 1 - 18　图层管理器

步骤 2：单击“新建图层”按钮 增加一个新图层，并显示这个图层的信息，将“图层 1”改名为“点划线”。

步骤 3：在“颜色”列表中选择 ■ 白，打开如图 1 - 19 所示的“选择颜色”对话框，选择红色，单击“确定”按钮。

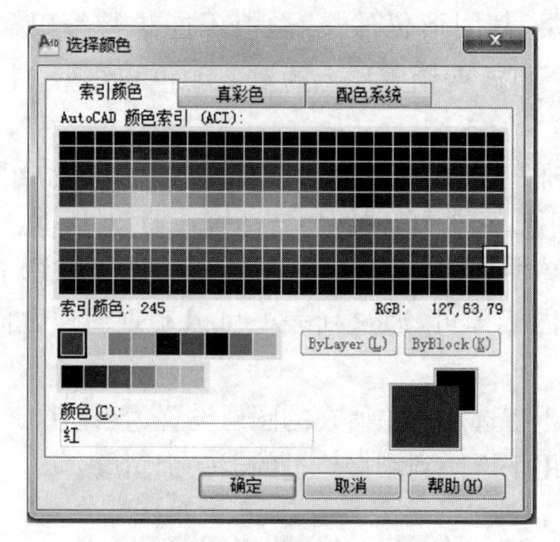

图 1-19 “选择颜色”对话框

步骤 4:在“线型”列表中选择“Continuous”,打开如图 1-20 所示的“选择线型”对话框。

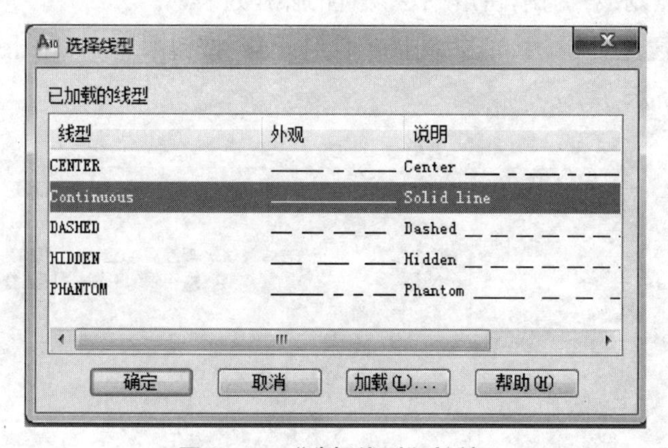

图 1-20 “选择线型”对话框

步骤 5:单击“加载”按钮 加载(L)... ,打开“加载或重载线型”对话框,在可用线型列表区中选择“CENTER”线型,如图 1-21 所示。

图 1-21 “加载线型”对话框

步骤 6:单击“确定”按钮,返回“选择线型”对话框,在已加载线型列表区中选择“CENTER”线型,单击“确定”按钮后返回“图层特性管理器”对话框。

步骤 7:在“线宽”列表中选择“默认”,打开如图 1-22 所示的“线宽”对话框,选择“0.15 mm”,单击“确定”按钮后返回“图层特性管理器”对话框,完成“点划线”的设置。

步骤 8:按以上步骤设置其余图层,结果如图 1-23 所示。

步骤 9:设置全局比例因子为 0.5。在命令行输入“LT”(“Ltscale”命令简写)或单击菜单栏“格式”→“线型”;打开如图 1-24 所示的“线型管理器”对话框,点击“显示细节”按钮,在“全局比例因子”文本框中输入 0.5,完成设置。

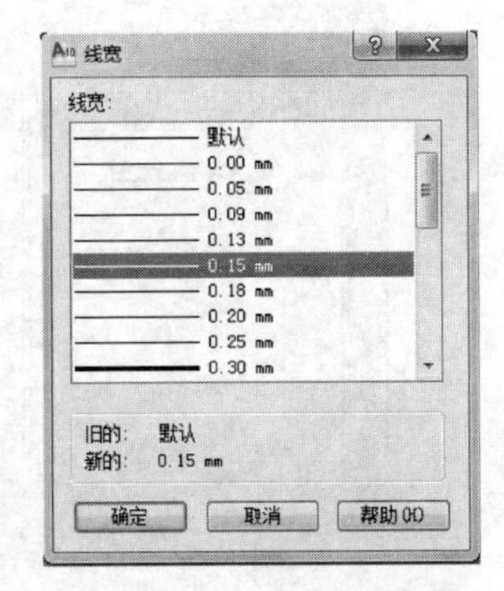

图 1-22　“线宽”对话框

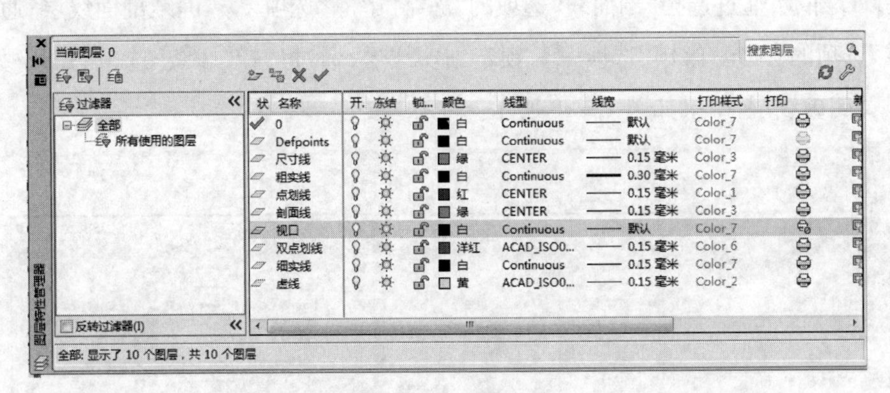

图 1-23　图层设置

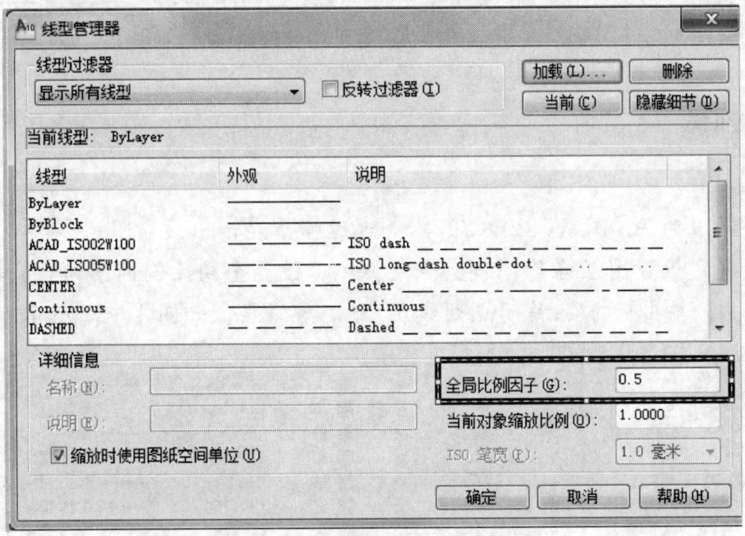

图 1-24　“线型管理器”对话框

步骤 10:当前图层默认为“0”图层,选择“粗实线”选项,再单击“置为当前”按钮✔,将选定的图层设置为当前图层,将在当前图层上绘制创建对象,如图 1-25 所示。

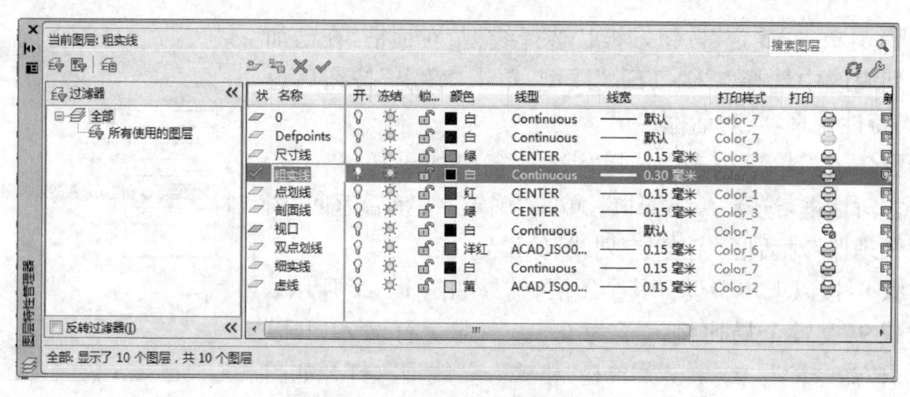

图 1-25　设置当前图层

步骤 11:依次通过选择“剖面线”选项的“冻结/解冻”选项，冻结剖面线层;通过选择“细实线”选项的“锁定/解锁”选项，锁定细实线层;通过选择“虚线”选项的“开/关图层”选项，关闭虚线层，结果如图 1-26 所示。

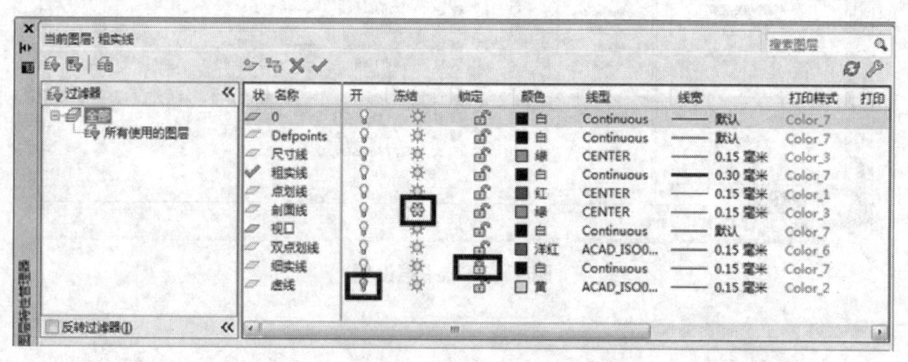

图 1-26　设置图层管理器

技能训练

设置绘图界限为 A3 图纸(420×297)，并通过栅格显示出该界限。

按照以下规定设置图层名称、颜色、线型、线宽，设置全局比例因子为 0.4;将尺寸线层设置为当前图层;冻结粗实线层;关闭点划线层;锁定虚线层。如图 1-27 所示。

状态	名称	开	冻结	锁定	颜色	线型	线宽
	0				白	Continuous	默认
	Defpoints				白	Continuous	默认
✓	尺寸线				绿	CENTER	0.15 毫米
	粗实线				白	Continuous	0.30 毫米
	点划线				红	CENTER	0.15 毫米
	剖面线				绿	CENTER	0.15 毫米
	视口				白	Continuous	默认
	双点划线				洋红	ACAD_ISO0...	0.15 毫米
	细实线				白	Continuous	0.15 毫米
	虚线				黄	ACAD_ISO0...	0.15 毫米

图 1-27　图层设置要求

项目二

二维绘图命令

教学目标

1. 熟练掌握点样式、点命令,构造线的创建和应用。
2. 熟练掌握直线命令,熟练掌握圆、圆弧、椭圆的绘制。
3. 熟练掌握矩形、多边形、样条曲线的绘制。

任务一　绘图基础知识

任务描述

使用“Line”命令绘制如图 2-1 所示平面图形。

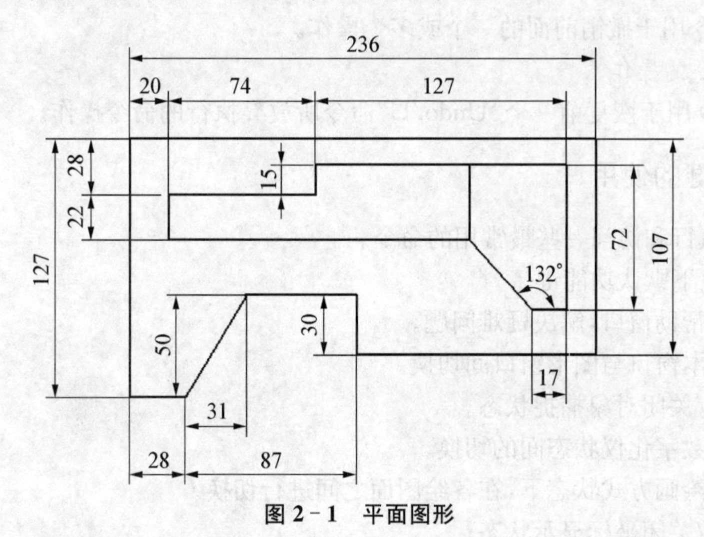

图 2-1　平面图形

相关知识点

一、坐标输入方式中绝对坐标、相对坐标

1. 绝对坐标

以坐标原点(0,0,0)为基点来定位其他所有的点。用户可以输入(x,y,z)坐标来确定一个点在坐标系中的位置。

分为直角坐标和极坐标2种形式。

(1) 直角坐标:用点的x,y,z坐标值表示,坐标值之间用逗号隔开,如(20,30,50);当绘二维图时,点的z坐标为0,故不输入该坐标值,如(20,30)

(2) 极坐标:用来表示二维点,用相对与坐标原点的距离和与X轴正方向的夹角来表示点的位置,其表示方法为:距离<角度。极坐标形式为:@距离<角度,如(@100<45)。

2. 相对坐标

指相对于前一个坐标点的坐标,要在坐标的前面加上符号@。

例:已知前一点的直角坐标为(10,100),(@100,−45)相当于该点的绝对坐标为(110,55)。

二、AutoCAD命令的输入

1. 命令的一般执行

(1) 下拉菜单执行命令。

(2) 工具栏执行命令。

(3) 命令行输入命令。

2. 撤销命令的操作

“Undo”命令用于撤销前面的一个或多个操作。

3. 重做命令的操作

“Redo”命令用于恢复前一个“Undo/U”命令所放弃执行的命令操作。

三、功能键的使用

为了快速执行和访问一些最常用的命令。

主要介绍以下默认功能键。

【F1】:打开帮助窗口,解决疑难问题。

【F2】:在文本窗口与图形窗口间切换。

【F3】:打开/关闭对象捕捉状态。

【F4】:完成数字化仪状态间的切换。

【F5】:轴测绘画方式状态下,在各绘图面之间进行切换。

【F6】:打开/关闭坐标显示状态。

【F7】:打开/关闭栅格显示状态。

【F8】:打开/关闭正交显示状态。

【F9】:打开/关闭栅格捕捉状态。

【F10】:打开/关闭自动跟踪状态。

【F11】:打开/关闭对象捕捉跟踪状态。

【F12】:打开/关闭动态输入状态。

四、使用栅格、捕捉、正交、界限

1. 模数捕捉：Snap(别名:SN)

功能:可以确定光标捕捉间距的值。光标捕捉间距就是光标一次可以移动的最小距离。

2. 显示栅格：Grid

功能:按用户指定的间距在屏幕上显示一个栅格点阵,从而直观地显示图形的绘制范围和绘图边界。

3. 正交设置:【Ctrl+O】

功能:约束光标只能在 X(水平)和 Y(垂直)的方向上移动,并且其移动受当前栅格旋转角的影响图纸幅面及格式(根据 GB 4457.1—84)。

A0:841×1189

A1:594×841

A2:420×594

A3:297×420

A4:210×297

4. 图形重画与生成

(1) 图形重画:Redraw/Redrawall

功能:用于刷新显示全部打开的视窗中的图形。

(2) 图形重生:Regen / Regenall(别名:RE/REA)

功能:用于重生成图形并刷新显示窗口。

5. 图形缩放与平移

图形缩放:Zoom(别名:Z)

功能:用于放大或缩小当前视窗中的图形。

当输入的比例值>1 时,图形被放大;当输入的比例值<1 时,图形被缩小。

全部缩放:系统将在屏幕中缩放显示整个图形。

范围缩放:当前屏幕中的图形被尽可能大地显示在屏幕上。

6. 图形平移:Pan(别名:P)

功能:允许用户在不改变屏幕缩放比例及绘图界限的条件下,移动当前屏幕窗口中显示的图形,使图形更便于观察。

任务实施过程

步骤 1:输入点的坐标画线。

常用的点坐标形式如下。

绝对或相对直角坐标:(x,y)或$(@x,y)$。

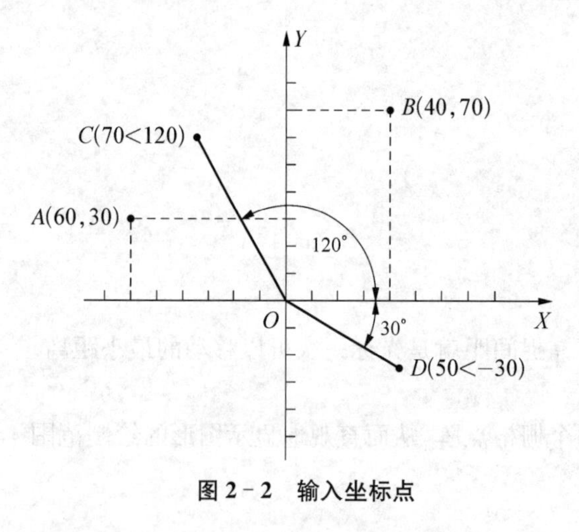

图 2-2　输入坐标点

绝对或相对极坐标:($R<\alpha$)或(@$R<\alpha$)。点的坐标如图 2-2 所示。

步骤 2:"Line"命令可在二维或三维空间中创建线段,发出命令后,用户通过鼠标指定线的端点或利用键盘输入端点坐标,AutoCAD 即将这些点连接成线段。

用"Line"命令绘制外轮廓线。"Line"命令的常用选项如下。

(1) 指定第一点:在此提示下,用户需指定线段的起始点,若此时按【Enter】键,AutoCAD 将以上一次所绘制线段或圆弧的终点作为新线段的起点。

(2) 指定下一点:在此提示下,输入线段的端点,按【Enter】键后,AutoCAD 继续提示"指定下一点",用户可输入下一个端点。若在"指定下一点"提示下按【Enter】键,则命令结束。

(3) 放弃(U):在"指定下一点"提示下,输入字母"U",将删除上一条线段,多次输入"U",则会删除多条线段,该选项可以及时纠正绘图过程中的错误。

(4) 闭合(C):在"指定下一点"提示下,输入字母"C",AutoCAD 将使连续折线自动封闭。如图 2-3 所示。

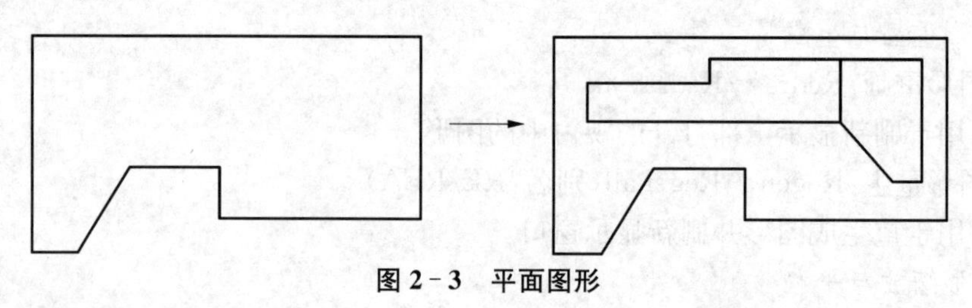

图 2-3　平面图形

技能训练

绘制如图 2-4 所示二维平面图。

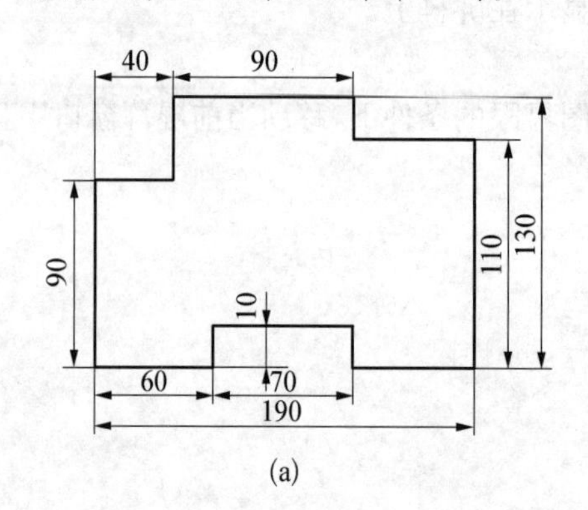

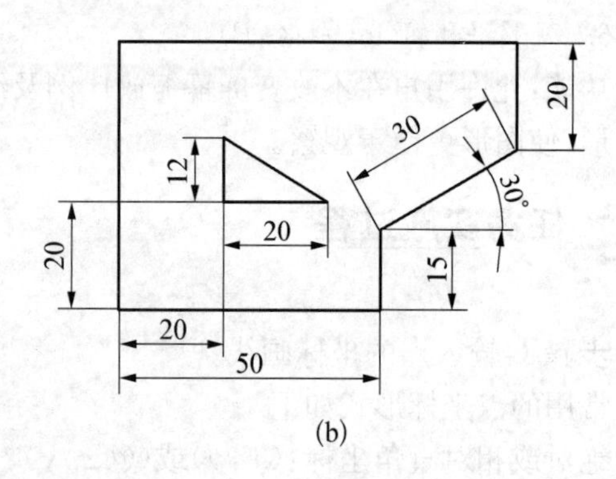

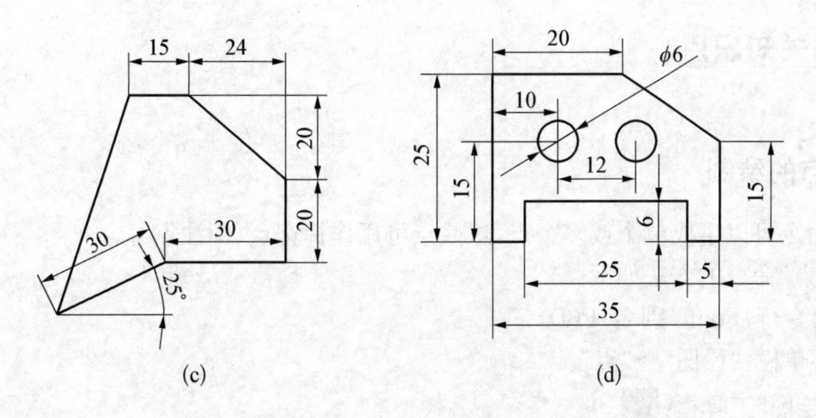

图 2-4　二维平面图

任务二　绘制二维图形

任务描述

利用“Line”“Circle”等命令绘制如图 2-5 所示平面图形。

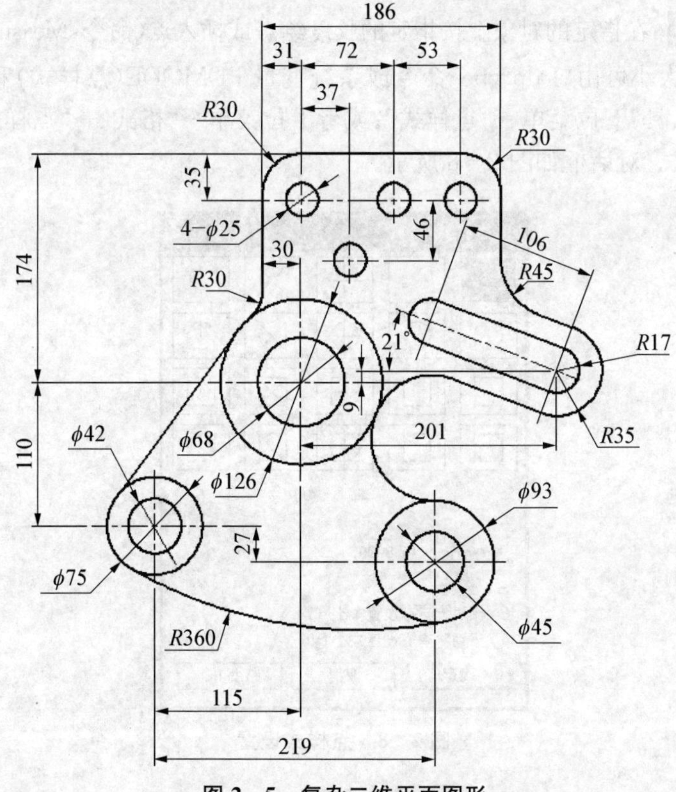

图 2-5　复杂二维平面图形

相关知识点

一、点的绘制

“点”命令可以生成单个或多个点，这些点可用作标记点、标注点等。

启动“点”命令的方法如下。

(1) 命令行：Point(别名：PO)。

(2) 菜单栏：“绘图”→“点”。

(3) “绘图”工具栏：。

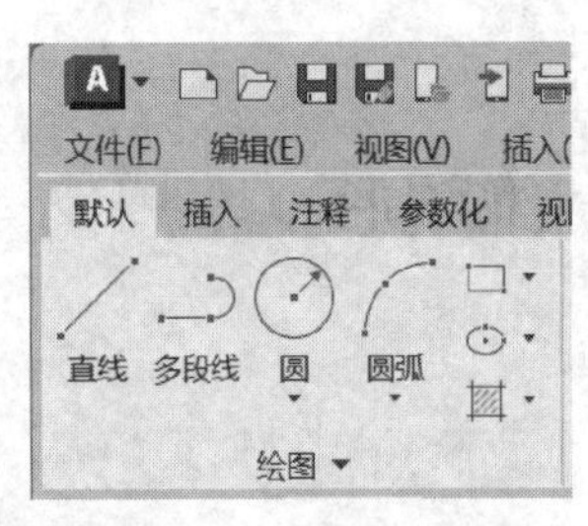

图 2-6 “绘图”工具栏

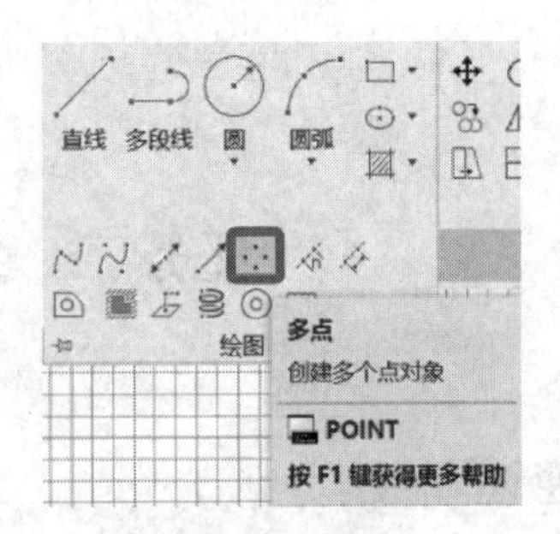

图 2-7 多点

定数等分：在指定的对象上绘等分点或在等分点处插入点(命令：Divide，别名：DIV)。

定距等分：在指定的对象上按指定的长度绘点或插入点(命令：Measure，别名：ME)。

点的样式和大小可由“Ddptype”命令或系统变量 PDMODE(点样式)和 PDSIZE(点大小)控制，“实用工具”下拉菜单→“点样式”；或者下拉菜单→“格式”→“点样式”，即可设置点的大小、显示样式。对话框如图 2-8 所示。

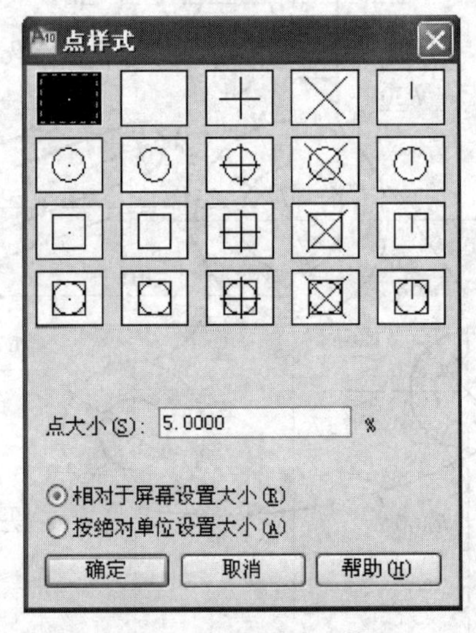

图 2-8 点样式设置

二、直线的绘制

用于在两点之间绘制直线，如图 2－9 所示。

启动“直线”命令的方法如下。

(1) 命令行：Line(别名：L)。

(2) 菜单栏：“绘图”→“直线”。

(3) “绘图”工具栏：。

说明：用“直线(Line)”命令绘制的多条线段中，每一条线段都是一个独立的对象，即可以对每一条直线段进行单独编辑。

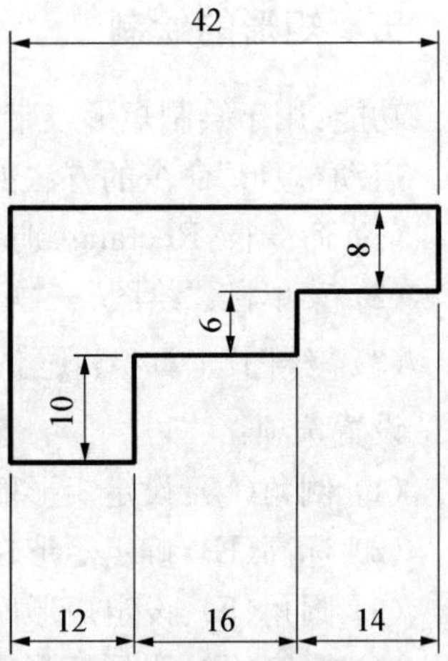

图 2－9　直线的绘制

三、射线的绘制

创建以给定点为起始点，向单方向无限延长的直线即射线。射线一般用作绘图过程中的辅助线。

启动“射线”命令的方法如下。

(1) 命令行：Ray。

(2) 菜单栏：“绘图”→“射线”。

(3) “绘图”工具栏：。

四、构造线的绘制

启动“构造线”命令的方法如下。

(1) 命令行：Xline(别名：XL)。

(2) 菜单栏：“绘图”→“构造线”。

(3) “绘图”工具栏：。

用“构造线(Xline)”命令绘制的无限长直线，通常称为参照线。这类线通常作为辅助作图线使用。

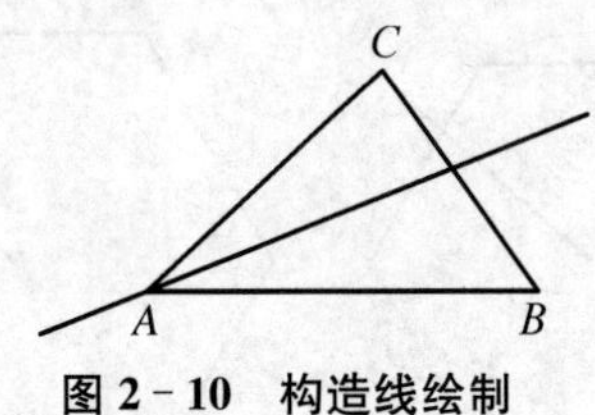

图 2－10　构造线绘制

(1) 指定点：用来绘制通过指定两点的构造线。

(2) 垂直：绘制垂直构造线。

(3) 水平：绘制通过指定点的水平构造线。

(4) 角度：以指定的角度创建一条参照线。

(5) 二等分：绘制平分一角的构造线。

(6) 偏移：绘制与指定直线平行的构造线。

用“XLine”命令绘制如图 2－10 所示已知三角形的角平分线。

五、矩形的绘制

功能：用于绘制矩形或带有倒角和倒圆角的矩形。
启动“矩形”命令的方法如下。
(1) 命令行：Rectang(别名：REC)。
(2) 菜单栏：“绘图”→“矩形”。
(3) “绘图”工具栏：[矩形图标]。
设置选项：
(1) 倒角(C)：设定矩形四角为倒角及其大小。
(2) 标高(E)：确定矩形在三维空间内的基面高度。
(3) 圆角(F)：设定矩形四角为圆角及半径大小。
(4) 厚度(T)：设置矩形厚度，即 Z 轴方向的度。
(5) 宽度(W)：设置线条宽度。

注意：

矩形命令绘制的多边形是一条多段线，如果要单独编辑某一条边，要选用“分解(Explode)”命令将其分解后，才能操作。

六、正多边形的绘制

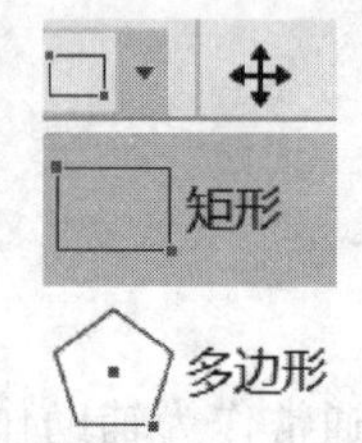

图 2-11　多边形图标

功能：用于绘制正多边形，其边数最多为 1 024 条边。
启动“正多边形”命令的方法如下。
(1) 命令行：Polygon(别名：POL)。
(2) 菜单栏：“绘图”→“正多边形”。
(3) “绘图”工具栏：[正多边形图标]。

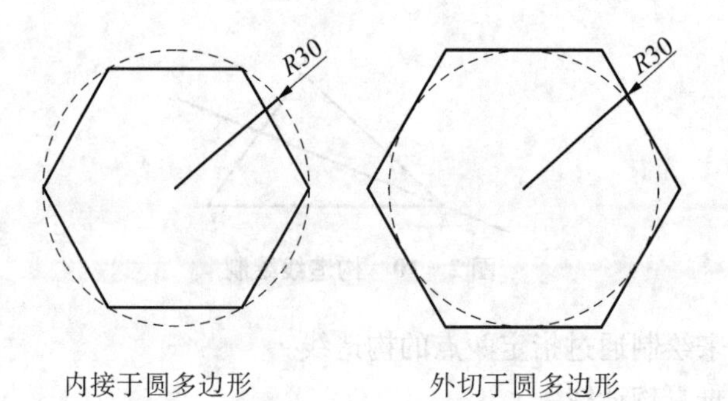

图 2-12　多边形的绘制

七、圆的绘制

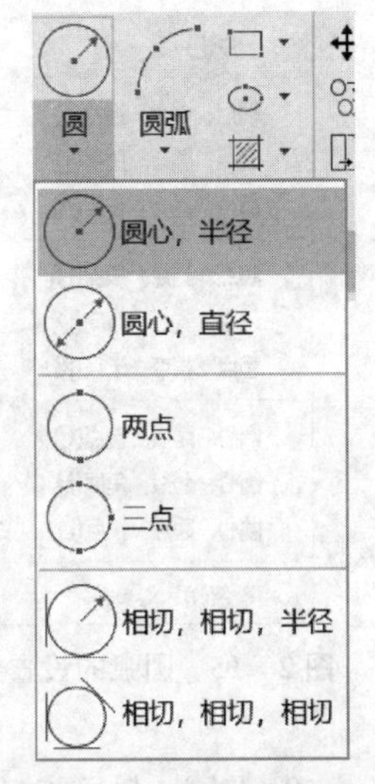

图 2-13　圆的设置选项

功能：用于绘制圆形。

启动“圆”命令的方法如下。

(1) 命令行：Circle(别名：C)。

(2) 菜单栏：“绘图”→“圆”。

(3) “绘图”工具栏：。

设置选项：

(1) 圆心、半径。

(2) 圆心、直径。

(3) 两点(2P)。

(4) 三点(3P)。

(5) 相切、相切、半径(T)。

(6) 相切、相切、相切。

注意：

“绘圆(Circle)”命令绘制的圆不能用“分解(Explode)”命令分解。

圆相切的分析如下。

(1) 外切：已知两圆的圆心 O_1 及 O_2，半径分别为 R_1 和 R_2，连接弧半径为 R。则 $R+R_1$，$R+R_2$ 为半径，相交点为圆心，与两圆 心连接的交点为切点。

(2) 内切：已知两圆的圆心 O_1 及 O_2，半径分别为 R_1 和 R_2，连接弧半径为 R。则 $R-R_1$，$R-R_2$ 为半径，相交点为圆心，与两圆心连接并延长，与两圆交点为切点。

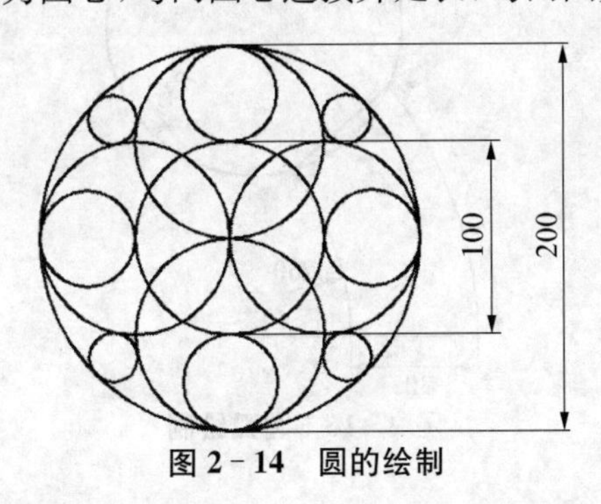

图 2-14　圆的绘制

八、圆弧的绘制

功能：创建给定参数的圆弧，可以由起点、方向、中点、包角、终点、弦长等参数来确定绘制。

启动“圆弧”的方法如下。

(1) 命令行：Arc(别名：A)。

(2) 菜单栏：“绘图”→“圆弧”。

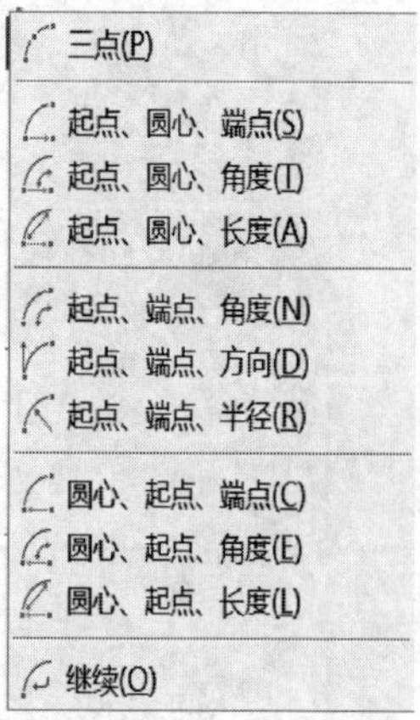

三点(P)
起点、圆心、端点(S)
起点、圆心、角度(T)
起点、圆心、长度(A)
起点、端点、角度(N)
起点、端点、方向(D)
起点、端点、半径(R)
圆心、起点、端点(C)
圆心、起点、角度(E)
圆心、起点、长度(L)
继续(O)

图 2－15　圆弧的设置选项

(3) “绘图”工具栏：。

设置选项：

(1) 三点。

(2) 起点、圆心、端点。

(3) 起点、圆心、圆弧的包含角。

(4) 起点、圆心、圆弧的弦长。

(5) 起点、终点、圆弧的包含角。

说明：若输入正角度值，从起点沿逆时针方向绘圆弧，反之沿顺时针方向绘圆弧。

(6) 起点、终点、圆弧在起始点处的切线方向。

(7) 起点、终点、圆弧的半径。

(8) 圆心、起点、终点。

(9) 圆心、起始点、圆弧的包含角。

注意：

若输入正值，则从起始点绕圆心沿逆时针方向绘圆弧、否则沿顺时针方向绘圆弧。

(10) 圆心、起点、圆弧的弦长。

(11) 绘连续圆弧。

当绘制的圆弧在屏幕上显示成多段折线时，可以用“视图快速缩放(Viewres)”命令。

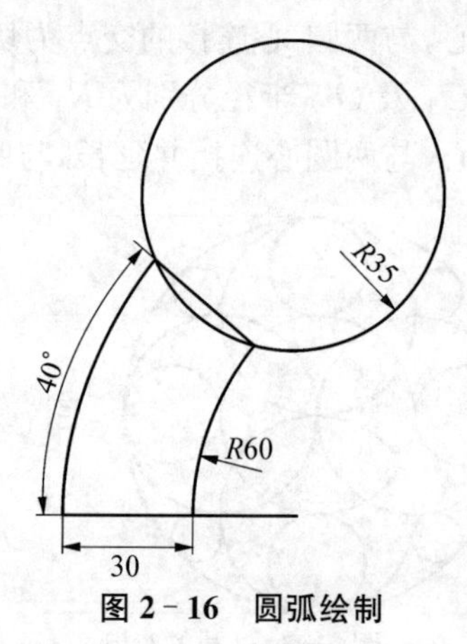

图 2－16　圆弧绘制

九、绘制圆环

功能：在指定位置绘制指定内外径的圆环或绘制填充圆。

启动“圆环”命令的方法如下。

(1) 命令行：Donut(别名：Do)。

(2) 菜单栏：“绘图”→“圆环”。

(3) “绘图”工具栏：。

十、椭圆的绘制

功能:用于椭圆的绘制。

启动“椭圆”命令的方法如下。

(1) 命令行:Ellipse(别名:EL)。

(2) 菜单栏:“绘图”→“椭圆”。

(3) “绘图”工具栏: 。

设置选项:

(1) 通过设置轴端点来绘制。

(2) 通过确定中心点来绘制。

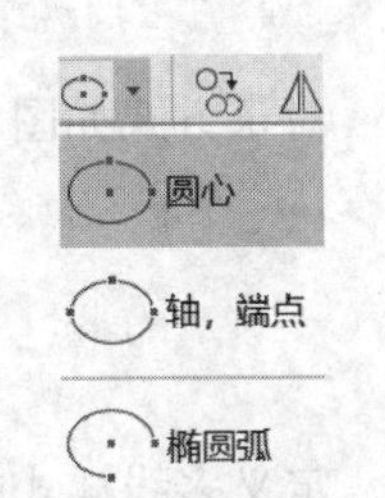

图 2-17 椭圆设置选项

十一、椭圆弧的绘制

功能:用于椭圆弧的绘制。

启动“椭圆弧”命令的方法如下。

(1) 命令行:Ellipse(别名:EL)。

(2) 菜单栏:“绘图”→“椭圆弧”。

(3) “绘图”工具栏: 。

> **注意:**
>
> 其起始角度与终止角度与轴端点的定位有关。

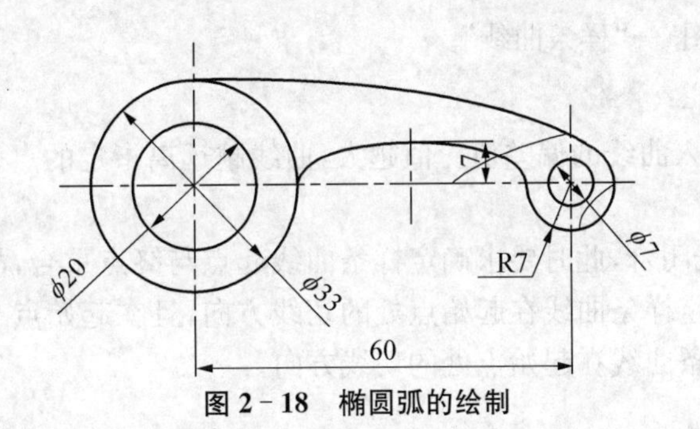

图 2-18 椭圆弧的绘制

十二、多线的绘制

功能:用于绘制多条互相平行的线,每条线的颜色和线型可以相同,也可以不同。“多线”命令在建筑工程上常用于绘制墙线。

启动“多线”命令的方法如下。

(1) 命令行: Mline(别名:ML)。

(2) 菜单栏:“绘图”→“多线”。

(3) “绘图”工具栏:“多线”。

注意：

如果要对多线进行偏移、倒角、倒圆、延伸、修剪等操作，必须先使用“分解”命令将其分解为单个实体。

对正方式如图 2－19 所示。

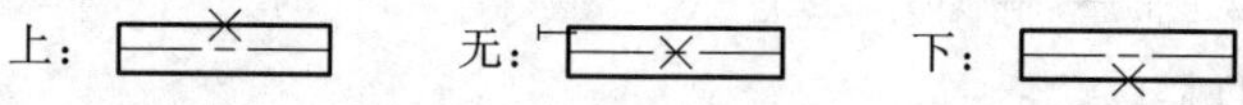

上：　　无：　　下：

图 2－19　多线对正方式

定义多线样式的功能：定义、管理多线的样式。

主要介绍以下两个按钮。

(1) 元素特性：设置多线样式的元素特性，如多线中的线条数，每条线的颜色、线型等。

(2) 多线特性：设置多线样式。

① 显示连接：确定在多线的转折处是否显示交叉线。

② 封口选项组：用于控制多线起点和终点处的样式。

③ 填充选项组：确定是否填充多线的背景。

十三、样条曲线的绘制

功能：可绘制二次或三次样条曲线，它可由起点、终点、控制点及偏差来控制曲线。

启动“样条曲线”命令的方法如下。

(1) 命令行：Spline(别名：SPL)。

(2) 菜单栏：“绘图”→“样条曲线”。

(3) “绘图”工具栏： 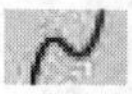　。

拟合公差(F)：键入曲线的偏差值。值越大，曲线越远离指定的点；值越小，曲线离指定的点越近。

闭合：将样条曲线闭合，此时要求确定样条曲线起点与终点重合，故只需要确定一个方向起点切线方向。确定样条曲线在起始点处的切线方向，且在起始点与光标点之间出现一根橡皮筋线来表示样条曲线在起始点处的切线方向。

十四、修订云线

功能：修订云线是由连续圆弧组成的多段线。用于在检查阶段提醒用户注意图形的某个部分。

启动“修订云线”命令的方法如下。

(1) 命令行：Revcloud。

(2) 菜单栏：“绘图”→“修订云线”。

(3) “绘图”工具栏：　。

设置选项：

(1) 弧长(A)：用于指定云线中弧线的长度。选择该选项后系统要求指定最小弧长值与最大弧长值,但最大弧长不能大于最小弧长的3倍。

(2) 对象(O):用于指定要转换为云线的单个闭合对象。选择该选项后并选择一个闭合对象可以将其转换成修订云线。

十五、多段线

在AutoCAD中绘制的多线段,无论有多少个点(段),均为一个整体,不能对其中的某一段进行单独编辑(除非把它分解后再编辑)。多段线也叫多义线。

启动"多段线"命令的方法如下。

(1) 命令行:Pline(别名:PL)。

(2) 菜单栏:"绘图"→"多段线"。

(3) "绘图"工具栏:。

多段线的绘制步骤如下。

(1) 命令:Pline。

(2) 指定起点:当前线宽为0。

(3) 指定下一个点或[圆弧(A)/半宽(H)/长度(L)/放弃(U)/宽度(W)]:W。

(4) 指定起点宽度〈5.0000〉:0。

(5) 指定端点宽度〈0.0000〉:10。

(6) 指定下一个点或[圆弧(A)/半宽(H)/长度(L)/放弃(U)/宽度(W)]:A。

(7) 指定圆弧的端点或[角度(A)/圆心(CE)/方向(D)/半宽(H)/直线(L)/半径(R)/第二个点(S)/放弃(U)/宽度(W)]:A。

(8) 指定包含角:180。

(9) 指定圆弧的端点或[圆心(CE)/半径(R)]:50。

(10) 指定圆弧的端点或[角度(A)/圆心(CE)/闭合(CL)/方向(D)/半宽(H)/直线(L)/半径(R)/第二个点(S)/放弃(U)/宽度(W)]:W。

(11) 指定起点宽度〈10.0000〉:5。

(12) 指定端点宽度〈5.0000〉:5。

(13) 指定圆弧的端点或[角度(A)/圆心(CE)/闭合(CL)/方向(D)/半宽(H)/直线(L)/半径(R)/第二个点(S)/放弃(U)/宽度(W)]:L。

(14) 指定下一点或[圆弧(A)/闭合(C)/半宽(H)/长度(L)/放弃(U)/宽度(W)]:8。

(15) 指定下一点或[圆弧(A)/闭合(C)/半宽(H)/长度(L)/放弃(U)/宽度(W)]:W。

(16) 指定起点宽度〈5.0000〉:15。

(17) 指定端点宽度〈15.0000〉:0。

(18) 指定下一点或[圆弧(A)/闭合(C)/半宽(H)/长度(L)/放弃(U)/宽度(W)]:10。

(19) 指定下一点或[圆弧(A)/闭合(C)/半宽(H)/长度(L)/放弃(U)/宽度(W)]:回车

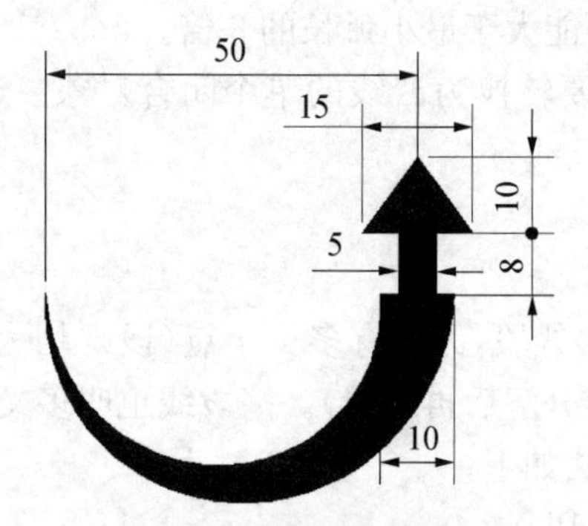

图 2-20 多段线的绘制

直线或者圆弧也可以合成多段线，步骤如下。

① 输入“PE”命令，确认（或者通过工具栏编辑多段线，如图 2-21 所示）。

② 出现“ pe PEDIT 选择多段线或［多条(M)］:”，输入“M”，确认。

③ 用鼠标选择要合并的多段线，确认。

④ 出现“是否将直线和圆弧转换为多段线？［是(Y)/否(N)］？〈Y〉”，确认。

⑤ 出现“［闭合(C)/打开(O)/合并(J)/宽度(W)/拟合(F)/样条曲线(S)/非曲线化(D)/线型生成(L)/放弃(U)］:”，输入“J”，确认。

⑥ 出现“输入模糊距离或［合并类型(J)］〈0〉”，确认。

操作完成，多段线已被合并为一个整体，注意使用这个命令的前提是，多段线每两段线之间保证只有一个交点，且交点处没有多余的线露出来，保证正好相交。

图 2-21 编辑多段线命令

如图 2-22 所示，(a)为圆弧与直线画的图，需要将 4 条圆弧拟合为一条多段线如图(b)(c)。操作步骤如下。

(1) 命令：Pedit (PE)。

(2) 选择多段线或［多条(M)］：M。

(3) 选择对象：找到 1 个。

(4) 选择对象：找到 1 个，总计 2 个。

(5) 选择对象：找到 1 个，总计 3 个。

(6) 选择对象：找到 1 个，总计 4 个。

(7) 是否将直线、圆弧和样条曲线转换为多段线？［是(Y)/否(N)］？〈Y〉：Y。

(8) 输入选项［闭合(C)/打开(O)/合并(J)/宽度(W)/拟合(F)/样条曲线(S)/非曲线化(D)/线型生成(L)/反转(R)/放弃(U)］：J。

合并类型 ＝ 延伸

(9) 输入模糊距离或［合并类型(J)］〈0.0000〉:多段线已增加 3 条线段。

(10) 输入选项［闭合(C)/打开(O)/合并(J)/宽度(W)/拟合(F)/样条曲线(S)/非曲线化(D)/线型生成(L)/反转(R)/放弃(U)］: W。

(11) 指定所有线段的新宽度：2。

(12) 输入选项［闭合(C)/打开(O)/合并(J)/宽度(W)/拟合(F)/样条曲线(S)/非曲线化(D)/线型生成(L)/反转(R)/放弃(U)］: *取消*(按左上角【Esc】键结束)。

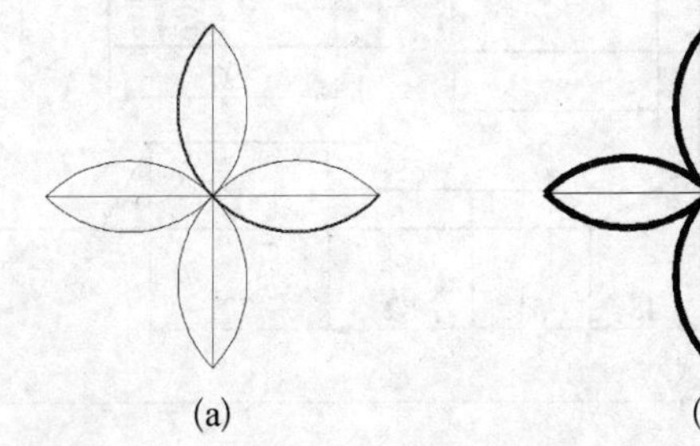

图 2-22　编辑多段线

任务实施过程

步骤 1:形成主要定位线,如图 2-23 所示。

首先绘制图形的主要定位线,这些定位线将是以后作图的重要基准线。

步骤 2:画圆及圆弧连接。

用“Circle”命令绘制圆,常用的绘制圆方法是指定圆心和半径。此外,还可通过两点或三点绘制圆,“Circle”命令的常用选项如下。

指定圆的圆心;三点(3P);两点(2P);相切、相切、半径(T)。

步骤 3:复制对象利用复制命令复制对象。复制圆并倒角,结果如图 2-24 所示。

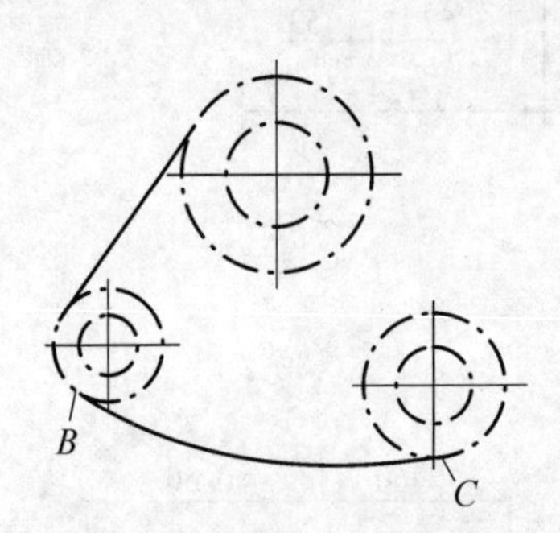

图 2-23　绘制主要定位线

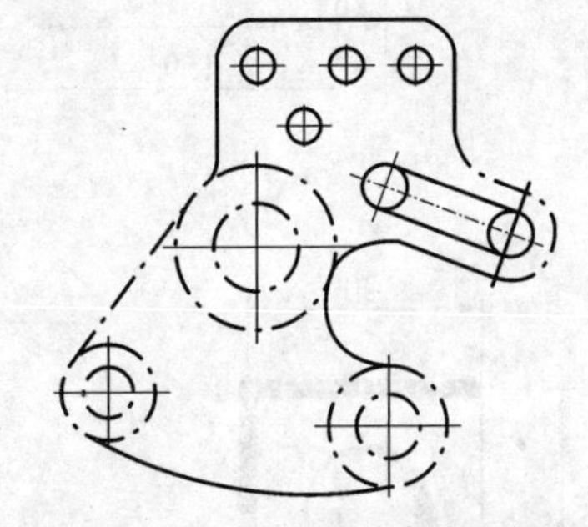

图 2-24　绘制圆弧、直线及倒角

技能训练

用二维绘图命令绘制如图 2-25 所示二维图形。

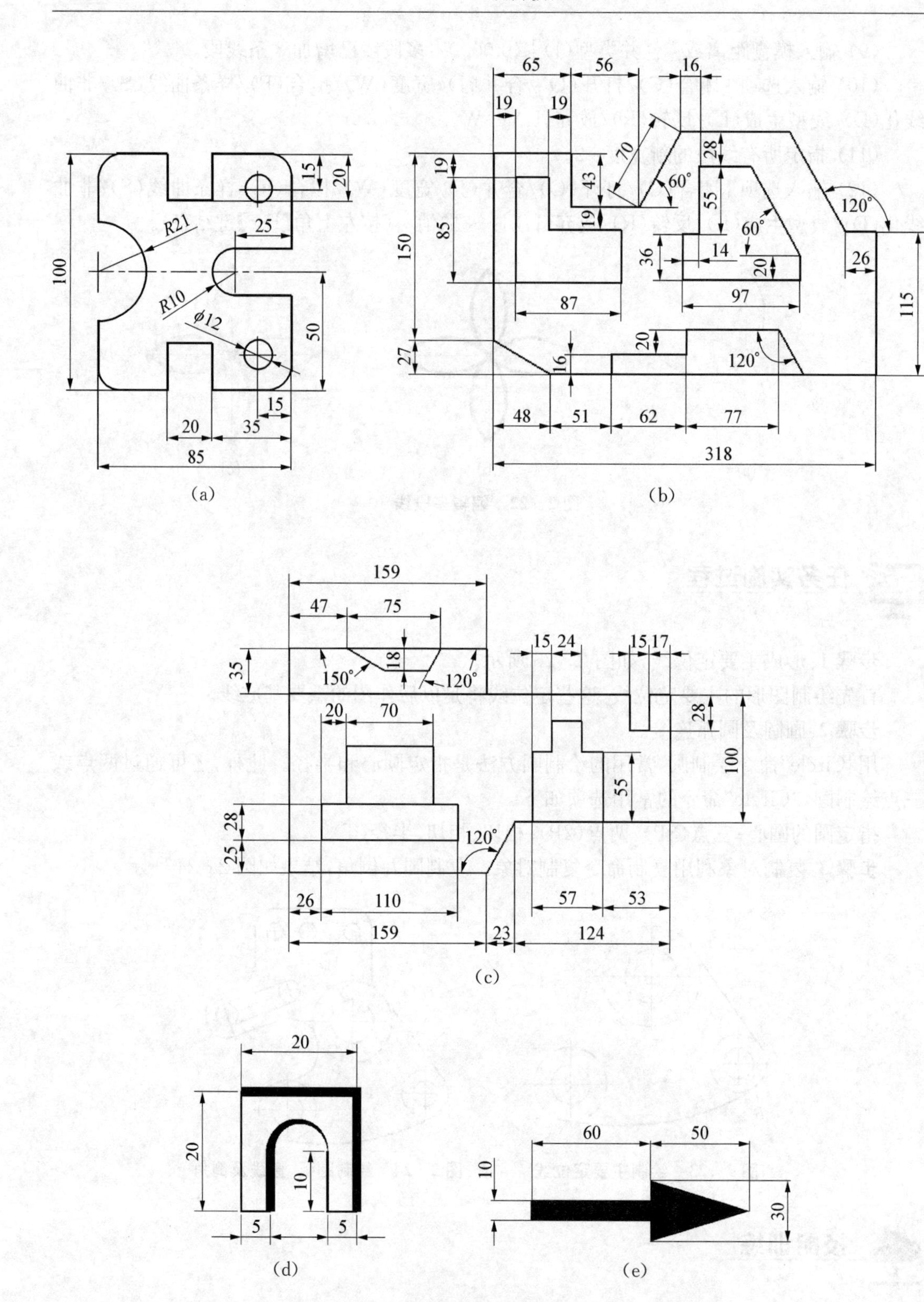

R21
R10
φ12
25
15
20
100
50
15
20
35
85
(a)
65
56
16
19
19
70
60°
28
120°
19
43
19
55
60°
150
85
36
14
20
26
87
97
115
27
16
20
120°
48
51
62
77
318
(b)
159
47
75
18
35
150°
120°
20
70
15
24
15
17
28
100
55
28
25
120°
26
110
57
53
159
23
124
(c)
20
20
10
5
5
(d)
60
50
10
30
(e)

图 2-25　二维练习图

项目三

二维图形编辑命令

教学目标

1. 加深熟悉对直线、多段线、多边形、圆、圆弧、椭圆、样条曲线等二维命令的使用。

2. 掌握删除、移动、复制、镜像、偏移、阵列、旋转、修剪、对齐、缩放、拉伸、圆角、倒角、拉长等编辑命令的操作方法。

3. 熟悉运用各种二维绘图命令以及编辑命令绘制基本二维图形。

任务一　绘制密封垫

任务描述

绘制如图3-1所示的密封垫，掌握“复制(Copy)”命令、“镜像(Mirror)”命令、“修剪(Trim)”命令。

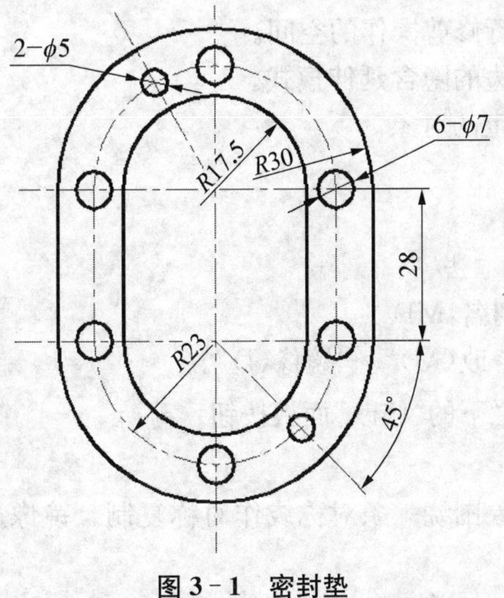

图3-1　密封垫

相关知识点

一、"复制"命令

1. 启动"复制"命令的方法

(1) 命令行:Copy(别名:CO 或 CP)。

(2) 选择下拉菜单:"修改(M)"→"复制(Y)"。

(3) 单击"默认"工具栏下的"修改"面板按钮: 。

2. 功能

用于将绘图区中已有的一个或多个图形对象复制到绘图区的其他位置,并保持原有的图形对象不变。

3. 主要选项说明

(1) 位移(D):可根据位移量复制对象。

(2) 模式(O):确定复制模式,"单个"或"多个"。

二、"修剪"命令

1. 启动"修剪"命令的方法

(1) 命令行:Trim(别名:TR)。

(2) 选择下拉菜单:"修改(M)"→"修剪(T)"。

(3) 单击"默认"工具栏下的"修改"面板按钮: 。

2. 功能

用于将图形对象在一条或多条边界上进行修剪。直线、圆弧、圆、椭圆弧、开放的二维和三维多段线、构造线、样条曲线等都可以修剪,而文字、块、轨迹线不能修剪。

3. 主要选项说明

(1) 栏选(F):以栏选方式确定被修剪对象。

(2) 窗交(C):使与选择窗口边界相交的对象作为被修剪对象。

(3) 投影(P):确定执行修剪操作的空间。

(4) 边(E):确定剪切边的隐含延伸模式。

(5) 删除(R):删除指定的对象。

三、"镜像"命令

1. 启动"镜像"命令的方法

(1) 命令行:Mirror(别名:MI)。

(2) 选择下拉菜单:"修改(M)"→"镜像(I)"。

(3) 单击"默认"工具栏下的"修改"面板按钮: 。

2. 功能

用于把选择的图形对象围绕一条对称线作对称复制。镜像操作完成后,可以保留源对象也可以将其删除。

3. 主要选项说明

(1) 选择对象:选择要镜像的对象。

(2) 选择对象:↙(也可以继续选择对象)。

(3) 指定镜像线的第一点:确定镜像线上的一点。

(4) 指定镜像线的第二点:确定镜像线上的另一点。

(5) 是否删除源对象?[是(Y)/否(N)]〈N〉:根据需要响应即可。

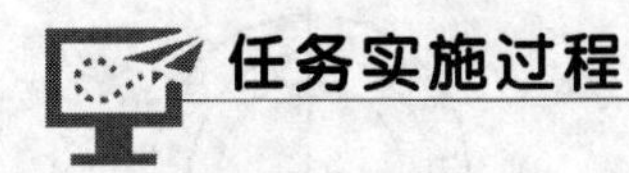

步骤 1:新建文件并设置绘图环境。

步骤 2:画作图基准线。

(1) 将“点画线”层置为当前图层。

(2) 单击 ,根据系统提示,绘制如图 3-2(a)所示中心线 *AB*。

(3) 按【Enter】键重复执行直线命令,绘制如图 3-2(b)所示中心线 *CD*。

(4) 按【Enter】键重复执行直线命令,根据系统提示,绘制如图 3-2(c)所示中心线。

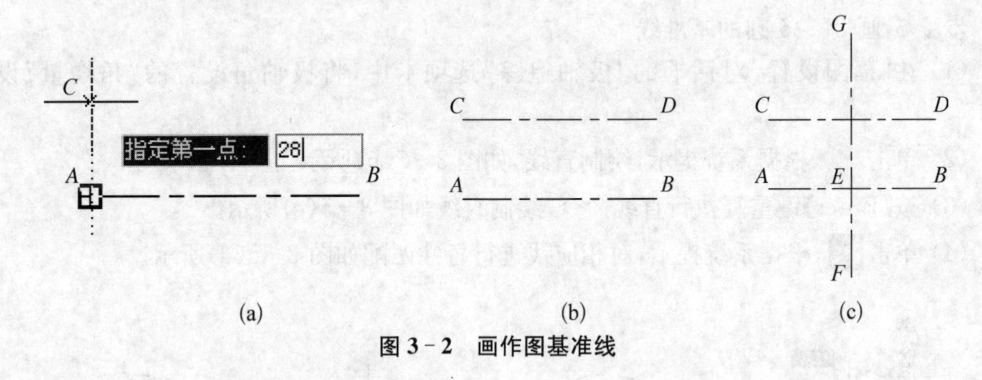

图 3-2　画作图基准线

步骤 3:画一侧 $R30$、$R23$、$R17.5$ 圆弧。

(1) 将“粗实线”层置为当前图层。

(2) 单击 ,根据系统提示,绘制如图 3-3(a)所示圆。按【Enter】键重复执行“Circle”命令,画出 $R23$ 和 $R17.5$ 的圆,如图 3-3(b)所示。

(3) 单击 ,根据系统提示修剪轮廓线,结果如图 3-3(c)所示。

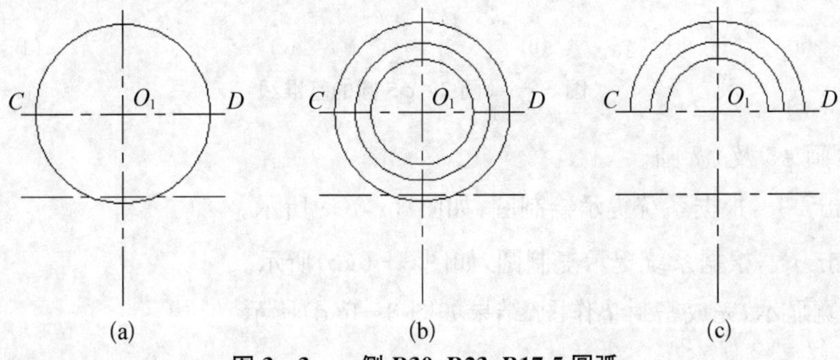

图 3-3　一侧 $R30$、$R23$、$R17.5$ 圆弧

步骤 4:画连接直线,镜像圆弧。

(1) 单击 ,根据系统提示,绘制如图 3-4(b)所示连接直线。

(2) 单击 ,根据系统提示,复制直线,如图 3-4(c)所示。

(3) 单击 ,根据系统提示,镜像直线,如图 3-4(d)所示。

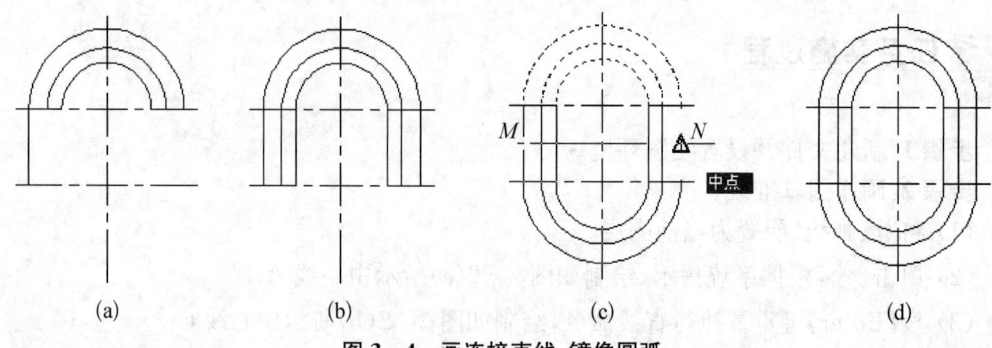

图 3-4　画连接直线,镜像圆弧

步骤 5:画 2×ϕ5 圆的基准线。

(1) 在“草图设置”对话框的“极轴追踪”选项卡中,将极轴角设置的“角增量”设置为 45°。

(2) 单击 ,根据系统提示,绘制直线,如图 3-5(b)所示。

(3) 按【Enter】键重复执行直线命令,绘制直线如图 3-5(c)所示。

(4) 单击 ,根据系统提示,对相应线进行特性匹配如图 3-5(d)所示。

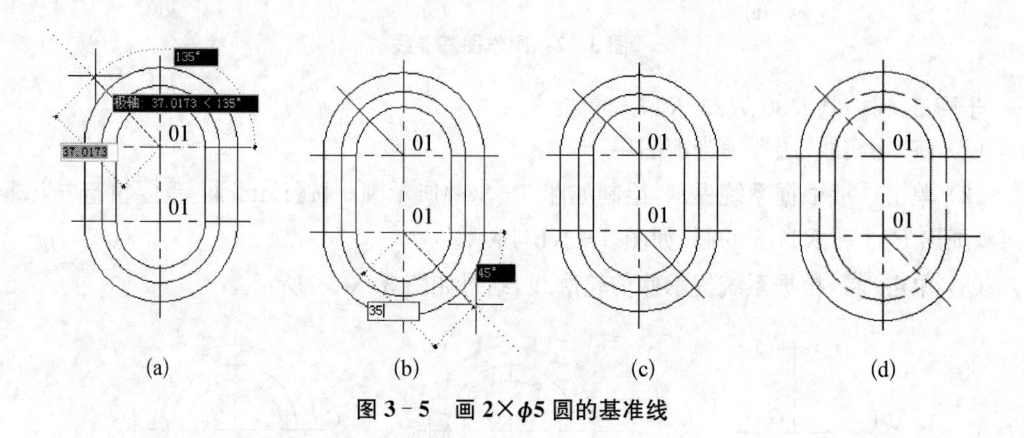

图 3-5　画 2×ϕ5 圆的基准线

步骤 6:画 ϕ5 及 ϕ7 圆。

(1) 单击 ,根据系统提示绘制圆,如图 3-6(a)所示。

(2) 单击 ,根据系统提示复制圆,如图 3-6(b)所示。

打开线宽显示,完成密封垫作图,结果如图 3-6(d)所示。

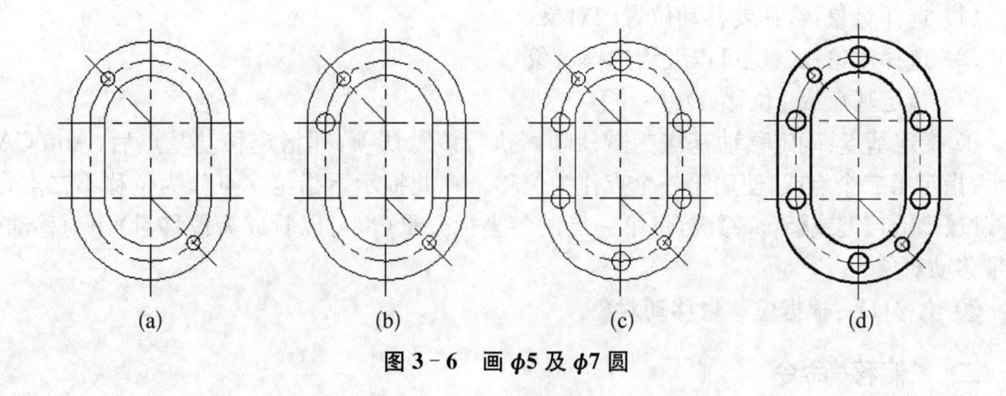

图 3-6　画 $\phi5$ 及 $\phi7$ 圆

任务二　绘制圆头普通平键

任务描述

绘制如图 3-7 所示的圆头普通平键，掌握“移动(Move)”命令和“偏移(Offset)”命令。

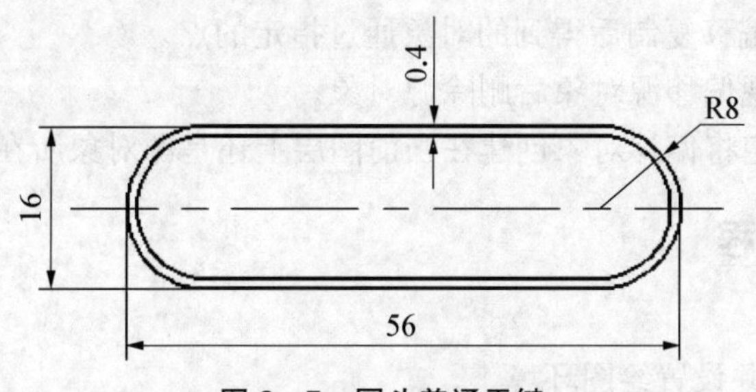

图 3-7　圆头普通平键

相关知识点

一、“移动”命令

1. 启动“移动”命令的方法

(1) 命令行：Move(别名：M)。

(2) 选择下拉菜单：“修改(M)”→“移动(V)”。

(3) 单击“默认”工具栏下的“修改”面板按钮：✥。

2. 功能

用于移动一个或多个对象，调整对象的位置。

3. 主要选项说明

执行 Move 命令，AutoCAD 提示如下。

(1) 选择对象:选择要移动位置的对象。

(2) 选择对象:↙(也可以继续选择对象)。

(3) 指定基点或[位移(D)]〈位移〉。

① 指定基点:确定移动基点为默认项。执行该默认项,即指定移动基点后,AutoCAD提示:指定第二个点或〈使用第一个点作为位移〉,在此提示下指定一点作为位移第二点,或直接按【Enter】键或【Space】键,将第一点的各坐标分量(也可以看成为位移量)作为移动位移量移动对象。

② 位移(D):根据位移量移动对象。

二、"偏移"命令

1. 启动"偏移"命令的方法

(1) 命令行:Offset。

(2) 选择下拉菜单:"修改(M)"→"偏移(S)"。

(3) 单击"默认"工具栏下的"修改"面板按钮: 。

2. 功能

用于将对象按指定距离进行平行复制,或通过指定点进行平行复制。

3. 主要选项说明

(1) 指定偏移距离:根据偏移距离偏移复制对象。

(2) 通过(T):使偏移复制后得到的对象通过指定的点。

(3) 删除(E):实现偏移源对象后删除源对象。

(4) 图层(L):确定将偏移对象创建在当前图层上还是源对象所在的图层上。

任务实施过程

步骤 1:新建文件并设置绘图环境。

步骤 2:绘制中心线。

(1) 将"点画线"层置为当前图层。

(2) 单击 ,绘制中心线。

步骤 3:绘制轮廓线。

(1) 将"粗实线"层置为当前图层。

(2) 单击 ,绘制轮廓线如图 3-8 所示。

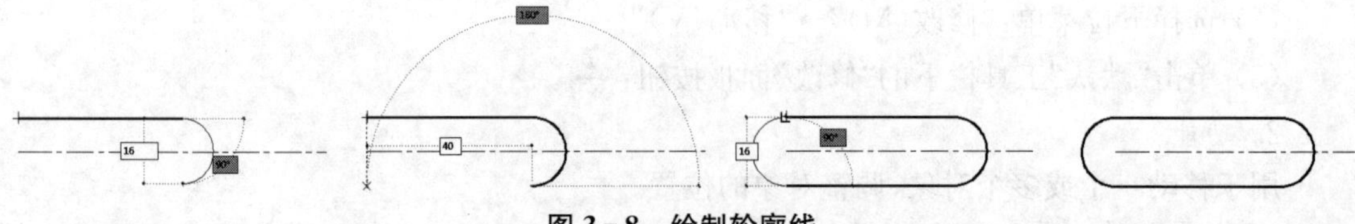

图 3-8 绘制轮廓线

(3) 单击 ,调整中心线位置,结果如图 3-9 所示。

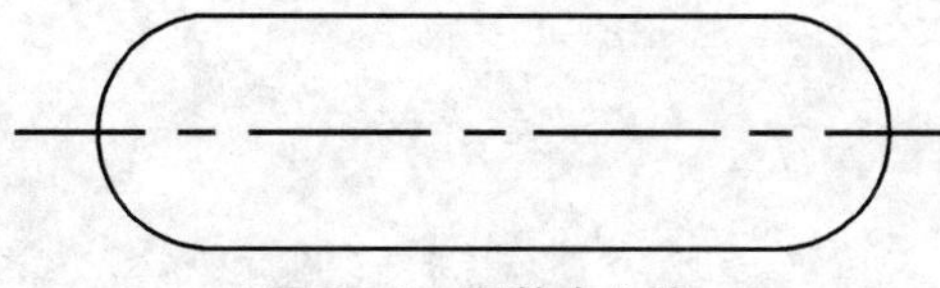

图 3-9　调整中心线

步骤 4:偏移轮廓线。

(1) 单击 ,根据系统提示,偏移轮廓线。

(2) 打开线宽显示,结果如图 3-10 所示,完成作图。

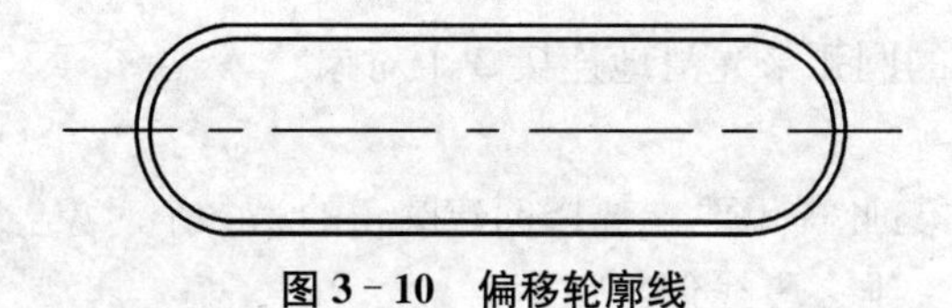

图 3-10　偏移轮廓线

任务三　绘制模板

任务描述

绘制如图 3-11 所示的模板,掌握“圆角(Fillet)”命令、“倒角(Chamfer)”命令、“阵列(Array)”命令和“打断(Break)”命令。

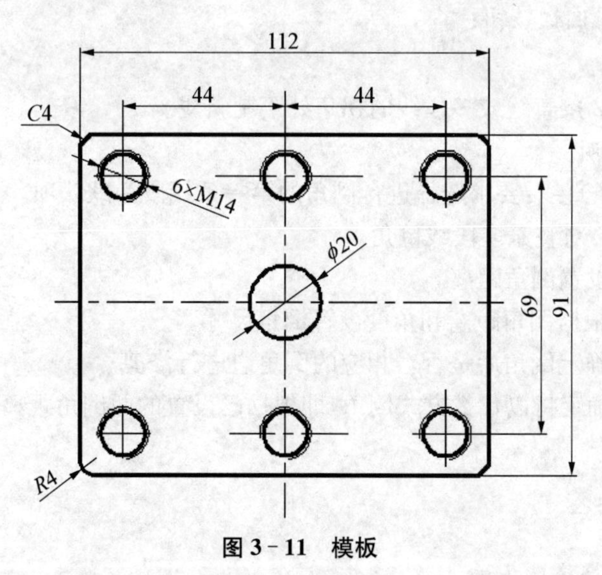

图 3-11　模板

相关知识点

一、“圆角”命令

1. 启动“圆角”命令的方法

(1) 命令行:Fillet(别名:F)。

(2) 选择下拉菜单:“修改(M)”→“圆角(F)”。

(3) 单击“修改”面板按钮:。

2. 功能

通过一个指定半径的圆弧来光滑地连接 2 个对象。

3. 主要选项说明

(1) 选择第一个对象:此提示要求选择创建圆角的第一个对象。

(2) 多段线(P):对二维多段线创建圆角。

(3) 半径(R):设置圆角半径。

(4) 修剪(T):确定创建圆角操作的修剪模式。

(5) 多个(M):执行该选项且用户选择两个对象创建出圆角后,可以继续对其他对象创建圆角,不必重新执行 Fillet 命令。

二、“倒角”命令

1. 启动“倒角”命令的方法

(1) 命令行:Chamfer(别名:CHA)。

(2) 选择下拉菜单:“修改(M)”→“倒角(C)”。

(3) 单击“修改”面板按钮:。

2. 功能

用于为选定的 2 条直线或多段线的拐角处绘制斜线。

3. 主要选项说明

(1) 选择第一条直线:要求选择进行倒角的第一条线段为默认项。

(2) 多段线(P):对整条多段线倒角。

(3) 距离(D):设置倒角距离。

(4) 角度(A):根据倒角距离和角度设置倒角尺寸。

(5) 修剪(T):确定倒角后是否对相应的倒角边进行修剪。

(6) 方式(E):确定将以什么方式倒角,即根据已设置的两倒角距离倒角,还是根据距离和角度设置倒角。

三、“ 阵列”命令

1. 启动“阵列”命令的方法

(1) 命令行:Array。

(2) 选择下拉菜单:“修改(M)”→“阵列”。

(3) 单击“修改”面板按钮: 。

2. 功能

将已经绘制好的对象,使用环形或矩形阵列的方式,复制建立一个原图形对象的阵列排列。

3. 主要选项说明

(1) 计数(COU):选择该选项时,命令行将提示输入列数和行数。

(2) 间距(S):选择该项时,命令行将提示输入列之间的距离和行之间的距离。行距或列距为正值时,将沿 X 轴或 Y 轴正方向阵列对象,否则反之。

四、“打断”命令

1. 启动“打断”命令的方法

(1) 命令行:Break(别名:BR)。

(2) 选择下拉菜单:“修改(M)”→“打断(K)”。

(3) 单击“修改”面板按钮: 。

2. 功能

通过指定图形对象上的 2 点,将对象在指定 2 点之间的部分删除。

3. 主要选项说明

执行“Break”命令,AutoCAD 提示如下。

(1) 选择对象(选择要断开的对象):此时只能选择一个对象。

(2) 指定第二个打断点或[第一点(F)]。

① 指定第二个打断点:此时 AutoCAD 以用户选择对象时的拾取点作为第一断点,并要求确定第二断点。

② [第一点(F)]:重新确定第一断点。

任务实施过程

步骤 1:新建文件并设置绘图环境。

步骤 2:绘制矩形。

(1) 将“粗实线”层置为当前图层。

(2) 单击 ,根据系统提示,绘制矩形如图 3-12(a)所示。

步骤 3:画中心线。

(1) 将“点画线”置为当前图层。

(2) 单击 ,根据系统提示,绘制中心线如图 3-12(b)所示。

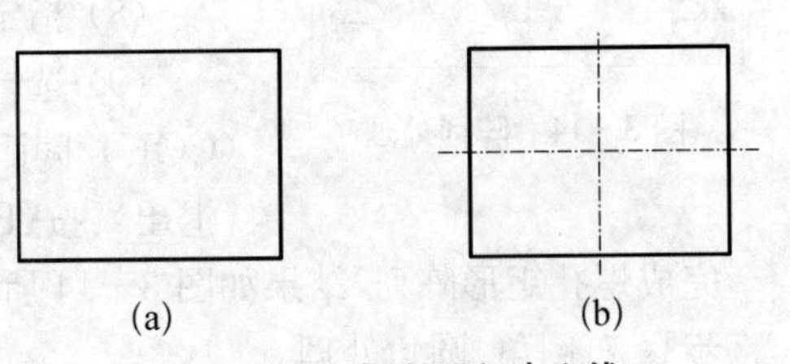

图 3-12　绘制矩形、中心线

步骤 4:偏移中心线。

(1) 单击 ,将水平中心线向下偏移 34.5。

(2) 按【Enter】键重复偏移命令,将垂直中心线向左偏移 44,结果如图 3-13(a)所示。

步骤 5:绘制圆、螺孔 M14。

(1) 将"粗实线"层置为当前图层。

(2) 单击 ,根据系统提示绘制圆。

(3) 按【Enter】键重复执行"Circle"命令,捕捉到交点 B 作为圆心,分别画出 ϕ14 和 ϕ11.9 的圆。结果如图 3-13 所示。

(4) 利用夹点编辑功能,调整 ϕ14 圆的中心线至合适长度。结果如图 3-13(b)所示。

(5) 单击 ,将 ϕ14 打断 1/4 圆周,结果如图 3-13(c)所示。

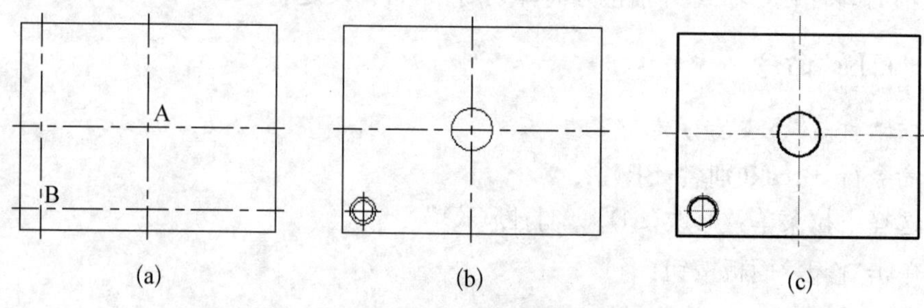

图 3-13 偏移中心线、绘制螺孔 M14

步骤 6:阵列处理。

(1) 单击 ,选择对象:选取螺孔为阵列对象。

(2) 类型=矩形,关联=是。

(3) 选择夹点以编辑阵列或[关联(AS)/基点(B)/计数(COU)/间距(S)/列数(COL)/行数(R)/层数(L)/退出(X)]〈退出〉:COU。

(4) 输入列数数或[表达式(E)]〈4〉: 3。

(5) 输入行数数或[表达式(E)]〈3〉: 2。

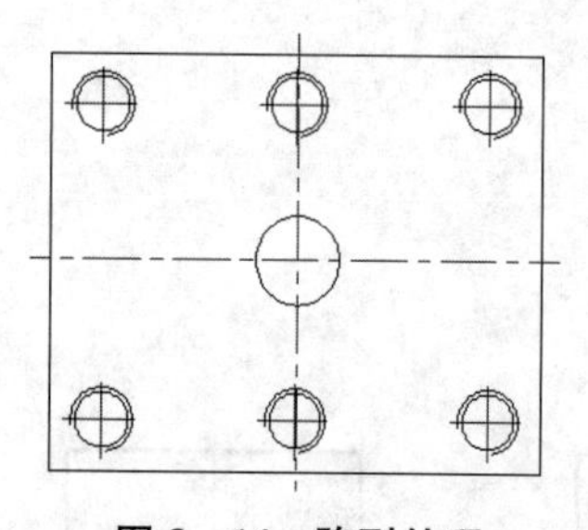

图 3-14 阵列处理

(6) 选择夹点以编辑阵列或[关联(AS)/基点(B)/计数(COU)/间距(S)/列数(COL)/行数(R)/层数(L)/退出(X)]〈退出〉: S。

(7) 指定列之间的距离或[单位单元(U)]〈24.0354〉: 44。

(8) 指定行之间的距离〈24.655〉:69。

(9) 选择夹点以编辑阵列或[关联(AS)/基点(B)/计数(COU)/间距(S)/列数(COL)/行数(R)/层数(L)/退出(X)]〈退出〉:按【Enter】键确认。

完成螺孔矩形阵列,结果如图 3-14 所示。

步骤 7:倒角、圆角处理。

(1) 单击 ,设置倒角距离为 4,选择多个选项,单击倒角的两边。

(2) 单击 ,设置圆角半径为 6,选择多个选项,单击倒角的两边,打开线宽显示,结果如图 3-15 所示。

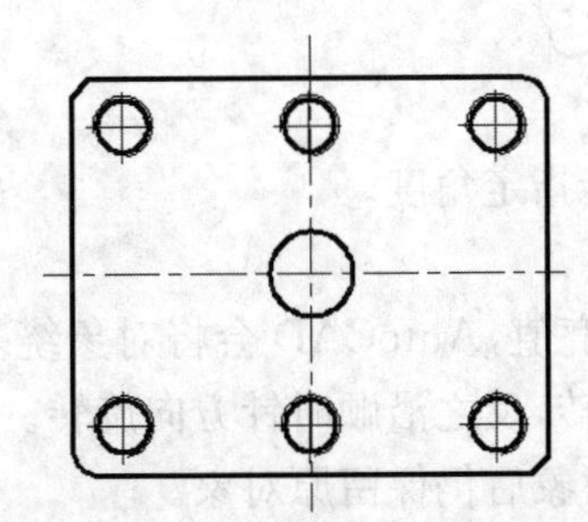

图 3-15　倒角、圆角处理

任务四　绘制止动垫圈

任务描述

绘制如图 3-16 所示的止动垫圈，掌握“旋转(Rotate)”命令、“删除(Erase)”命令和“环形阵列(Arraypolar)”命令。

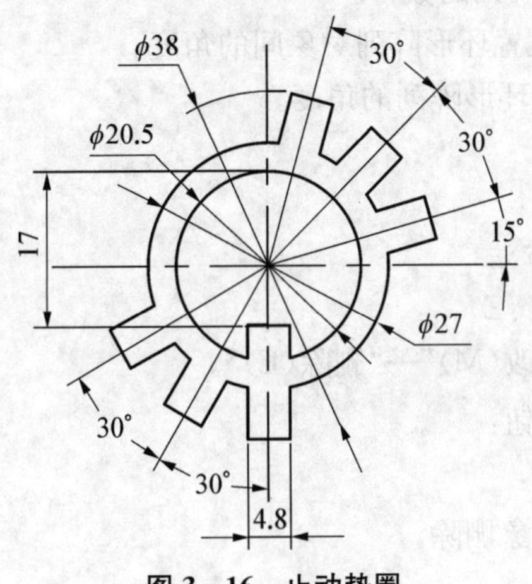

图 3-16　止动垫圈

相关知识点

一、“旋转”命令

1. 启动“旋转”命令的方法

(1) 命令行：Rotate(别名：RO)。

(2) 选择下拉菜单：“修改(M)”→“旋转(R)”。

(3) 单击"修改"面板按钮: 。

2. 功能

将选中对象绕指定基点旋转指定角度。

3. 主要选项说明

(1) 指定旋转角度:输入角度值,AutoCAD 会将对象绕基点转动该角度。在默认设置下,角度为正时沿逆时针方向旋转,反之沿顺时针方向旋转。

(2) 复制(C):创建出旋转对象后仍保留原对象。

(3) 参照(R):以参照方式旋转对象。

二、"环形阵列"命令

1. 启动"环形阵列"命令的方法

(1) 命令行:Arraypolar。

(2) 选择下拉菜单:"修改(M)"→"阵列"→"环形"。

(3) 单击"修改"面板按钮: 。

2. 功能

将已经绘制好的对象,使用环形阵列的方式,复制建立一个原图形对象的阵列排列。

3. 主要选项说明

(1) 项目(I):设置环形阵列的数目。

(2) 项目间角度(A):设置环形阵列对象间的角度。

(3) 填充角度(F):设置环形阵列的角度。

三、"删除"命令

1. 启动"删除"命令的方法

(1) 命令行:Erase(别名:E)。

(2) 选择下拉菜单:"修改(M)"→"删除(E)"。

(3) 单击"修改"面板按钮: 。

2. 功能

用于将错误或多余的对象删除。

3. 说明

选择要删除的对象即可。

任务实施过程

步骤 1:新建文件并设置绘图环境。

步骤 2:作基准线。

(1) 将"点画线"层置为当前图层。

(2) 单击 ,根据系统提示绘制中心线。

(3) 按【Enter】键重复直线命令,完成中心线。

步骤 3:绘制圆。

(1) 将“粗实线”层置为当前图层。

(2) 单击 ,根据系统提示绘制如图 3-17 所示的圆。

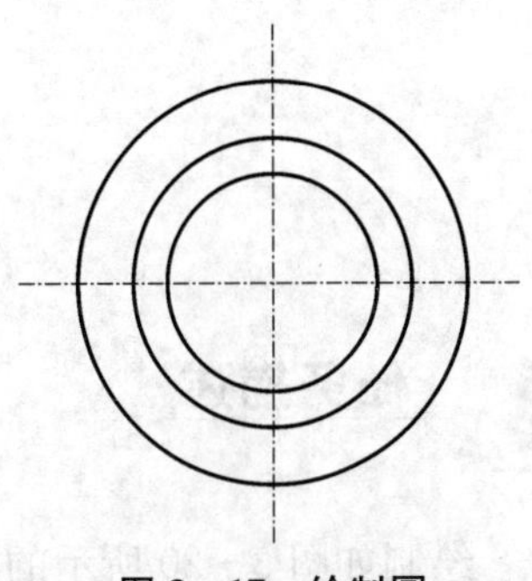

图 3-17 绘制圆

步骤 4:偏移直线。

(1) 单击 ,根据系统提示偏移中心线。

(2) 按【Enter】键重复偏移命令,如图 3-18(a)所示。

步骤 5:修剪齿形。

(1) 单击 ,根据系统提示修剪线段,如图 3-18(b)所示。

(2)单击 ,根据系统提示,删除多余线段,如图 3-18(c)、(d)所示。

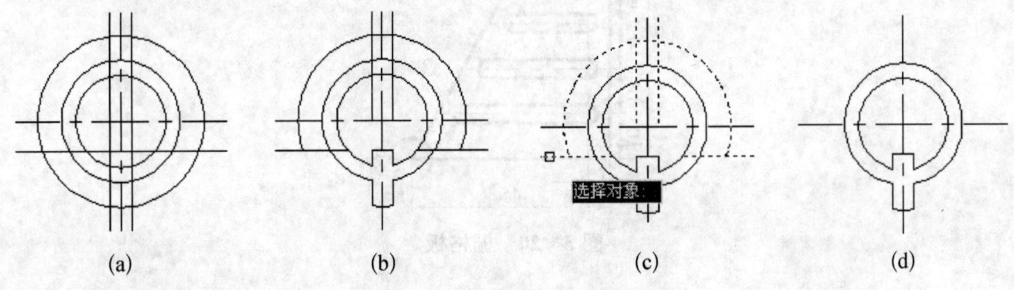

图 3-18 偏移直线、绘制齿形

步骤 6:阵列处理。

单击按钮 ,选择齿形为阵列对象,对图示对象进行选环形阵列,结果如图 3-19(c)所示。

步骤 7:旋转处理。

单击 ,根据系统提示,对如图 3-19(c)所示的对象进行旋转。

步骤 8:修剪多余图线,完成作图。

单击 ,根据系统提示,修剪多余线段,结果如图 3-19(d)所示。

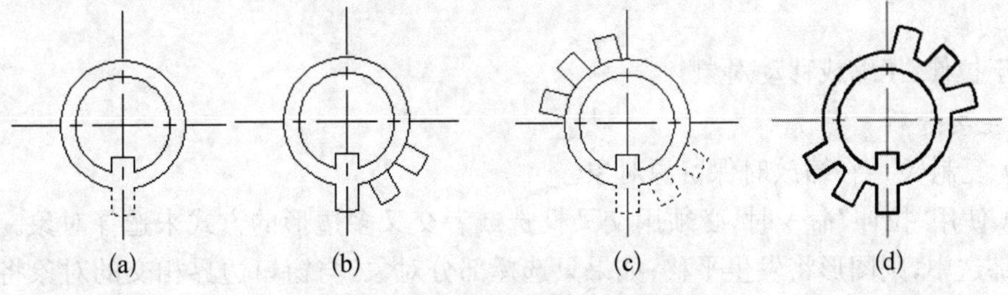

图 3-19 环形阵列、旋转处理

任务五　绘制栅格板

任务描述

绘制如图 3-20 所示的栅格板，掌握“拉伸(Stretch)”命令。

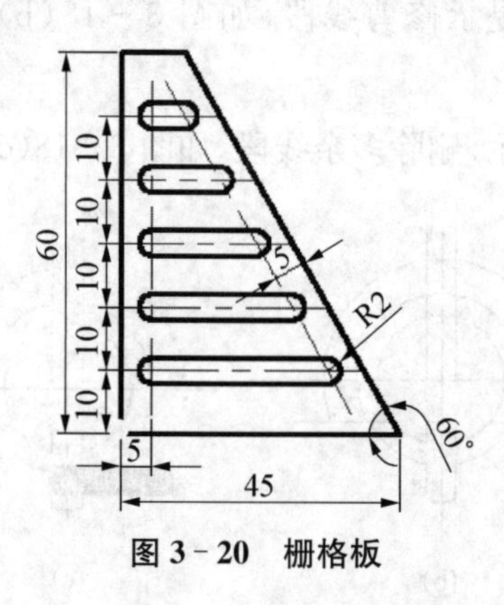

图 3-20　栅格板

相关知识点

“拉伸”命令

1. 启动“拉伸”命令的方法

(1) 命令行：Stretch。

(2) 选择下拉菜单：“修改(M)”→“拉伸(H)”。

(3) 单击“修改”面板按钮：。

2. 功能

用于拉伸、压缩或移动对象。

3. 主要选项说明

(1) 复制(C)：在缩放时保留源对象。

(2) 使用“拉伸”命令时，必须用交叉框选或者交叉多边形的方式来选择对象。如果将对象全部选中，则图形将发生平移；如果只选择部分对象，与窗口边界相交的对象将沿拉伸位移方向拉伸或压缩。

任务实施过程

步骤 1：新建文件并设置绘图环境。

步骤 2：启动“直线”命令绘制外框线，启动“偏移”命令绘制槽孔的左右两侧中心线，结果如图 3-21(a)所示。

步骤 3:启动“直线”“圆”等命令绘制顶部槽孔,结果所图 3-21(b)所示。

步骤 4:启动“矩阵”命令,设置行数为 5,行间距为−10,向下阵列槽孔,结果如图 3-21(c)所示。

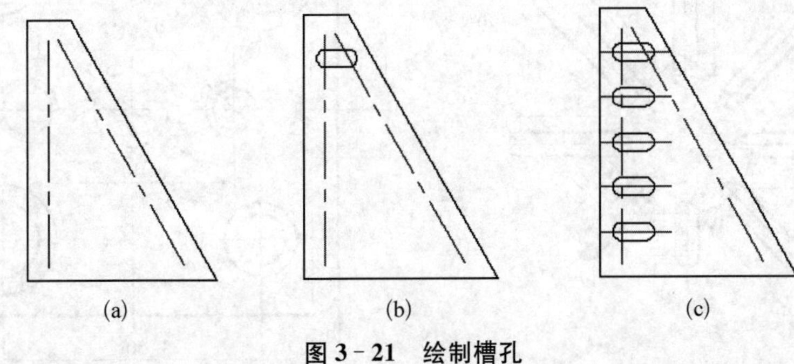

图 3-21　绘制槽孔

步骤 5:拉伸槽孔,启动“拉伸”命令,交叉框选拉伸的对象;结果如图 3-22 所示。

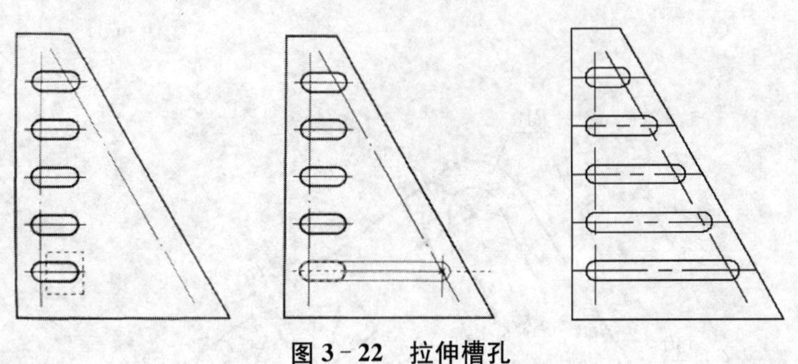

图 3-22　拉伸槽孔

技能训练

利用二维绘图、编辑命令绘制如图 3-23 所示图形。

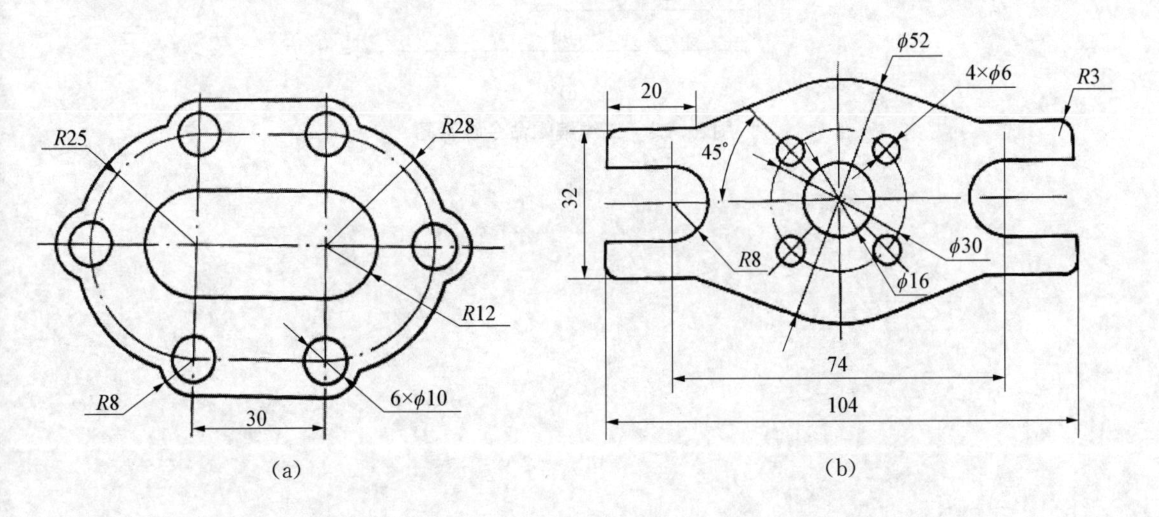

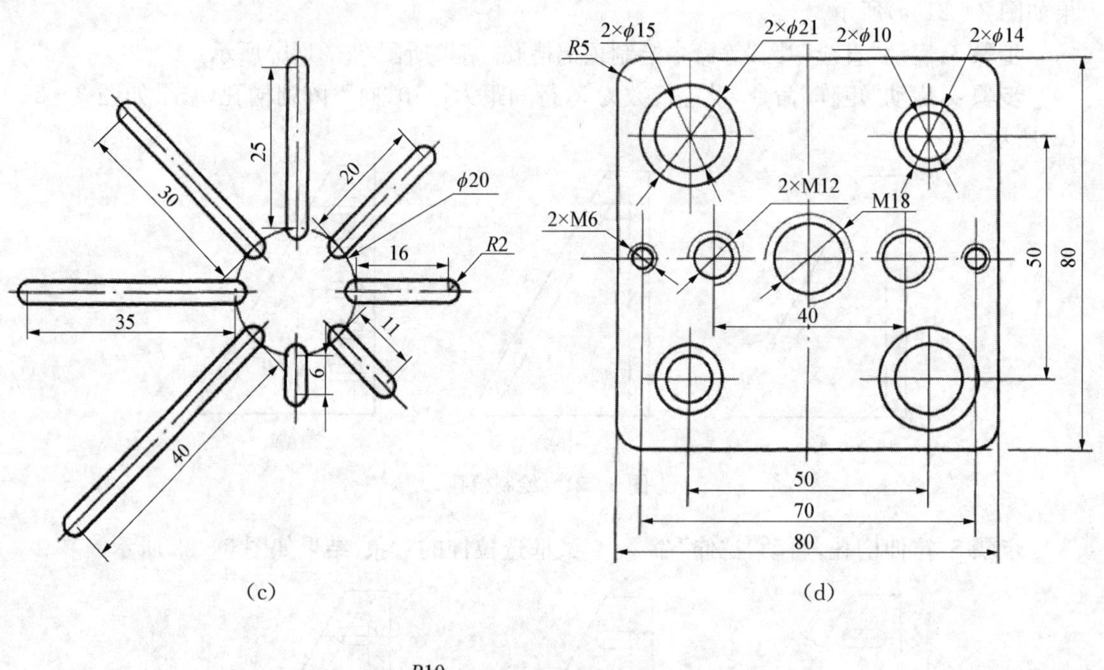

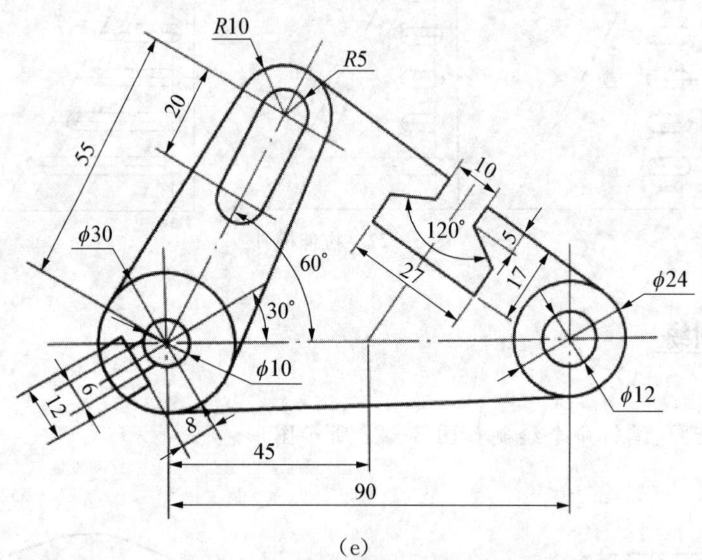

图 3-23　二维编辑命令练习图

项目四

文本输入与编辑

教学目标

1. 掌握文字样式的设置、文字书写和编辑的方法。

2. 掌握表格创建和编辑的方法。

3. 熟练运用文字注写、表格创建等方法来完成机械零件工程图中注释说明、技术要求、标题栏和明细表等内容的注写。

一张完整的AutoCAD工程图纸除了用图形完整、正确、清晰地表达物体的结构形状外，还必须用尺寸表示物体的大小，另外还应有相应的文字信息，如注释说明、技术要求、标题栏和明细栏表等。AutoCAD提供了强大的文字注写和文字编辑功能。

任务一　添加文字注释

任务描述

为齿轮轴零件图添加如图4-1所示的技术要求，文字采用gbeitc.shx和大字体gbcbig.shx，字号为5，宽度因子为0.7。

技术要求

1.调质处理：HB241~269。

2.未注圆角半径R1.5。

图4-1　齿轮轴零件图技术要求

相关知识点

一、创建文字样式

在注写文字之前，应首先设置所需的文字样式，以指定字体、高度等参数，然后用定义好的文字样式进行标注。

1. 启动“文字样式”命令的方法

(1) 命令行：Style。

(2) 菜单栏：“格式”→“文字样式”。

(3) 功能区：选择“默认”选项卡，在“注释”面板的下拉列表中单击“文字样式”按钮。

2. “文字样式”对话框选项说明

执行“文字样式”命令，打开如图 4－2 所示的“文字样式”对话框，可新建、修改或删除文字样式。对话框中各选项的含义如下。

(1) “样式”列表框：显示已有的文字样式，“Standard”为默认文字样式。

(2) “字体”选项组：可在“字体名”下拉列表中选择需要的 TrueType 字体或 SHX 字体，当所选字体为亚洲大字体 SHX 文件时，“使用大字体”复选框可以勾选，勾选后“字体样式”选项将变为“大字体”。

(3) “大小”选项组：用于设置样式中的文字大小。当勾选“注释性”复选框时，文字被定义为注释对象，在打印输出时，可以通过设置注释性比例灵活控制文字的大小。在“高度”文本框中可输入所需要的文字高度。

(4) “效果”选项组：“颠倒”复选框勾选后，文字方向将翻转；“反向”复选框勾选后，文字的阅读顺序将与开始时相反；“宽度因子”可设置字符的宽高比；“倾斜角度”可设置文字的倾斜角度。

(5) “置为当前”按钮：当左边“样式”列表框里有多个样式时，可以选择其中一个置为当前文字样式。

(6) “新建”按钮：单击该按钮，会弹出如图 4－3 所示的“新建文字样式”对话框，可在“样式名”文本框中输入新建样式名称。

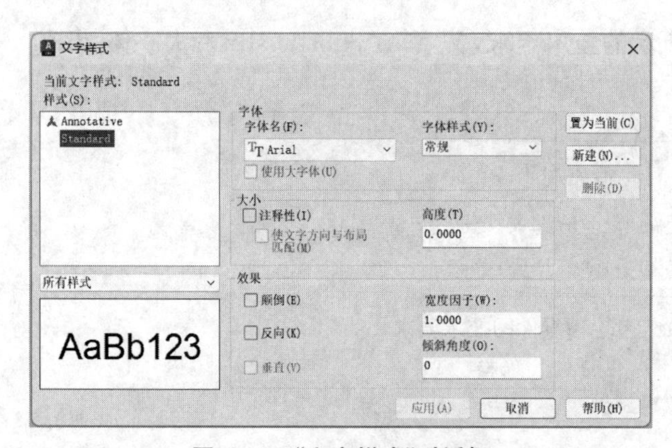

图 4－2 “文字样式”对话框

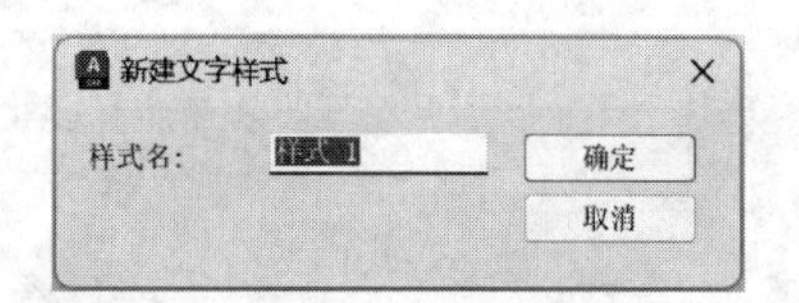

图 4－3 “新建文字样式”对话框

(7)“预览”区:位于左下角,可以预览设置的文字样式效果。

二、创建单行文字

使用单行文字可以创建一行或多行文字,可对每行文字进行编辑。

1. 启动“单行文字”命令的方法

(1) 命令行:Text。

(2) 菜单栏:“绘图”→“文字”→“单行文字”。

(3) 功能区:选择“默认”选项卡,在“注释”面板的下拉列表中单击“单行文字”按钮 A。

2. “单行文字”命令行选项说明

(1) 指定文字的起点:在绘图区域选择一点作为输入文本的起始点。

(2) 对正(J):指定输入字符的哪一部分与插入点对齐。选择该选项后,系统提示从以下选项中所需的对正方式:左(L)/居中(C)/右(R)/对齐(A)/中间(M)/布满(F)/左上(TL)/中上(TC)/右上(TR)/左中(ML)/正中(MC)/右中(MR)/左下(BL)/中下(BC)/右下(BR)。

(3) 样式(S):选择该选项后,用户可以根据需要输入已有的样式名来指定输入文本的文字样式。

(4) 指定高度:确定文字高度。

(5) 指定文字的旋转角度:确定输入文字的倾斜角度。

3. AutoCAD 常用控制符号

在使用 AutoCAD 绘制工程图时,有些特殊符号不能直接从键盘输入,例如下划线、直径符号、角度符号等。因此,AutoCAD 提供了对应的控制符号,常用的控制符号见表 4-1。

表 4-1　AutoCAD 常用控制符号

控制符号	功能
%%o	文字上划线
%%u	文字下划线
%%d	角度的度符号(°)
%%p	正负公差符号(±)
%%c	直径符号(ϕ)

三、多行文字

多行文字是由任意行组成的文字段落,编辑性更强,在 AutoCAD 中,一般较为复杂的文字说明均使用多行文字创建,如工程图的技术要求说明等。

1. 启动“多行文字”命令的方法

(1) 命令行:Mtext。

(2) 菜单栏:“绘图”→“文字”→“多行文字”。

(3) 功能区:选择“默认”选项卡,在“注释”面板的下拉列表中单击“多行文字”按钮 A。

2. 多行文字编辑器

执行“多行文字”命令后，选择两个点作为多行文字矩形边界框的两个角点，系统将在功能区弹出如图 4 - 4 所示的多行文字编辑器，包含“样式”“格式”“段落”“插入”“拼写检查”“工具”“选项”和“关闭”等面板，用以设置文字格式、输入文字。常用选项说明如下。

(1) “样式”列表 AaBb123 AaBb123：可选择当前文本的文字样式。

(2) “文字高度”下拉列表框 2.5：确定文本的文字高度。

(3) B I A U O 按钮：设置文本是否加粗、倾斜、加删除线、加下划线、加上划线。

(4) “字体”下拉列表框 Arial：可选择当前使用的字体类型。

(5) “颜色”下拉列表框 ByLayer：可选择文本使用的字体颜色。

(6) “堆叠”按钮 $\frac{b}{a}$：堆叠文字，用于创建分数形式或公差格式文本。当文本中出现“/”(堆叠文字时以水平线分隔文字)、“^”(垂直堆叠文字，不用直线分隔)或“#”(堆叠文字时以对角线分隔文字)时，选择需要堆叠的文字，单击此按钮，即可得到对应的分数形式。例如：在多行文字编辑框中分别输入“1/2”“12+0.01^-0.02”“2#3”，分别选中要堆叠的文字“1/2”“+0.01^-0.02”“2#3”后，单击“堆叠”按钮 $\frac{b}{a}$，即可完成如图 4 - 5 所示的堆叠文字的创建。

(7) “文字对正”按钮：可选择多行文字的对齐方式。

(8) “行距”按钮 行距：可设置当前段落或所选段落的行距。

(9) “段落”按钮：单击此按钮，弹出“段落”对话框，可设置文本的段落格式。

(10) “符号”按钮 @：可选择需要的如角度、直径、正/负号、度数等符号。

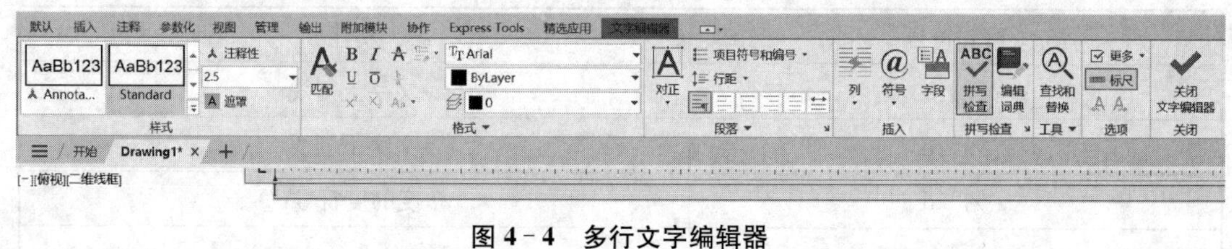

图 4 - 4 多行文字编辑器

$\frac{1}{2}$ $12^{+0.01}_{-0.02}$ 2/3

(a) (b) (c)

图 4 - 5 堆叠文字

四、编辑文字

启动“编辑文字”命令的方法如下。

(1) 命令行：Textedit。

(2) 菜单栏：“修改”→“对象”→“文字”→“编辑”。

(3) 双击文字。

启动“编辑文字”命令可对已经注写的文本进行文字样式、属性、格式、内容等的修改操作。

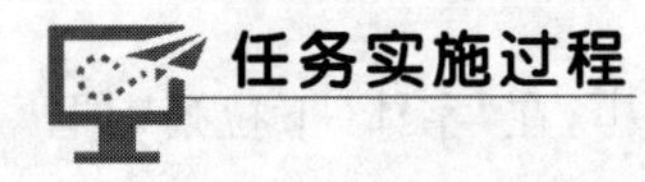

任务实施过程

步骤 1:打开“4-1.1.dwg”素材文件,如图 4-6 所示。

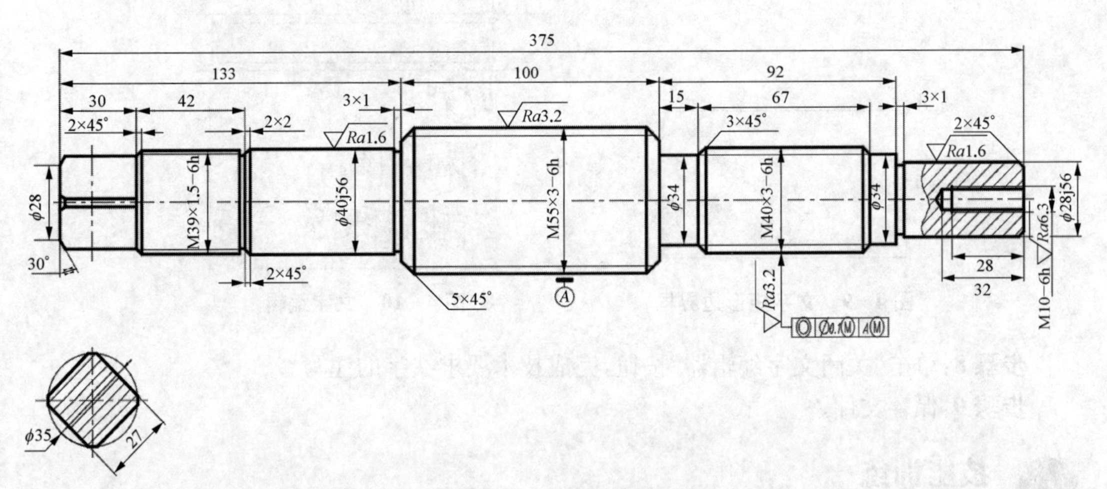

图 4-6　齿轮轴零件图

步骤 2:在功能区中选择“默认”选项卡,切换当前图层为“文字”层。在“注释”面板的下拉列表中单击“文字样式”按钮 A ,打开“文字样式”对话框。

步骤 3:单击“新建”按钮,弹出“新建文字样式”对话框,命名新样式为“工程文字”,如图 4-7 所示,单击“确定”按钮。

步骤 4:字体选用 gbeitc.shx 和大字体 gbcbig.shx,字高为 5,“宽度因子”改为 0.7,如图 4-8 所示。

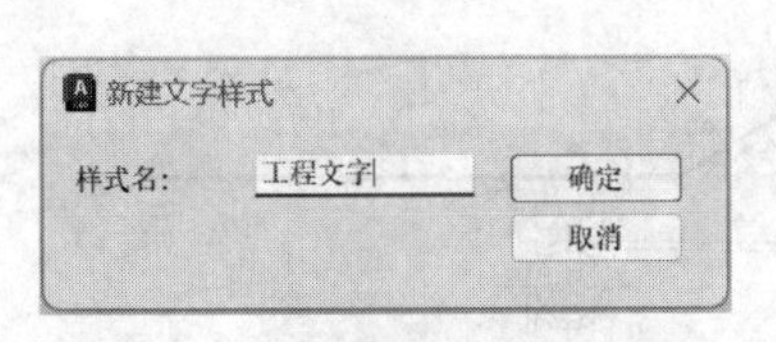

图 4-7　“新建文字样式”对话框

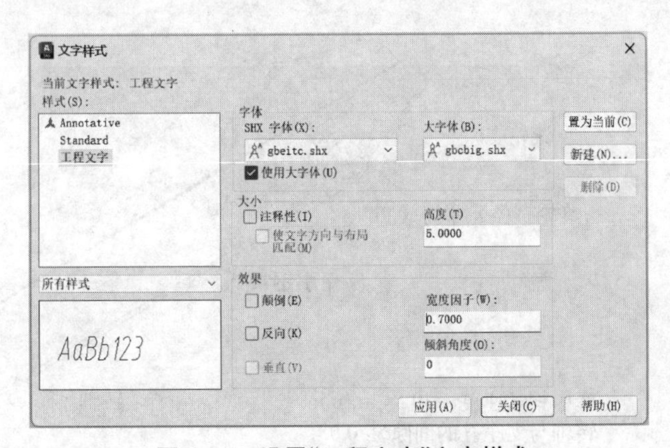

图 4-8　设置“工程文字”文字样式

步骤 5:单击“置于当前”按钮,将“工程文字”样式置为当前样式,单击“关闭”按钮,关闭“文字样式”对话框。

步骤 6:在功能区中选择“默认”选项卡,在“注释”面板的“文字”下拉列表中单击“多行文字”按钮 **A** ,分别以图 4－9 所示的 A、B 点为多行文字矩形边界框的左上角点和右下角点。

步骤 7:在弹出的文字编辑器中,输入技术要求文字,选中“～”,在“字体”下拉列表框 gbeitc 中,选择选择字体 geniso,结果如图 4－10 所示。

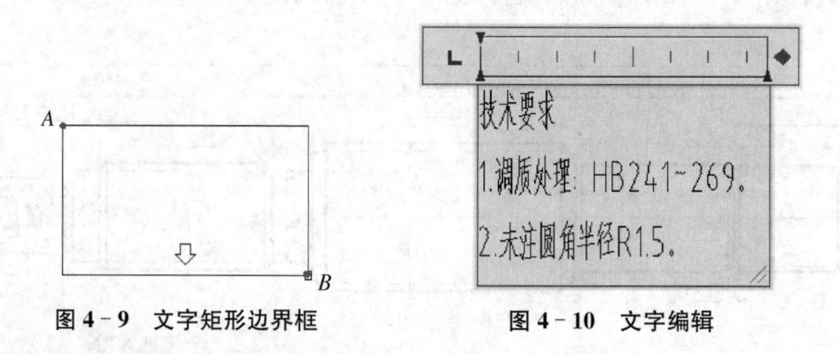

图 4－9　文字矩形边界框　　**图 4－10　文字编辑**

步骤 8:单击“关闭文字编辑器”按钮,完成技术要求文字的注写。

步骤 9:保存文件。

技能训练

1. 完成图 4－11 所示的文本的书写,文字字高为 3.5,字体为 gbeitc.shx。

$90°$　4^3　$8/13$　$\frac{1}{6}$　L_1　20 ± 0.16　$\phi42^{-0.025}_{-0.050}$

图 4－11　文字及尺寸

2. 打开素材文件“4－1.2.dwg”,请在图中分别添加单行文字和多行文字,如图 4－12 所示,字体采用 5 号仿宋体。

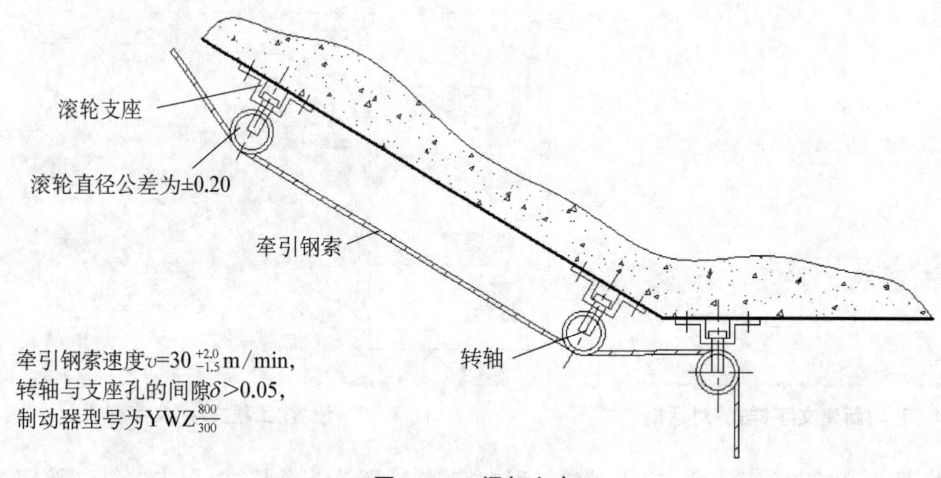

图 4－12　添加文字

3. 书写如图 4－13 所示的技术要求。其中“技术要求”为宋体 5 号；内容字高 3.5，字体采用 gbeitc.shx 和大字体 gbcbig.shx；宽度因子均为 1。

技术要求

1、铸件不得有缩孔、裂纹等缺陷

2、未注铸造圆角R2

3、锐边倒角C1

4、进行油压试验，5分钟内不得有漏油现象

(a)

技术要求

1、进行清砂处理，不准有砂眼。

2、未注明铸造圆角R3。

3、未注明倒角1X45°。

(b)

图 4－13　技术要求

4. 书写如图 4－14 所示的夹线体工作原理，字体采用 5 号仿宋体。

工作原理

夹线体是将线穿入衬套3中，然后旋转手动压套1，通过螺纹M36×2使手动压套向右移动，沿着锥面接触使衬套向中心收缩（因在衬套上开有槽）。从而夹紧线体，当衬套夹住线后，还可以与手动压套、夹套2一起在盘座4的Ø46孔中旋转。

图 4－14　文字撰写

任务二　绘制标题栏

任务描述

绘制 A2 样板图，其标题栏如图 4－15 所示，标题栏中的文字采用 gbeitc.shx 和大字体 gbcbig.shx，字高为 5。

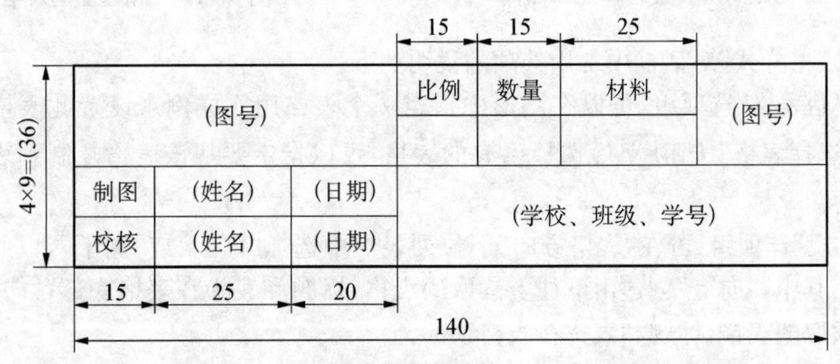

图 4－15　标题栏

相关知识点

一、创建表格样式

1. 启动“表格样式”命令的方法

(1) 命令行：Tablestyle。

(2) 菜单栏：“格式”→“表格样式”。

(3) 功能区：选择“默认”选项卡，在“注释”面板的下拉列表中单击“表格样式”按钮。

2. “表格样式”对话框选项说明

执行“表格样式”命令，打开如图 4－16 所示的“表格样式”对话框，可新建、修改或删除表格样式。对话框中各选项的含义如下。

(1) “样式”列表框：显示已有的表格样式，“Standard”为默认表格样式。

(2) “预览”区：可以预览设置的表格样式效果。

(3) “置为当前”按钮：当左边“样式”列表框里有多个样式时，可以选择其中一个置为当前表格样式。

(4) “新建”按钮：单击该按钮，会弹出如图 4－17 所示的“创建新的表格样式”对话框，可在“新样式名”文本框中输入新的表格样式名称，单击 “继续”按钮，弹出如图 4－18 所示的“新建表格样式”对话框。

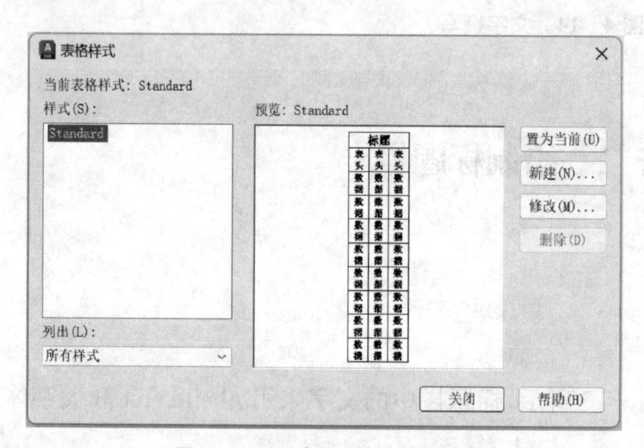

图 4－16 “表格样式”对话框

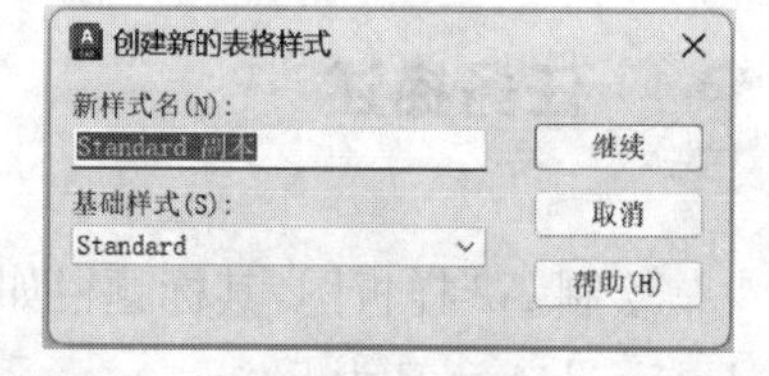

图 4－17 “创建新的表格样式”对话框

“新建表格样式”对话框中常用选项的说明如下。

① “起始表格”选项组：可以在图形中指定一个表格用作样例来设置此表格样式的格式。单击“选择表格”按钮后选择已有的表格，可以指定要从该表格复制到表格样式的结构和内容。

② “常规”选项组：可在“表格方向”下拉列表框中选择“向上”或“向下”，以此来改变表格的方向。其中，“向上”创建由下往上读取的表格，标题和表头在表格底部；“向下”则创建由上往下读取的表格，标题和表头在表格顶部。

③ “单元样式”选项组：在下拉列表中可以选择“标题”“表头”“数据”三种单元样式，选

择后可在“常规”“文字”“边框”选项卡中设置所需的格式。

④“常规”选项卡：用来设置标题、表头和数据栏的填充颜色、对齐方式、数据类型格式和类型等特性及页边距。

⑤“文字”选项卡：用来设置标题、表头和数据栏文字的样式、高度、颜色和角度等特性。

⑥“边框”选项卡：用来设置标题、表头和数据栏表格边框的线宽、线型、颜色和双线间距等特性，单击下方的边框线按钮可以选择边框线的各种形式。

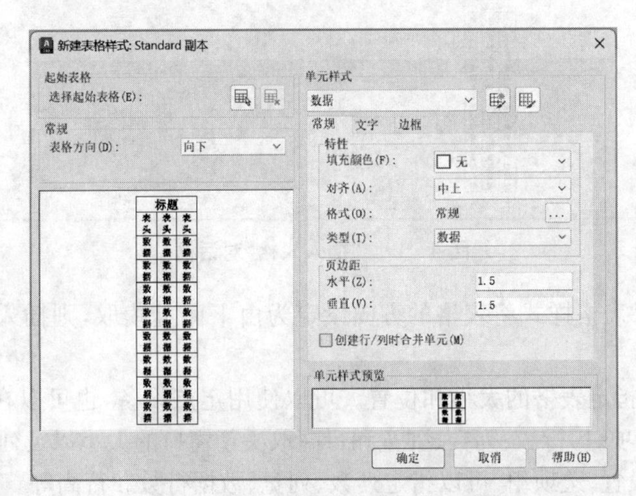

图 4-18　“新建表格样式”对话框

(5)“修改”按钮：单击该按钮，可对当前的表格样式进行修改，修改方式与新建表格样式相同。

二、创建表格

1. 启动“表格”命令的方法

(1) 命令行：Table。

(2) 菜单栏：“绘图”→“表格”。

(3) 功能区：选择“默认”选项卡，在“注释”面板中单击“表格”按钮 。

2. “插入表格”对话框选项说明

执行“表格”命令，打开如图 4-19 所示的“插入表格”对话框，对话框中各选项的含义如下。

(1)“表格样式”选项组：可以在“表格样式”下拉列表框中选择已经创建的表格样式，也可以单击右边的“表格样式”按钮 启动“表格样式”对话框，新建或者修改表格样式。

(2)“插入选项”选项组：

① 从空表格开始：创建可以手动填充数据的空表格。

② 自数据链接：从外部电子表格中的数据创建表格。

③ 自图形中的对象数据(数据提取)：启动“数据提取”向导来创建表格。

(3)“插入方式”选项组：

① 指定插入点：指定表格左上角的位置。可以使用定点设备，也可以在命令提示下

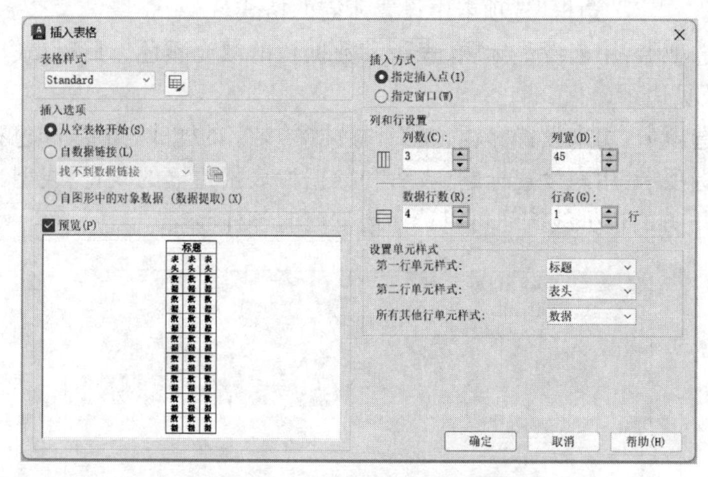

图 4－19 “插入表格”对话框

输入坐标值。如果表格样式将表格的方向设定为由下而上读取，则插入点位于表格的左下角。

② 指定窗口：指定表格的大小和位置。可以使用定点设备，也可以在命令提示下输入坐标值。选定此选项时，行数、列数、列宽和行高取决于窗口的大小以及列和行设置。

(4) “列和行设置”选项组：可以指定列数、列宽、数据行数和行高等。

(5) “设置单元样式”选项组：可以选择第一行、第二行和其他行的单元样式分别为标题、表头或数据样式。

(6) “确定”按钮：单击“确定”按钮后，再指定的插入点或窗口插入一个空表格，并弹出多行文字编辑器，可以在各个单元格中输入相应的文字和数据，如图 4－20 所示。

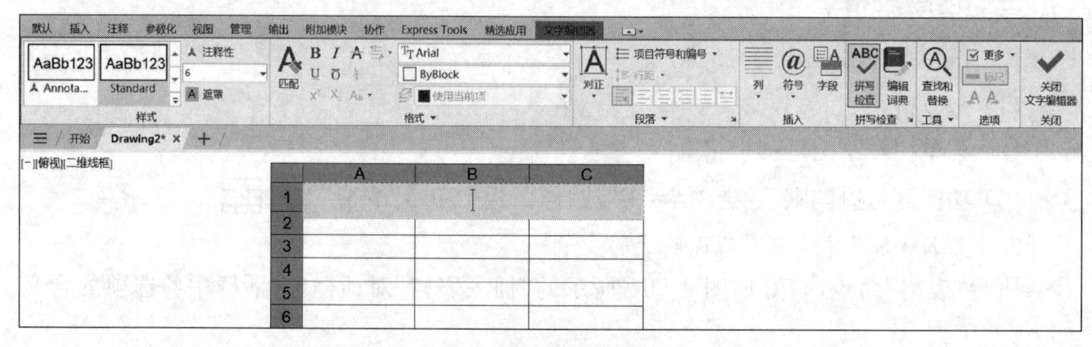

图 4－20 插入表格

三、编辑表格

创建表格后，可以对表格进行编辑修改。表格的修改有夹点修改、表格工具栏和表格特性表三种方法。

1. 夹点修改

创建表格后，可以单击表格上的任意网格线选中表格，表格四周会出现许多夹点，通过夹点可以修改表格，各夹点功能如图 4－21 所示。

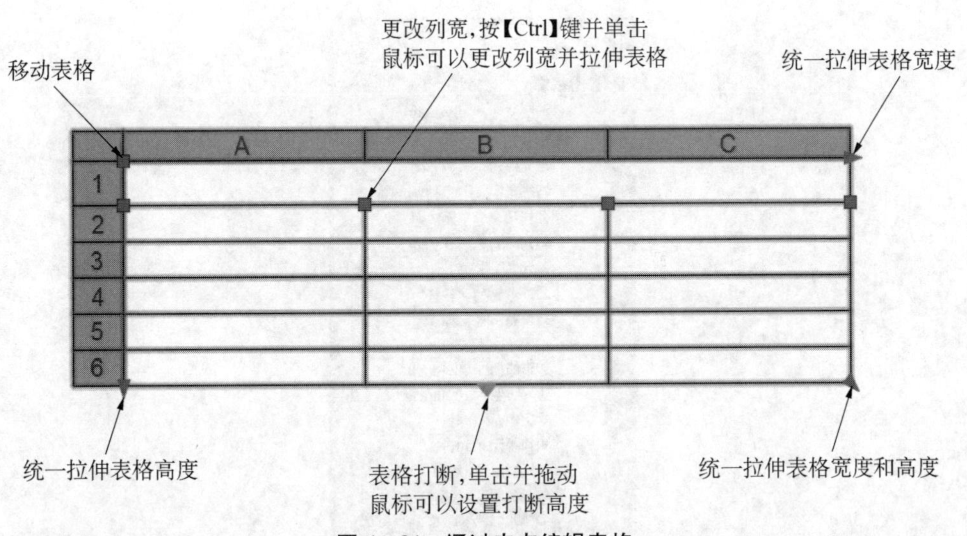

图 4－21　通过夹点编辑表格

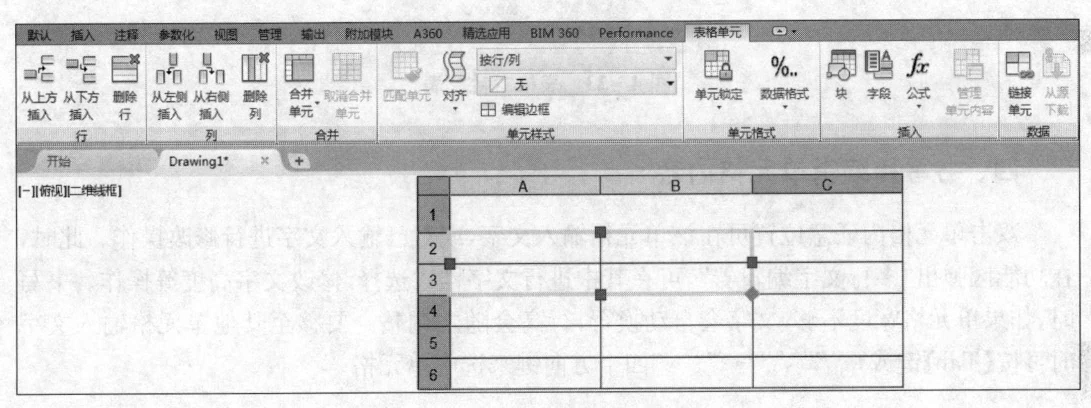

图 4－22　“表格单元”功能区选项卡

2．“表格单元”功能区选项卡

选中单个或多个单元格，系统将在功能区弹出如图 4－22 所示的“表格单元”选项卡。该选项卡包括“行”“列”“合并”“单元样式”“单元格式”“插入”和“数据”等多个面板，可以从中选择不同选项进行插入行、删除行、插入列、删除列、合并单元格、匹配单元、对齐单元内容、设置表格单元样式和背景颜色、编辑表格单元边框、单元锁定、设置表格单元数据格式、插入块、插入字段、插入公式、管理单元内容和链接单元等操作。

3．表格特性表

选中单个或多个单元格，在功能区中选择“视图”选项卡，在“选项板”面板中单击“特性”按钮，打开特性表如图 4－23 所示，可以修改表格相关属性。

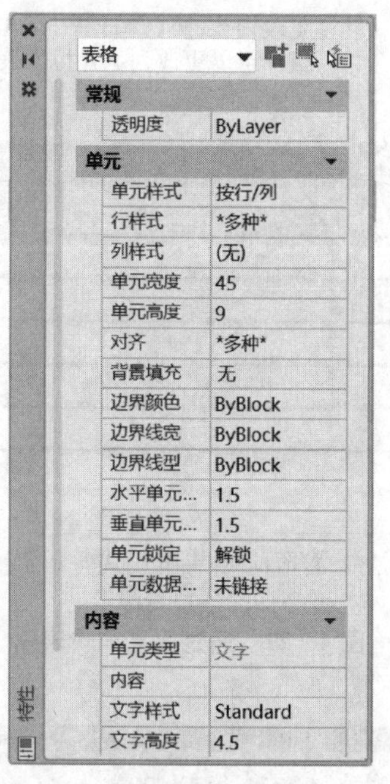

图 4-23　表格“特性”表

四、书写和编辑单元格内容

双击单元格内任意位置可在该单元格输入文字,或对已输入文字进行修改操作。此时,在功能区弹出“多行文字编辑器”,可在其中进行文字样式选择、修改文字高度等操作。书写时,如果单元格宽度不够,文字会自动换行,行高会随之调整。要移至其他单元格输入文字时可按【Tab】键或“↑”“↓”“←”“→”四个方向键来选中单元格。

任务实施过程

步骤 1:新建文件并设置绘图环境,显示线宽。

步骤 2:切换当前图层为“细实线”,在功能区中选择“默认”选项卡,单击“绘图”面板中的“矩形”按钮,指定矩形的角点分别为(0,0)和(594,420),绘制出图纸边界。切换当前图层为“粗实线”,单击“绘图”面板中的“矩形”按钮,指定矩形的角点分别为(25,10)和(584,410),绘制出图框线。结果如图 4-24 所示。

图 4-24　绘制图幅边框

步骤 3：在“注释”面板的下拉列表中，单击“文字样式”按钮，新建“工程文字”样式，选用 gbeitc.shx 和大字体 gbcbig.shx，字高为 5。

步骤 4：在“注释”面板的下拉列表中，单击“表格样式”按钮，新建“标题栏”表格样式。在“新建表格样式：标题栏”对话框中，“常规”选项卡设置对齐方式为“正中”，页边距“水平”和“垂直”均为 1，如图 4-25 所示；在“文字”选项卡中选择“工程文字”作为文字样式，如图 4-26 所示，单击“确定”按钮，返回“表格样式”对话框，将“标题栏”置为当前样式，单击“关闭”按钮退出对话框。

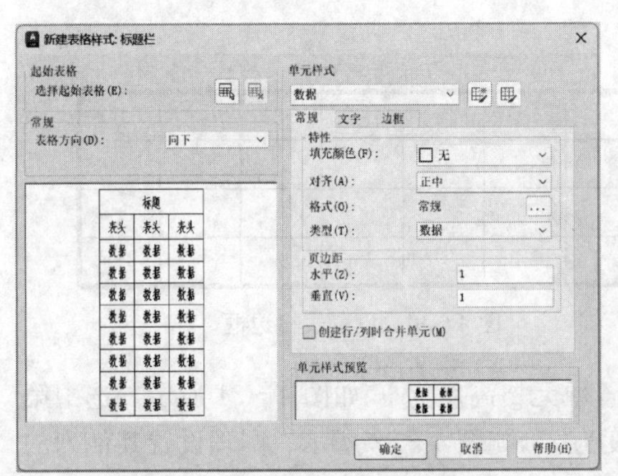

图 4-25　“标题栏”表格样式“常规”选项卡

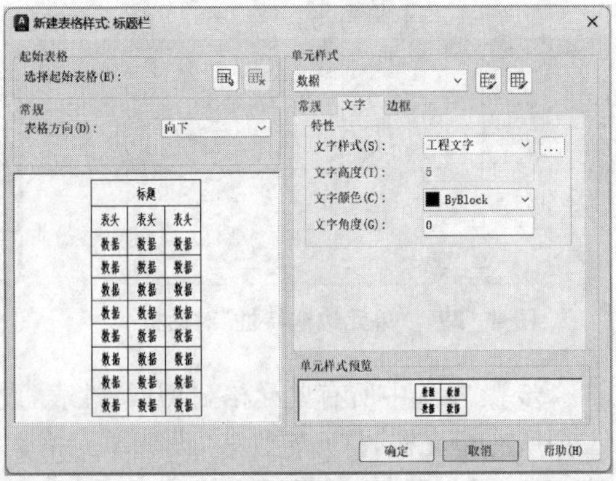

图 4-26　“标题栏”表格样式“文字”选项卡

步骤 5：切换当前图层为“细实线”，在“注释”面板中，单击“表格”按钮。在“插入表格”对话框中，设置列数为 7，列宽为 15，数据行数为 2，行高为 1；第一行单元样式、第二行单元样式、所有其他行单元样式均选择“数据”，如图 4-27 所示。单击“确定”按钮，在绘图区指定插入点，则插入如图 4-28 所示的 4 行 7 列的表格。

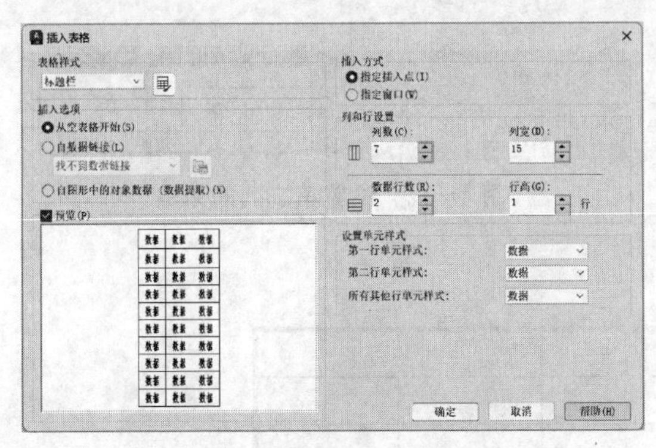

图 4-27　设置“插入表格”对话框

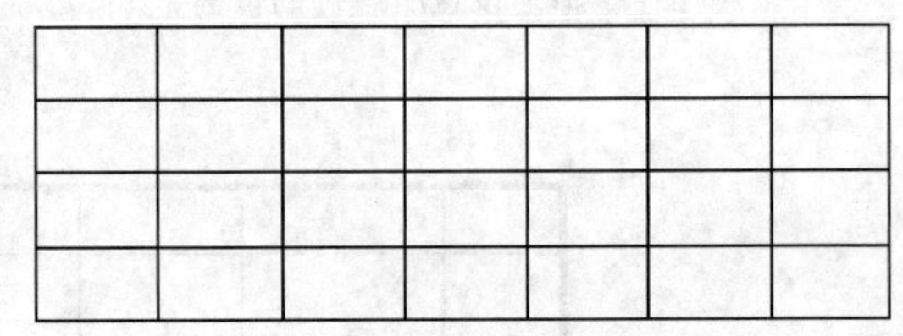

图 4-28　插入的表格

步骤 6：选中所有单元格，在弹出的“表格单元”选项卡中，单击“单元样式”面板中的“编辑边框”按钮，打开如图 4-29 所示的“单元边框特性”对话框中，首先在“线宽”下拉列表中选择“0.3mm”，然后单击“外边框”按钮，单击“确定”按钮，结果如图 4-30 所示。

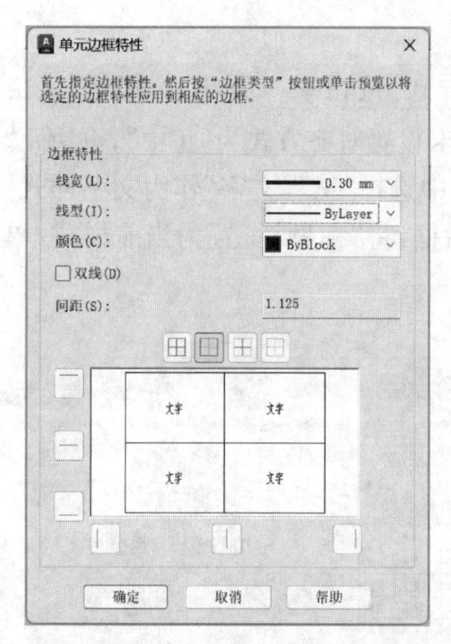

图 4-29 “单元边框特性”对话框

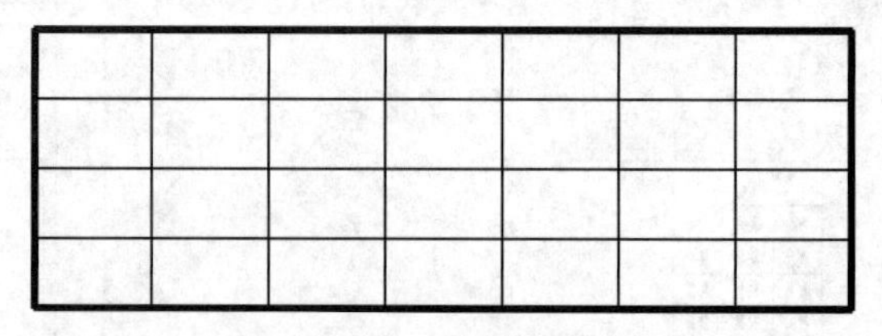

图 4-30 设置表格边框

步骤 7:选中所有单元格,打开特性表,设置单元格高度为 9,如图 4-31 所示。选中第二列所有单元格,打开特性表,设置单元格宽度为 25,如图 4-32 所示。同理设置其他列的宽度,结果如图 4-33 所示。

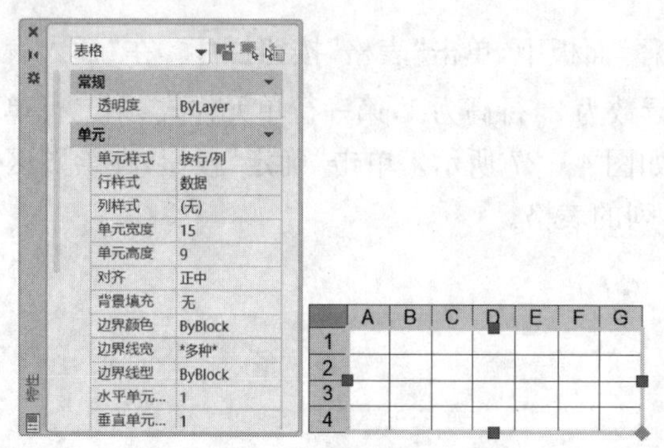

图 4-31 设置所有行的行高

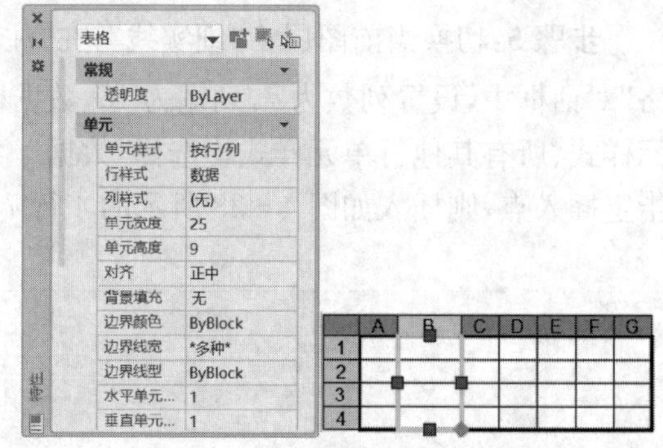

图 4-32 设置第二列的列宽

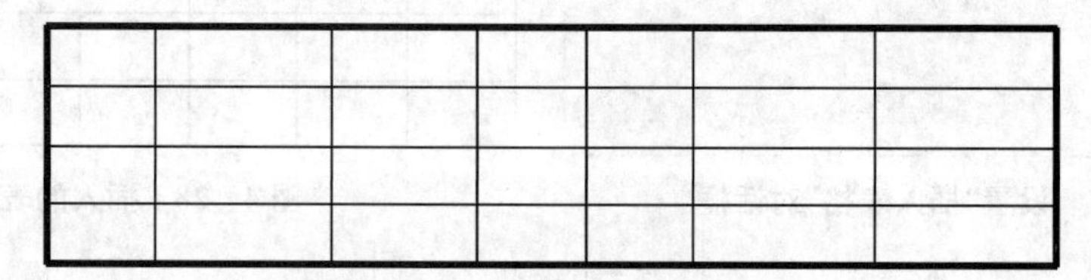

图 4-33 设置行高和列宽结果

步骤 8:选中 A1 至 C2 单元格,单击“合并单元”按钮 ,选择“合并全部”选项,同理合并其他单元格,结果如图 4-34 所示。

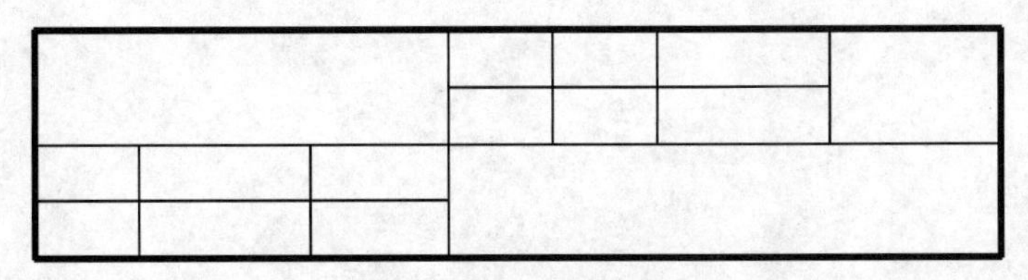

图 4-34　合并单元格

步骤 9:双击单元格,在各单元格中输入相应文字,如图 4-35 所示。

<table>
<tr><td colspan="3" rowspan="2">(图名)</td><td>比例</td><td>数量</td><td>材料</td><td rowspan="2">(图号)</td></tr>
<tr><td></td><td></td><td></td></tr>
<tr><td>制图</td><td>(姓名)</td><td>(日期)</td><td colspan="4" rowspan="2">(学校、班级、学号)</td></tr>
<tr><td>校核</td><td>(姓名)</td><td>(日期)</td></tr>
</table>

图 4-35　在标题栏中输入文字

步骤 10:启动“移动”命令,选择表格为移动对象,指定表格右下角为移动基点,指定图框线右下角为新位置的点,如图 4-36 所示,放置表格在正确位置,完成 A2 样板图如图 4-37所示。

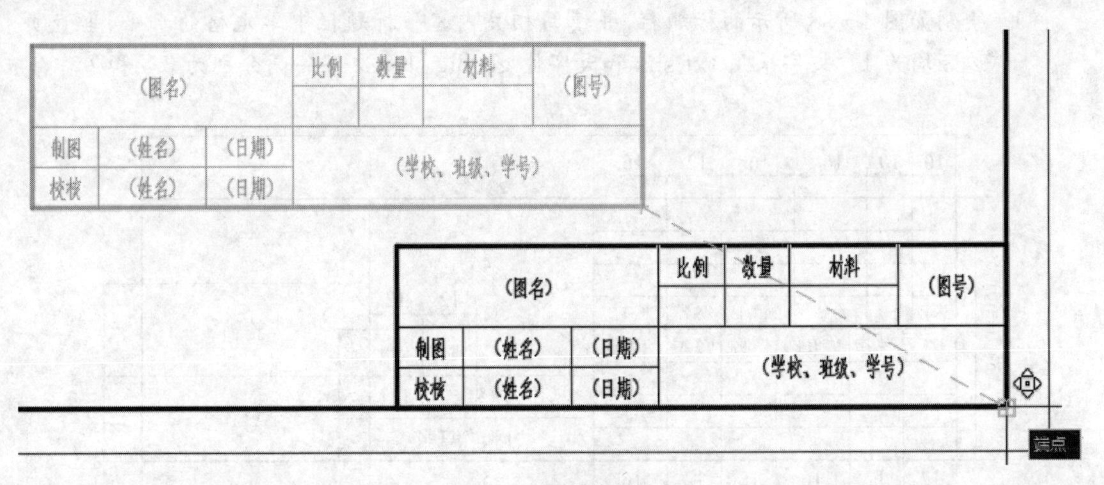

图 4-36　移动表格

步骤 11:启动“移动”命令,选择表格为移动对象,指定表格右下角为移动基点,指定图框线右下角为新位置的点,如图 4-36 所示,放置表格在正确位置,完成 A2 样板图如图 4-37所示。

步骤 12:保存文件为“A2.dwt”。

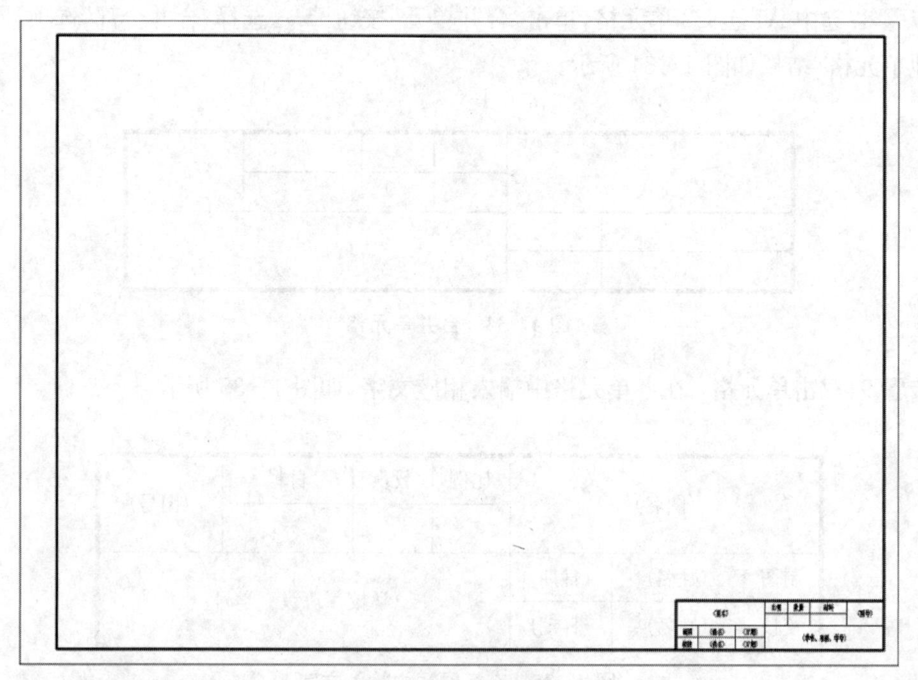

图 4-37　A2 样板图

技能训练

1. 绘制如图 4-38 所示的标题栏，并填写相关内容。标题栏中单元格的水平、垂直页边距均为 1。文字采用 txt.shx 和大字体 gbcbig.shx，文字字高分别为 3.5 和 7。

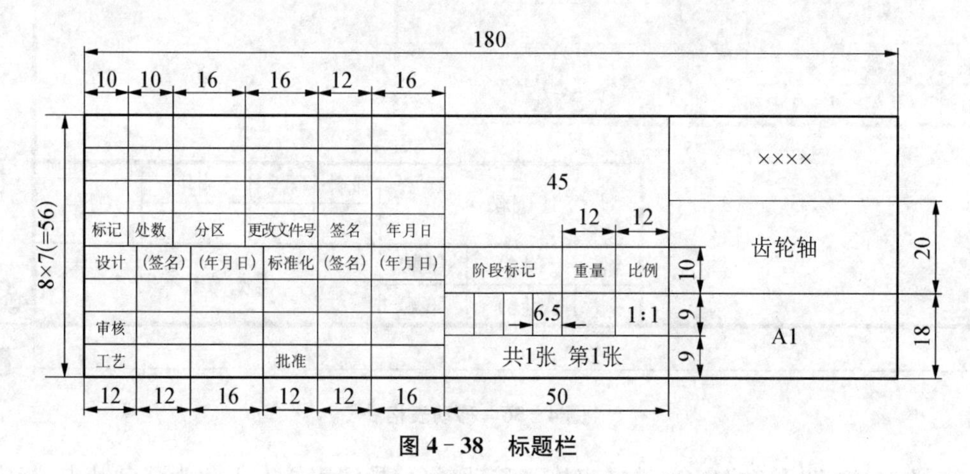

图 4-38　标题栏

2. 绘制如图 4-39 所示的表格，并填写相关内容。表格中单元格的水平、垂直页边距均为 1.5。文字采用 3.5 号仿宋体，宽度因子 0.7。

法向模数	Mn	2
齿数	Z	80
径向变位系数	X	0.06
精度等级		$8\text{-}D_C$
公法线长度	F	43.872 ± 0.618

（尺寸标注：25、12、65；行高8）

图 4-39　齿轮参数

3. 绘制如图 4-40 所示的表格，并填写相关内容。其中“技术要求”用 4 号仿宋体，其余字体为 3 号楷体。表格中单元格的水平、垂直页边距均为 1.5。

技术要求	物料堆积密度	Y	2 400 kg/m³
	物料最大块度	a	500 mm
	许可环境温度		−30°～+40°
	许可牵引力	F_X	4 500 N
	调速范围	V	≤120r/min
	生产率	ξ	110~180m³/h

（尺寸标注：12、30、12、84；行高8）

图 4-40　技术要求

4. 绘制如图 4-41 所示的装配图标题栏和明细表，并填写相关内容。标题栏和明细表单元格的水平、垂直页边距均为 1，文字采用 3.5 号仿宋体、宽度因子 0.7。

140

15	35	15	35	
26	轴承	2		GB/T283-1994
25	蜗杆	1	45	表面淬火
24	垫圈	2	65Mn	16GB/193-1967
23	螺母	2	Q235A	M16
22	螺栓	2	Q235A	GB6170-2000
21	视窗盖	1	35	
20	箱盖	1	HT200	
19	垫圈	16	65Mn	12GB/193-1967
18	螺母	16	Q235A	M12 GB6170-2000
17	螺栓	16	Q235A	M12*40 GB5782-2000
16	定位销	2	45	
15	箱座	1	HT200	
14	螺栓	4	Q235A	
13	闷盖	2	HT200	成组
12	肋板	4	HT200	
11	轮缘	1	ZCuSn10P1	金属膜
10	轮心	1	ZCuSn10P1	金属膜
9	螺栓	16	Q235A	M12*40 GB5782-2000
8	键	1	45	GB/T 1095-1979
7	涡轮轴	1	45	
6	螺栓	12	Q235A	M10*25 GB5782-2000
5	调整垫片	2	08F	成组
4	闷盖	2	HT200	成组
3	螺栓	4	Q235A	MB*15 GB5782-2000
2	涡轮杆	1	45调质	表面淬火
1	键	1	45	GB/T 1095-1979
序号	名　称	数量	材　料	备　注

制图	×××	××××.××.××	单级蜗轮蜗杆减速器		A1
校核	×××	××××.××.××			
		××××		比例	1:2
15	25	20		25	25

30×7=(210)

图 4-41　装配图标题栏和明细表

项目五

图块和填充

教学目标

1. 掌握图块的创建、使用及编辑方法。
2. 掌握属性块的创建和编辑方法。
3. 熟练掌握图案填充命令的使用。
4. 熟练掌握填充图案的编辑。

本项目包含两个绘图任务，通过完成这些任务，可以掌握创建及使用图块、块属性、填充剖面图案的方法。

任务一　标注表面粗糙度符号和基准符号

任务描述

打开素材文件“5-1.1.dwg”，利用图块命令在轴零件图中适当位置标注表面粗糙度符号和基准符号，结果如图 5-1 所示。

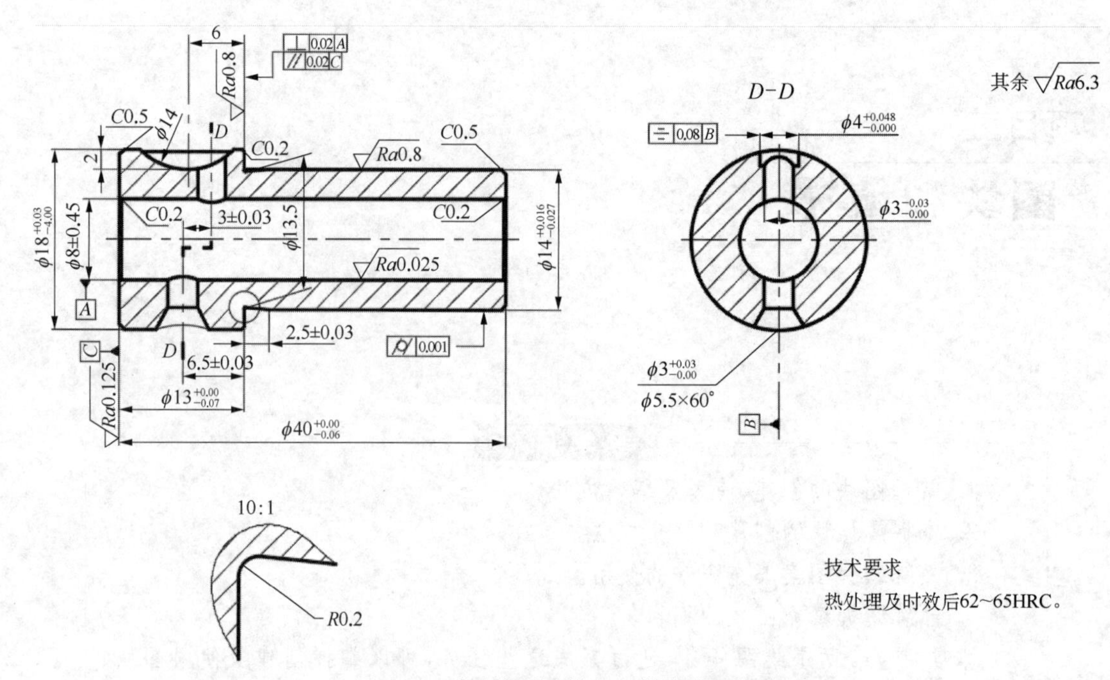

图 5－1　表面粗糙度符号及基准符号标注

相关知识点

一、定义内部块

图块也称为块，一组图形对象可以被定义为图块，此时它们成为一个整体，选中图块中的任意一个图形对象便可以选中该图块。在机械制图中，对于反复使用的图形，如螺栓、螺母等常用零件和表面粗糙度符号等常用符号，为方便重复使用，可将其定义为块，并根据需要对齐进行插入、分解等操作。

图块的创建方法有两种。第一种是利用“创建块”命令创建内部图块，存储在定义它的图形文件内部，只能在当前图形文件中调用，而不能在其他图形文件中调用。第二种是利用“写块”命令定义外部图块，外部图块又称为外部图块文件，它以文件的形式保存在本地磁盘中，用户可以根据需要把它调用到当前绘制的图形中。

1. 启动“创建块”命令的方法

(1) 命令行：Block。

(2) 菜单栏：“绘图”→“块”→“创建”。

(3) 功能区：选择“默认”选项卡，在“块”面板中单击“创建块”按钮。

2. “块定义”对话框选项说明

执行“创建块”命令，打开如图 5－2 所示的“块定义”对话框，对话框中各选项的含义如下。

(1) “名称”列表框：在此输入新建图块的名称。

(2)“基点”选项组:用于指定块的插入基点,默认值是(0,0,0)。可以通过单击“拾取点”按钮,切换到绘图窗口,在图形中拾取某点作为块的插入基点;也可以在该选项组的X、Y、Z文本框内输入块的插入基点坐标值。当勾选“在屏幕上指定”复选框时,则在关闭对话框时,将提示用户在屏幕上指定基点。

(3)“对象”选项组:用于指定新块中要包含的对象,以及创建块之后如何处理这些对象。单击“选择对象”按钮,将切换到绘图窗口,可在绘图区中选择构成新块的图形对象。单击“快速选择”按钮,将显示“快速选择”对话框,可过滤选择集。点选“保留”单选按钮,创建块以后,还保留构成块的源对象。点选“转换为块”单选按钮,创建块以后,把构成块的源对象也转化为块。点选“删除”单选按钮,创建块以后,删除构成块的源对象。

(4)“方式”选项组:用于设置组成块的对象显示方式。其中,勾选“注释性”复选框,可以将块设置成注释性对象;“使块方向与布局匹配”复选框,用于指定在图纸空间视口中的块参照的方向与布局的方向匹配,如果未选择“注释性”选项,则该选项不可用;“按统一比例缩放”复选框,可设置块是否按统一的比例进行缩放;“允许分解”复选框,可设置块是否可以被分解。

(5)“设置”选项组:用于设置块的基本属性值。单击“超链接”按钮,将弹出“插入超链接”对话框,在该对话框中可以插入超链接文档。

(6)“说明”文本框:用于输入当前块的说明文字。

(7)“在块编辑器中打开”复选框:勾选该复选框,单击“确定”后,将在块编辑器中打开当前的块定义。

图5-2　“块定义”对话框

二、定义外部块

利用“写块”命令可以定义外部图块。

1. 启动“写块”命令的方法

(1)命令行:Wblock。

(2)功能区:选择“插入”选项卡,在“块定义”面板中,单击“创建块”下拉按钮,然后单击“写块”按钮。

2. “写块”对话框选项说明

执行“写块”命令，打开如图 5-3 所示的“写块”对话框，对话框中各选项的含义如下。

图 5-3 “写块”对话框

(1) “块”单选按钮：指定要存为文件的现有图块。

(2) “整个图形”单选按钮：将整个图形写入外部块文件。

(3) “对象”单选按钮：指定存为文件的对象。点选此单选按钮后，“基点”和“对象”选项组方可用。

(4) “基点”选项组：用于指定块的插入基点，默认值是(0,0,0)。可以通过单击“拾取点”按钮，切换到绘图窗口，在图形中拾取某点作为块的插入基点；也可以在该选项组的 X、Y、Z 文本框内输入块的插入基点坐标值。

(5) “对象”选项组：用于设置存为文件的对象上的块创建效果。单击“选择对象”按钮，将切换到绘图窗口，可在绘图区中选择一个或多个对象以保存至文件。单击“快速选择”按钮，将显示“快速选择”对话框，可过滤选择集。点选“保留”单选按钮，将选定对象另存为文件后，在当前图形中仍保留它们。点选“转换为块”单选按钮，将选定对象另存为文件后，在当前图形中将它们转换为块。点选“删除”单选按钮，将选定对象另存为文件后，从当前图形中删除它们。

(6) “目标”选项组：用于指定文件的新名称、新位置以及插入块时所用的测量单位。

三、插入图块

使用“插入块”命令，用户可根据需要，按照一定的比例和角度将块插入到当前图形中的任意指定位置。

1. 启动“插入块”命令的方法

(1) 命令行：Insert。

(2) 菜单栏：“插入”→“块选项板”。

(3) 功能区：选择“默认”选项卡，单击“块”面板中的“插入块”按钮，在下拉菜单中选择要插入的块。

2. “块选项板”选项说明

执行“插入块”命令，打开如图 5-4 所示的“块选项板”，“当前图形”选项卡中，显示“当前”图形中可用块定义的预览或列表，可单击放置块，也可拖放。单击并放置块时，可应用选项板中的选项，其含义如下。

(1) “插入点”：指定块的插入点。勾选该复选框，插入块时使用定点设备或手动输入坐标，即可指定插入点。取消勾选，将使用之前指定的坐标。若要使用此选项在先前指定的坐标处定位块，则必须在选项板中双击该块。

(2) “比例”：指定插入块的缩放比例。勾选该复选框，则指定 X、Y 和 Z 方向的比例因子。如果指定负的 X、Y 和 Z 缩放比例因子，则插入块的镜像图像。取消勾选，则使用之前指定的比例。

(3) “旋转”：指定插入块到当前图形时，绕其基点的旋转角度。角度为正数时表示沿逆时针方向旋转，角度为负数时表示沿顺时针方向旋转。勾选该复选框，使用定点设备或输入角度指定块的旋转角度。取消勾选，则使用之前指定的旋转角度。

(4) “自动放置”：勾选该复选框，插入块时显示放置建议。

(5) “重复放置”：勾选该复选框，系统将自动提示其他插入点，重复块插入，直到按 Esc 键取消命令。

(6) “分解”：勾选该复选框，则在插入块的同时分解块对象。

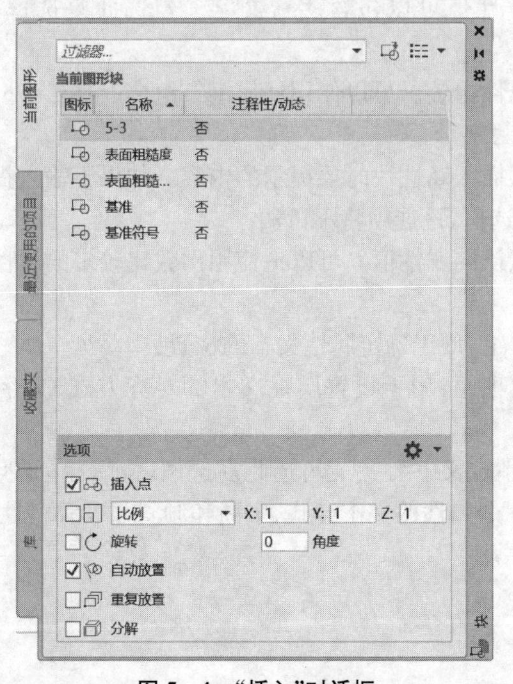

图 5-4　“插入”对话框

四、创建及使用块属性

块属性类似于商品的标签，包含了图块所不能表达的一些文字信息，如材料、型号及制造者等，存储在属性中的信息一般称为属性值。当用“创建块”命令创建块时，将已定义的属性与图形一起生成块，这样块中就包含属性了。

1. 启动“定义属性”命令的方法

(1) 命令行：Attdef。

(2) 菜单栏：“绘图”→“块”→“定义属性”。

(3) 功能区：选择“默认”选项卡，在“块”面板的下拉列表中，单击“定义属性”按钮。

2. “定义属性”对话框选项说明

执行“定义属性”命令，打开如图 5－5 所示的“属性定义”对话框，对话框中常用选项的含义如下。

(1) “不可见”：控制属性值在图形中的可见性。如果想使图中包含属性信息，但又不想使其在图形中显示出来，就勾选此复选框。有一些文字信息如零部件的成本、产地、存放仓库等，通常不必在图样中显示出来，就可设定为不可见属性。

(2) “固定”：勾选此复选框，属性值将为常量，插入块时系统不再提示输入属性值。

(3) “验证”：勾选此复选框，插入块时系统重新显示属性值提示用户验证该值是否正确。

(4) “预设”：勾选此复选框，则插入块时，系统将不再提示用户输入新属性值，实际属性值等于“默认”文本框中的默认值。

(5) “锁定位置”：锁定块参照中属性的位置。解锁后，属性可以相对于使用夹点编辑的块的其他部分移动，并且可以调整多行文字属性的大小。

(6) “多行”：指定属性值可以包含多行文字。勾选此复选框，可以指定属性的边界宽度。

(7) “标记”：输入属性标签。可以使用任何字符组合(空格除外)输入属性标记，系统自动把小写字母转换为大写字母。

(8) “提示”：可输入插入属性块时要提示的内容。如果不输入提示，属性标记将用作提示。如果勾选“固定”复选框，该选项将不可用。

(9) “默认”：设置默认的属性值。可以把使用次数比较多的属性值作为默认值，也可以不设置默认值。

(10) “插入点”选项组：用于确定属性文本的位置。

(11) “文字设置”选项组：用于设置属性文本的对齐方式、文字样式、文字高度和倾斜角度。

(12) “在上一个属性定义下对齐”：勾选此复选框，将属性标记直接放在前一个属性的下面，且该属性继承前一个属性的文本样式、字高和倾斜角度等特性。如果之前没有创建属性定义，则此选项不可用。

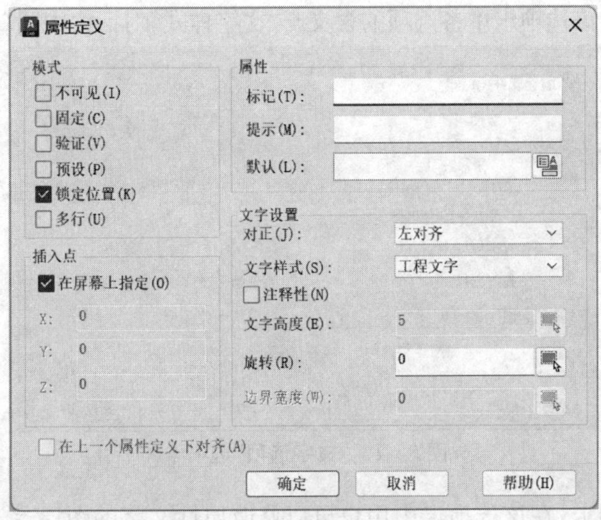

图 5-5　“属性定义”对话框

五、编辑块属性

若属性已被创建成块，则用户可用“编辑属性”命令来编辑块属性值及其他特性。

1. 启动“编辑属性”命令的方法

(1) 命令行：Eattedit。

(2) 菜单栏：“修改”→“对象”→“属性”→“单个”。

(3) 功能区：选择“默认”选项卡，单击“块”面板中的“编辑属性”按钮。

2. “增强属性编辑器”功能

执行“编辑属性”命令，将提示选择块，选择带有属性的块后，将打开“增强属性编辑器”对话框，在此对话框中用户可对块属性进行编辑。

“增强属性编辑器”对话框中有 3 个选项卡：“属性”“文字选项”及“特性”，其功能如下。

(1) “属性”选项卡：在该选项卡中，显示当前块中各个属性的标记、提示及值，如图 5-6 所示。选中某一属性，用户就可以在“值”文本框中修改属性的值。

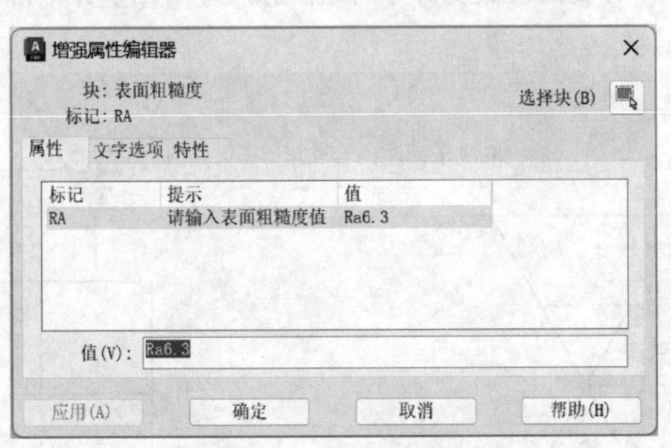

图 5-6　“属性”选项卡

(2) “文字选项”选项卡：该选项卡用于修改属性文字的特性，如文字样式、对正方式、字高等,如图 5-7 所示。该选项卡中各选项的含义与“文字样式”对话框中同名选项含义相同。

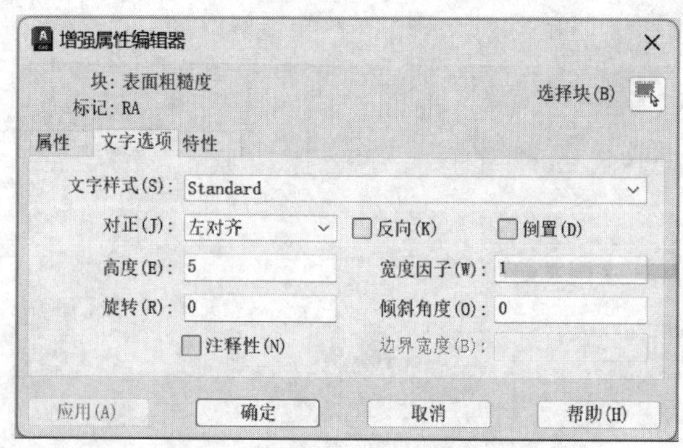

图 5-7 “文字选项”选项卡

(3)“特性”选项卡:在该选项卡中用户可以修改属性文字的图层、线型、颜色和线宽等,如图 5-8 所示。

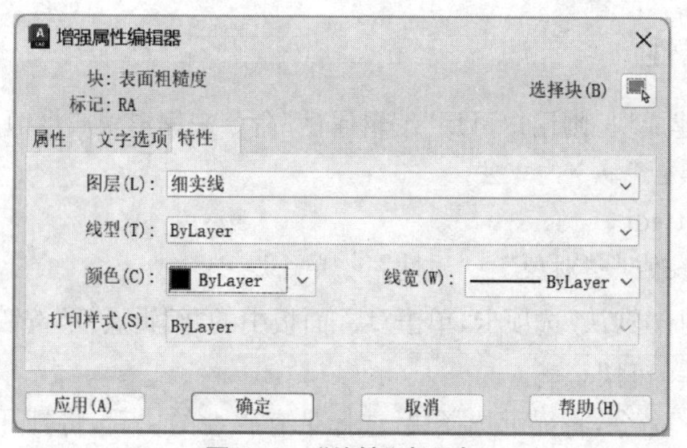

图 5-8 “特性”选项卡

六、表面粗糙度符号的画法

GB/T 131—2006 对表面粗糙度符号的画法和尺寸给出了详细规定,如图 5-9 和表 5-1所示。

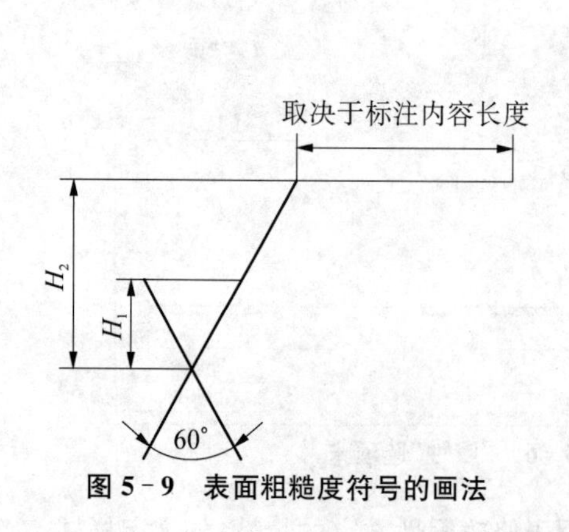

图 5-9 表面粗糙度符号的画法

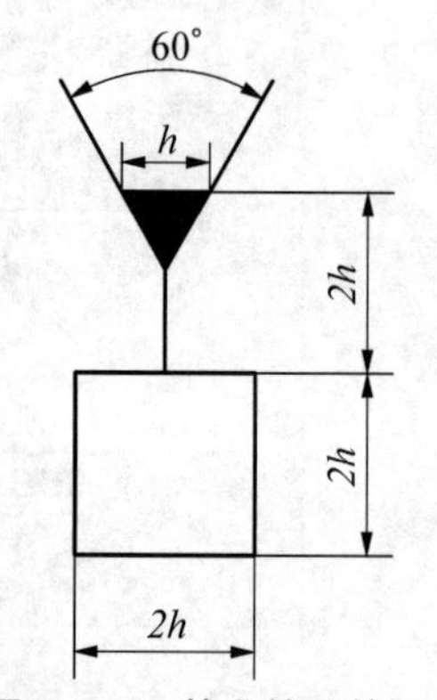

图 5-10 基准符号的画法

表 5-1　表面粗糙度符号的尺寸

数字与字母的高度	2.5	3.5	5	7	10
符号的线宽	0.25	0.35	0.5	0.7	1
高度 H_1	3.5	5	7	10	14
高度 H_2	8	11	15	21	30
说明	$H_1 \approx 1.4h$，$H_2 = 2H_1$，h—字高				

七、基准符号的画法

基准符号由基准字母表示，字母标注在基准方格内，字母一定要水平书写，用一条细实线与一个涂黑或空白的三角形连接。如图 5-10 所示，图中 h 为字高。

任务实施过程

步骤 1：打开素材文件“5-1.1.dwg”，如图 5-11 所示。

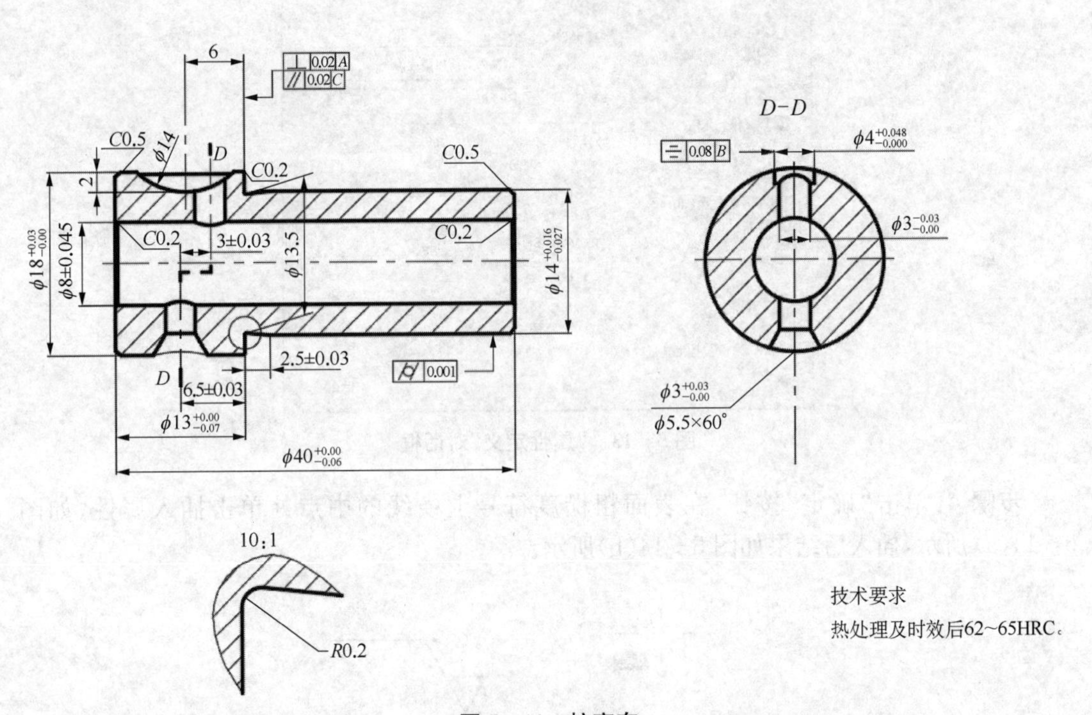

图 5-11　柱塞套

步骤 2：选择“默认”选项卡，切换当前图层为“尺寸线”层。单击“绘图”面板上的“直线”按钮，利用“极轴追踪”功能绘制表面粗糙度符号，尺寸如图 5-12(a)所示。

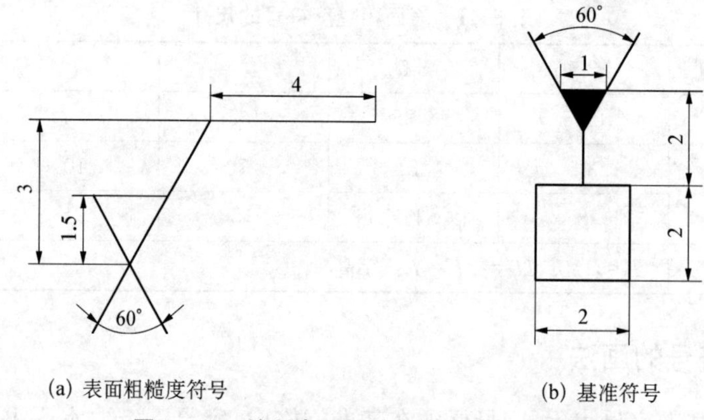

(a) 表面粗糙度符号　　(b) 基准符号

图 5-12　绘制表面粗糙度符号和基准符号

步骤 3:在“块”面板的下拉列表中,单击“定义属性”按钮,设置标记为 RA,提示文本框中输入“请输入表面粗糙度值”,默认值设置为“*Ra*0.8”,文字对正方式为“中上”,文字高度为 1,如图 5-13 所示。

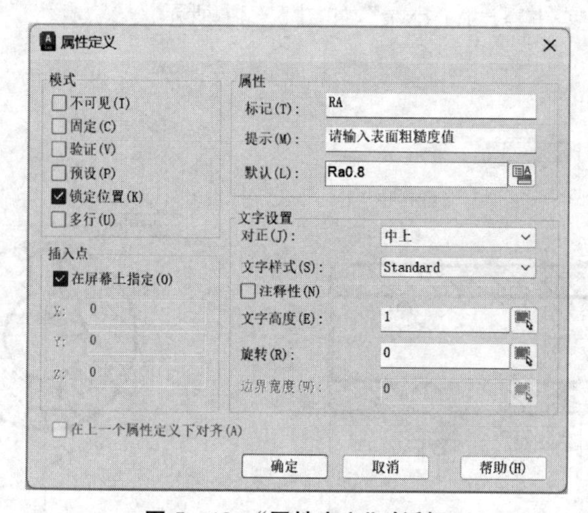

图 5-13　“属性定义”对话框

步骤 4:单击“确定”按钮,在表面粗糙度符号上横线的中点处单击插入属性,如图 5-14(a)所示,插入后结果如图 5-14(b)所示。

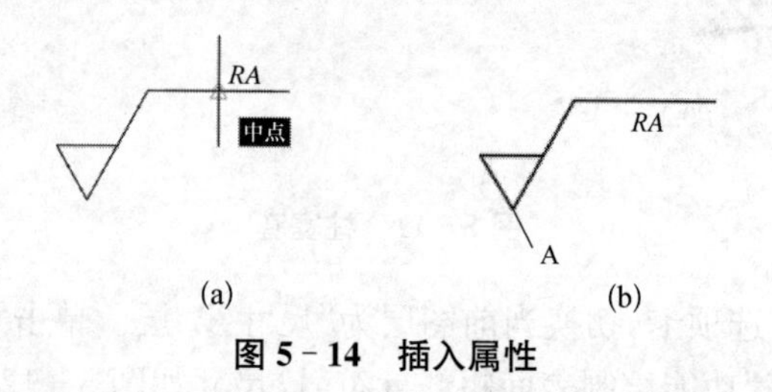

图 5-14　插入属性

步骤 5:在“块”面板中单击“创建块”按钮,打开“块定义”对话框,在“名称”文本框中输入块名“表面粗糙度”,如图 5-15 所示。

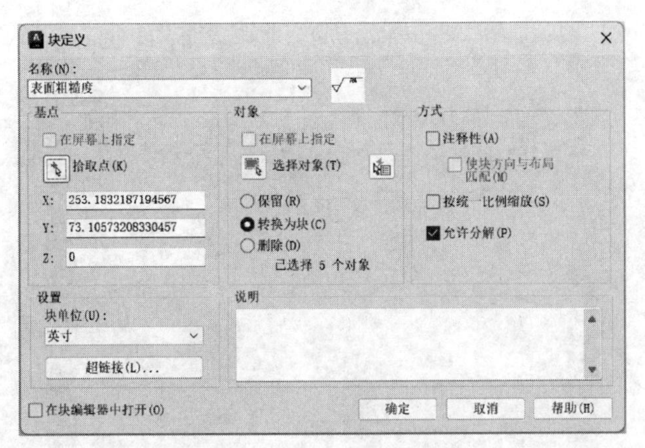

图 5-15　“块定义”对话框

步骤 6:单击“拾取点”按钮 ,选择如图 5-14(b)所示的下端端点 A 作为插入基点。单击“选择对象”按钮 ,选择如图 5-14(b)所示的表面粗糙度符号及属性为对象,按【Enter】键返回“块定义”对话框。

步骤 7:单击“确定”按钮,弹出如图 5-16 所示的“编辑属性”对话框,设置表面粗糙度值为 $Ra0.8$,单击“确定”按钮。

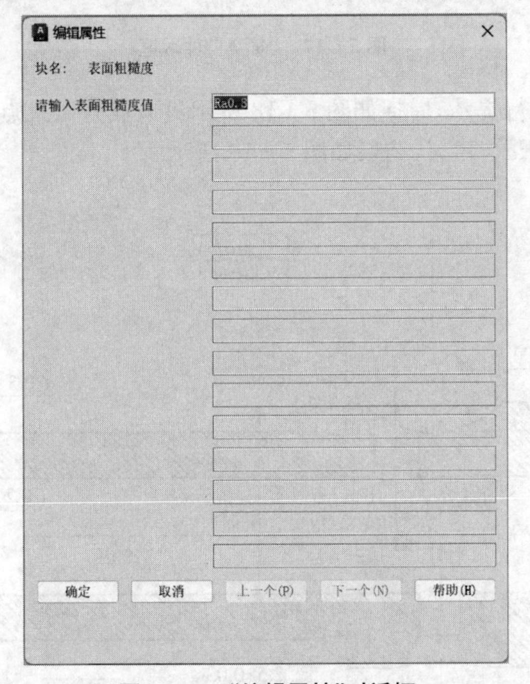

图 5-16　“编辑属性”对话框

步骤 8:用相同的方法创建“基准”图块,尺寸如图 5-12(b)所示。

步骤 9:在菜单栏中,选择“插入”→“块选项板”命令 ,单击块“表面粗糙度”,勾选“旋转”复选框。

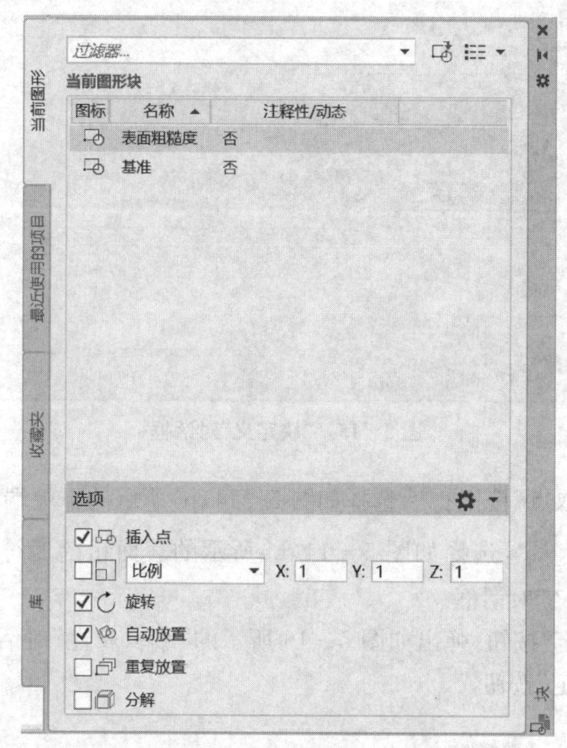

图 5-17 “插入”对话框

步骤 10:根据命令行提示,捕捉如图 5-18 所示最近点为插入点,指定旋转角度为 90°,输入表面粗糙度值为“*Ra*0.125”,结果如图 5-19 所示。

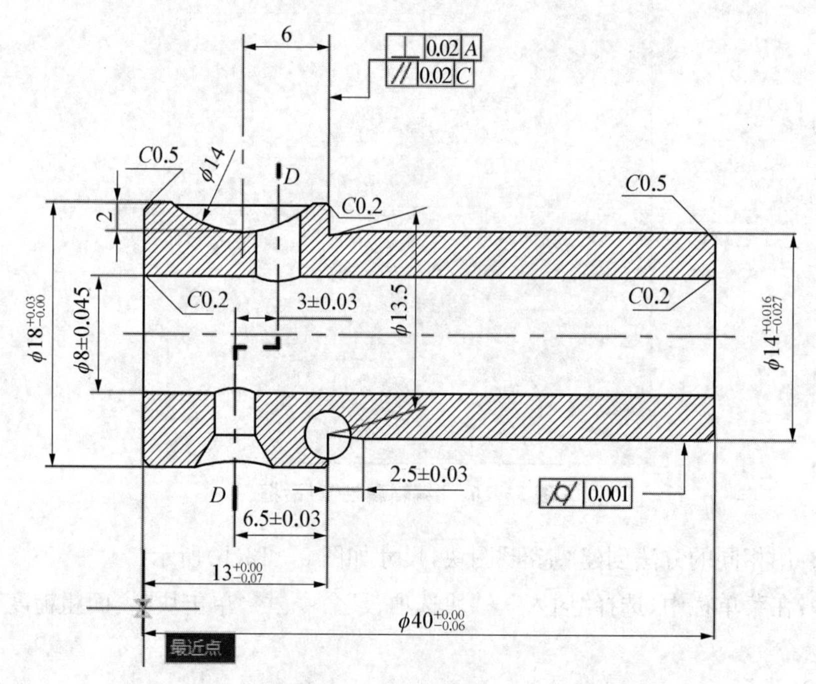

图 5-18 指定插入点

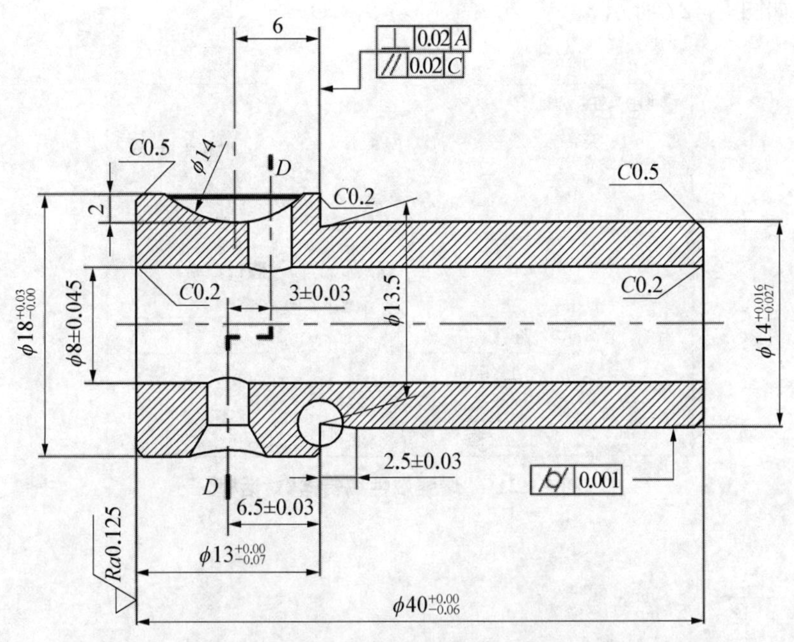

图 5 - 19　插入带属性的“表面粗糙度”图块

步骤 11:用相同的方法插入其他“表面粗糙度值”图块和“基准”图块。切换当前图层为“细实线”层,书写文字“其余”。结果如图 5 - 20 所示。

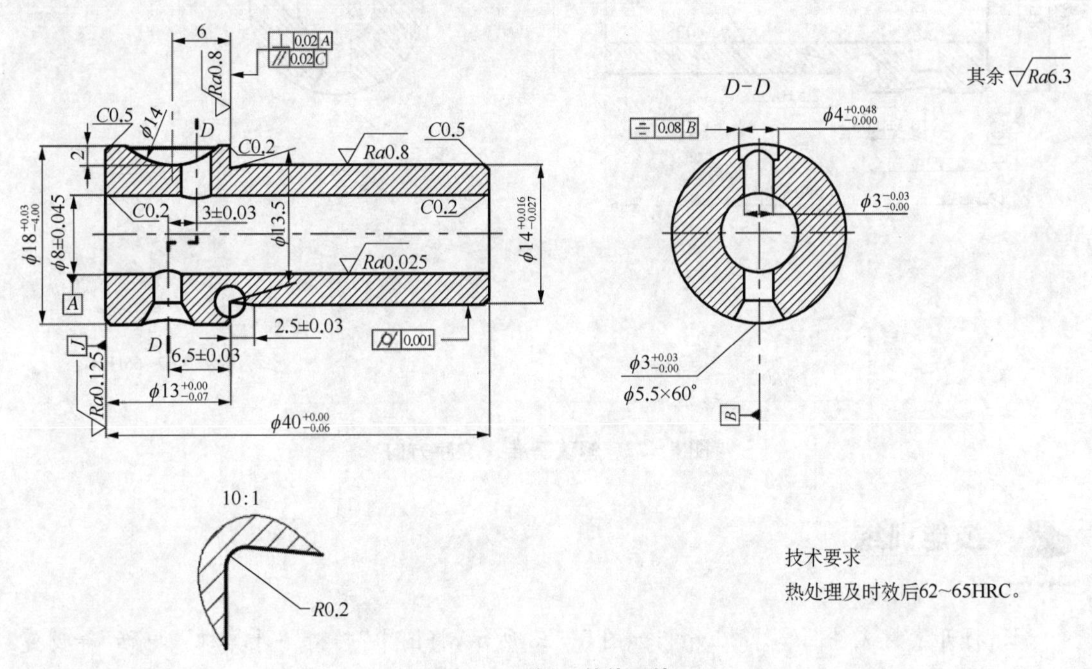

图 5 - 20　插入其他图块

步骤 12:双击基准 B 图块,弹出如图 5 - 21 所示的“增强属性编辑器”对话框,单击“文字选项”选项卡,勾选“反向”和“倒置”复选框,单击“确定”按钮。用相同的方法编辑基准 C

图块。结果如图 5－22 所示。

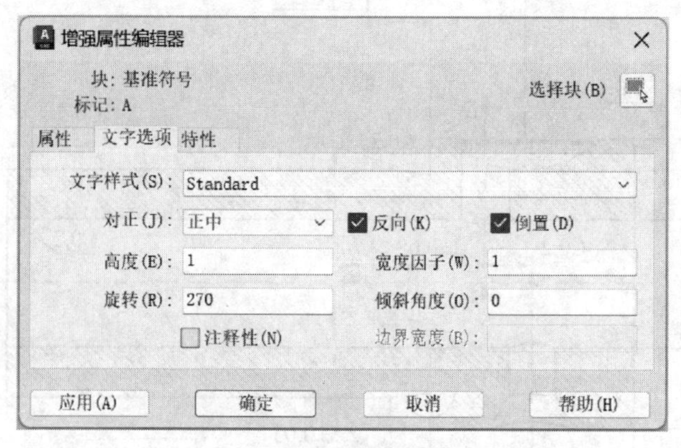

图 5－21 “增强属性编辑器”对话框

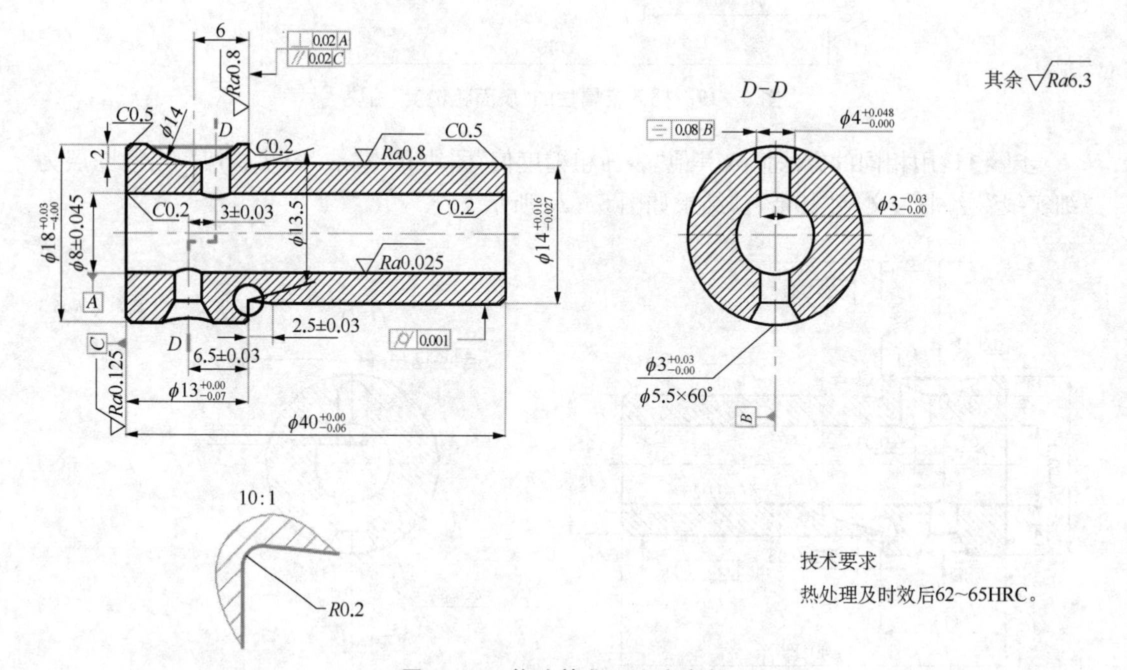

图 5－22 修改基准 *A* 文字方向

技能训练

1. 打开素材文件“5－1.2.dwg”，如图 5－23 所示，将图中“转椅”“计算机”“电话”等创建成图块，然后将其插入图形中，结果如图 5－24 所示。

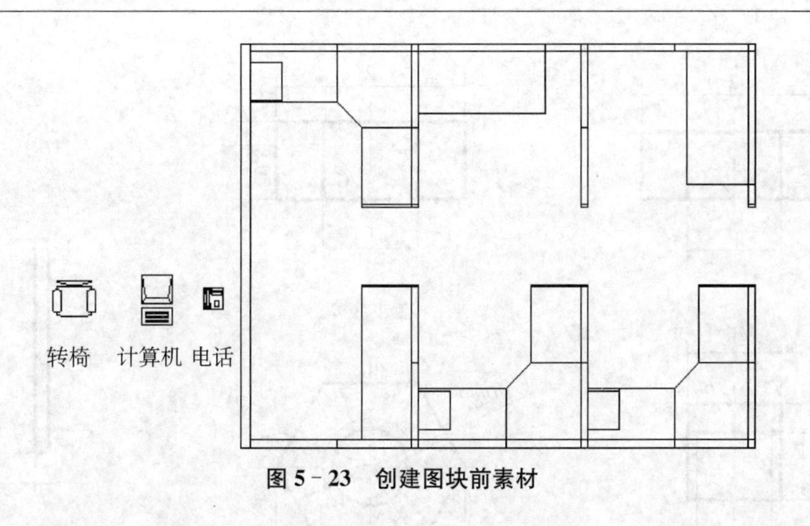

图 5－23　创建图块前素材

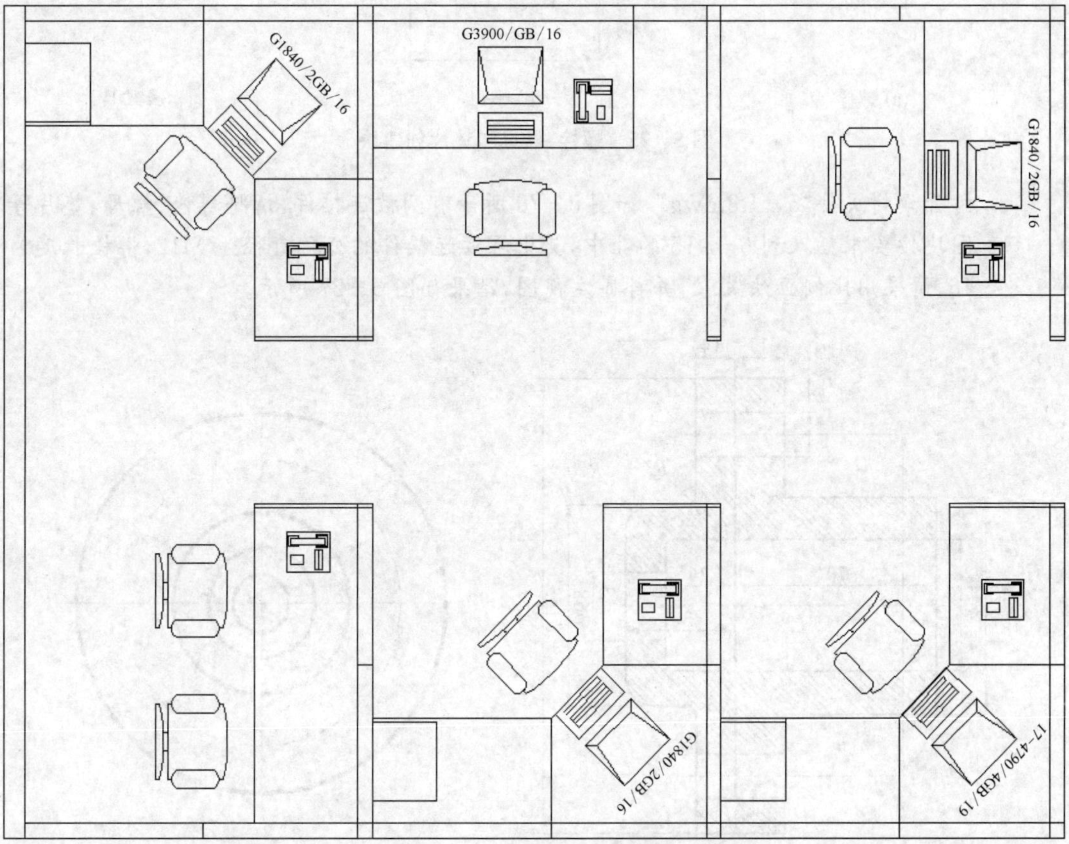

图 5－24　使用图块后效果图

2. 绘制如图 5－25 所示的螺栓、螺母、垫片等图形，将它们创建成块，定义图块的插入点分别为 A、B、C、D、E，然后储存图形文件名为“图 5－25.dwg”。

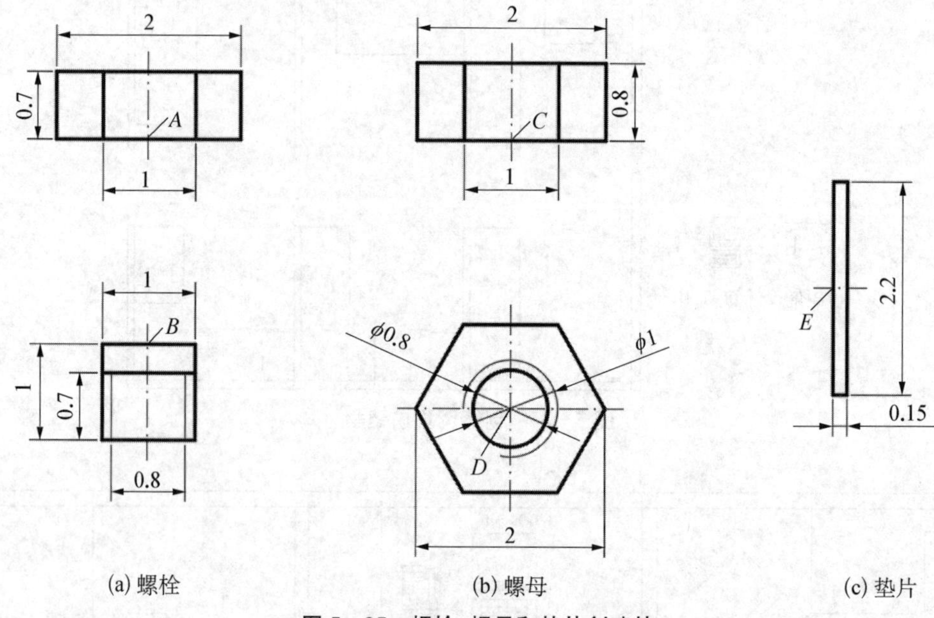

图 5-25　螺栓、螺母和垫片创建块

3. 打开素材文件“5-1.3.dwg”，如图 5-26 所示有两被连接件，请将螺栓、螺母、垫片等图块按要求插入到 6-ϕ15 的孔中，其中螺纹连接件的公称直径为 M12，螺栓长度为 46，请采用比例画法装入，并补齐左视图，结果如图 5-27 所示。

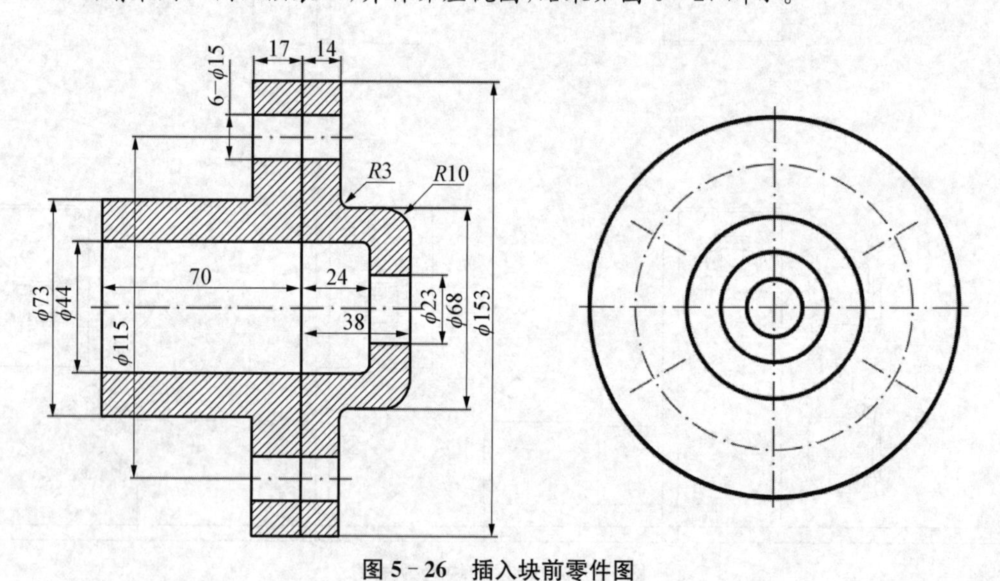

图 5-26　插入块前零件图

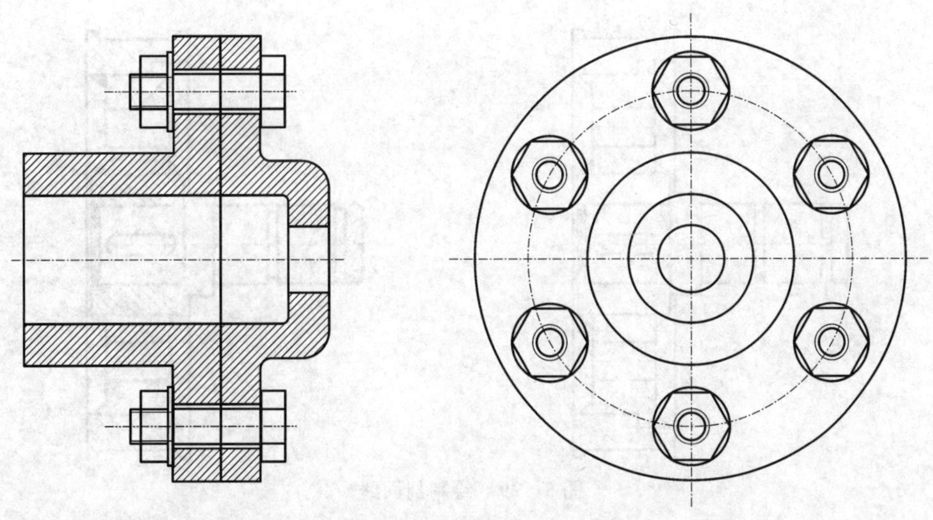

图 5-27　插入块后效果图

4. 创建带属性定义的“明细表”图块，各属性项字高为 3.5，并通过插入图块的方法绘制如图 5-28 所示的明细表。

6	泵轴	1	45	
5	垫圈B12	2	A3	GB97-76
4	螺母M12	8	45	GB58-76
3	内转子	1	40Cr	
2	外转子	1	40Cr	
1	泵体	1	HT25-47	
序号	名称	数量	材料	备注
12	53	12	30	28

（行高标注：8）

图 5-28　明细表

任务二　绘制剖面线

任务描述

打开素材文件 5-2.1.dwg，如图 5-29 左图所示。用图案填充等命令为左图补全剖面线，如图 5-29 所示。

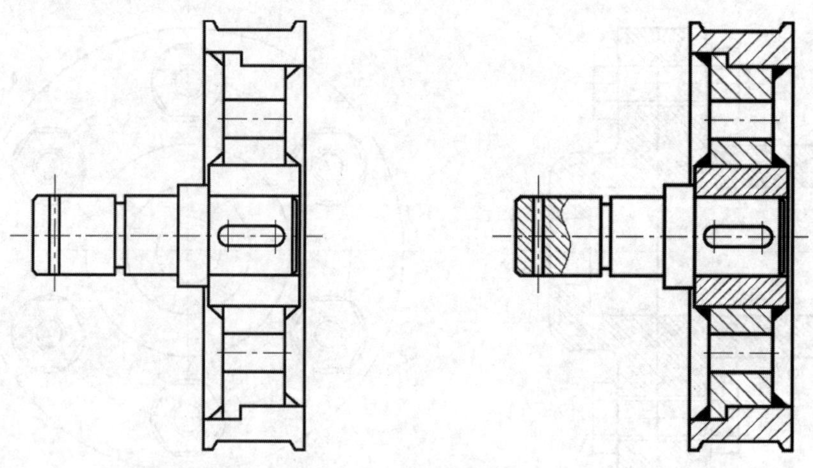

图 5－29　绘制剖面线

相关知识点

一、创建图案填充

在机械设计中，经常需要使用剖面线表示机械零件的材料、反映机械零件的内部结构和装配关系。AutoCAD 可以利用“图案填充”命令绘制这些剖面线。图案填充是指用某种图案按一定的比例和角度充满图形中指定的封闭区域。

1. 启动“图案填充”命令的方法

(1) 命令行：Bhatch。

(2) 菜单栏：“绘图”→“图案填充”或“渐变色”。

(3) 功能区：选择“默认”选项卡，在“绘图”面板中单击“图案填充”按钮 或“渐变色”按钮 。

2. “图案填充和渐变色”对话框选项说明

执行“图案填充”或“渐变色”命令后，弹出如图 5－30 所示的“图案填充创建”功能区选项卡。可以在功能区中选择相关选项，也可以单击“选项”面板中的“图案填充设置”按钮 ，打开如图 5－31 所示的“图案填充和渐变色”对话框。对话框中各选项的含义如下。

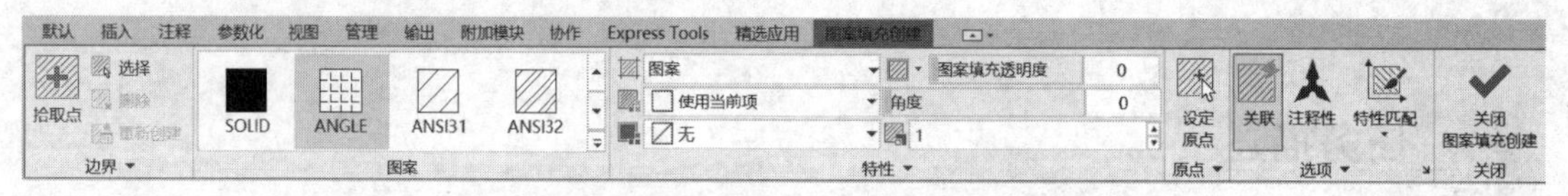

图 5－30　“图案填充创建”功能区选项卡

(1) “图案填充”选项卡：用于确定图案及其参数，单击该选项卡后，打开如图 5－31 所示左边的控制面板，各选项含义如下。

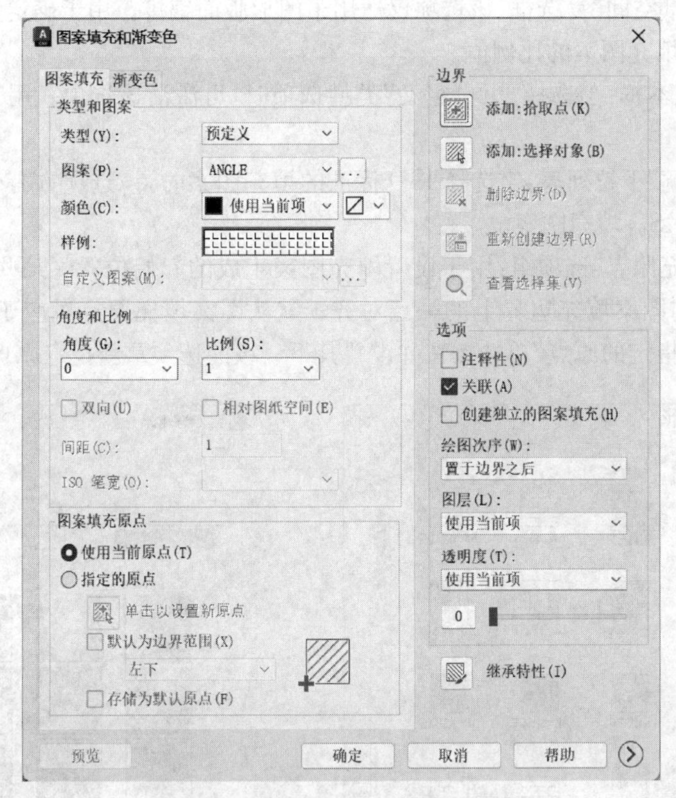

图 5－31　“图案填充和渐变色”对话框

①“类型”下拉列表:可选择填充图案的类型,包括“预定义”“用户定义”和“自定义”三种类型。

②“图案”下拉列表:选择“预定义”类型选项,可以激活该选项组,可以在下拉列表中选择需要的图案,也可以单击右侧的 ... 按钮,打开“填充图案选项板”对话框,如图 5－32 所示,通过 3 个选项卡可以查看所有预定义图案的预览图像,有助于用户进行选择。

③“颜色”下拉列表:指定填充图案的颜色。其右侧的 ▨ 下拉列表用于指定图案填充对象的背景色。

④“样例”显示框:显示当前所选用的填充图案。单击该图像,弹出如图 5－32 所示的“填充图案选项板”对话框,可以查看或重新选择填充图案。

⑤“自定义图案”下拉列表:当选择“自定义”类型选项时,方可激活该选项组,允许用户从自己定义的图案文件中选择填充图案。

⑥“角度”下拉列表:用于设置填充图案的旋转角度,默认值为 0。可在下拉列表中选择,也可在文本框中自行输入旋转角度。

⑦“比例”下拉列表:用于设置填充图案的疏密程度,默认比例为 1。可在下拉列表中选择,也可在文本框中自行输入比例值。

⑧“双向”复选框:当选择“用户定义”类型选项时,可激活该选项。勾选该复选框,创建的填充图案是相互垂直的两组平行线,若不勾选则为一组平行线。

⑨“相对图纸空间”复选框：该选项仅适用于图形版面编排。用于确定是否相对于图纸空间单位来确定填充图案的比例值。

⑩“间距”文本框：当选择“用户定义”类型选项时，可激活该选项。用于设置填充图案线条间距。

⑪“ISO 笔宽”下拉列表：当选择 ISO 标准的填充图案时，该选项方有效。用于根据所选择的笔宽缩放 ISO 填充图案。

⑫“图案填充原点”选项组：用于设置填充图案生成的起始位置。某些图案填充(例如砖块图案)需要与图案填充边界上的一点对齐。默认图案填充原点对应于当前的 UCS 原点，也可以点选“指定的原点”单选按钮并设置其下一级的选项重新指定原点。

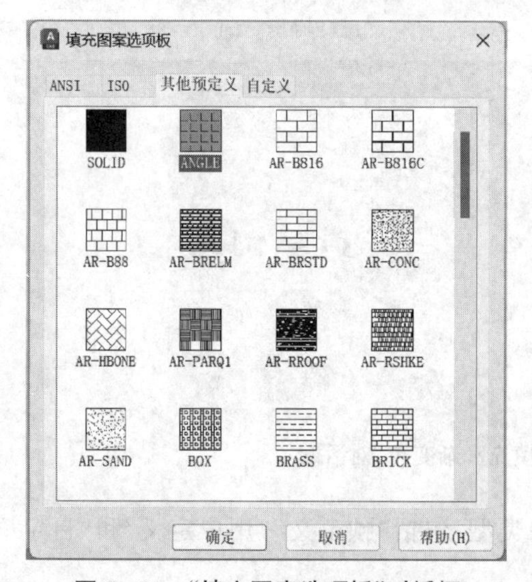

图 5-32 “填充图案选项板”对话框

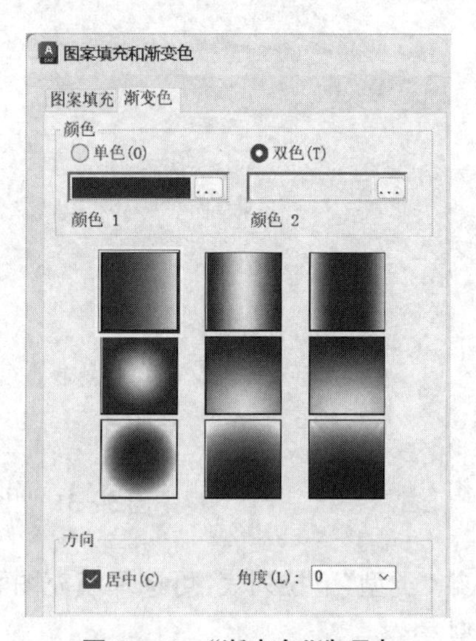

图 5-33 “渐变色”选项卡

(2)“渐变色”选项卡：可用来创建一种或两种颜色的平滑过渡，常用于填充具有丰富颜色的图形。单击该选项卡后，打开如图 5-33 所示的控制面板，各选项含义如下。

①“单色”单选按钮：点选该按钮，填充颜色将从单色到透明进行过渡。其下面的显示框显示所选择的颜色，单击右侧的 ... 按钮，打开“选择颜色”对话框，可指定渐变填充的颜色。

②“双色”单选按钮：点选该按钮，填充颜色将从颜色 1 到颜色 2 进行过渡。颜色 1 和颜色 2 的选择与单色选择相同。

③ 渐变图案：共有 9 个用于渐变填充的图案样式，包括线性扫掠状、球状和抛物面状图案，分别表示不同的渐变方式。

④“居中”复选框：勾选该复选框，颜色将从中心开始渐变。

⑤“角度”下拉列表：用于设置渐变色倾斜的角度。可在下拉列表中选择，也可在文本框中自行输入倾斜角度。

(3)“边界”选项组：用于设置图案填充的边界，也可以通过对边界的删除或重新创建修改填充区域。各选项含义如下。

①“拾取点”按钮：单击按钮，切换至绘图区，在填充区域中单击一点，系统将自动搜索周围边界进行图案填充。

②“选择对象”按钮：单击按钮，切换到绘图区，选择构成填充区域的边界。

③“删除边界”按钮：填充边界中常常包含一些闭合区域，这些区域称为孤岛。若希望在孤岛中也填充图案，单击按钮，选择要删除的孤岛。

④“重新创建边界”按钮：单击按钮，围绕选定的图案填充或填充对象创建多段线或面域，并使其与图案填充对象相关联。

⑤“显示边界对象”按钮：单击按钮，选择构成选定关联图案填充对象的边界对象。使用显示的夹点可修改图案填充边界。仅在编辑图案填充时，此选项才可用。

(4)“选项”选项组：用于设置图案填充的一些附属功能，它的设置间接影响填充图案的效果。各选项含义如下。

①“注释性”复选框：勾选该复选框，指定图案填充为注释性。此特性会自动完成缩放注释过程，从而使注释能够以正确的大小在图纸上打印或显示。

②“关联”复选框：若图案与填充边界关联，则修改边界时，图案将自动更新以适应新边界。

③“创建独立的图案填充”复选框：勾选该复选框，则一次在多个闭合边界创建的填充图案是各自独立的；否则，这些图案是单一对象。

④“绘图次序”下拉列表：用于指定图案填充的绘图顺序。

⑤“图层”下拉列表：用于指定图案填充的图层。

⑥“透明度”列表：用于设定图案填充的透明度。可以选择使用当前项、ByLayer 透明度或 ByBlock 透明度，也可以在后面的文本框中直接输入指定的透明度值。

(5)“继承特性”按钮：单击按钮，系统要求用户选择某个已绘制的图案，并将其类型及属性设置为当前图案类型及属性。

(6)“孤岛”选项组：单击“图案填充和渐变色”对话框右下角的按钮，展开“孤岛”选项组，如图 5－34 所示。利用该选项组的设置，可避免在填充图案时覆盖一些重要的文本注释或者标记。各选项含义如下。

①“孤岛检测”复选框：用于确定是否检测孤岛。

②“孤岛显示样式”选项组：用于确定图案填充方式，有普通、外部和忽略三种凡是可供用户选择。普通选项是从最外层边界向里填充图案，遇到与之相交的内部边界时断开填充，遇到下一个内部边界时再继续填充，如此交替进行，直至选定的边界填充完毕。外部选项是从最外边界向内填充图案，遇到与之相交的内部边界时断开填充，不再继续向内填充。忽略选项是忽略边界内所有孤岛对象，所有内部结构都被填充图案覆盖。

(7)“边界保留”选项组：勾选“保留边界”复选框，即可将填充边界对象保留为面域或多段线两种形式。

(8)“边界集”选项组：定义当从指定点定义边界时要分析的对象集。当使用“选择对

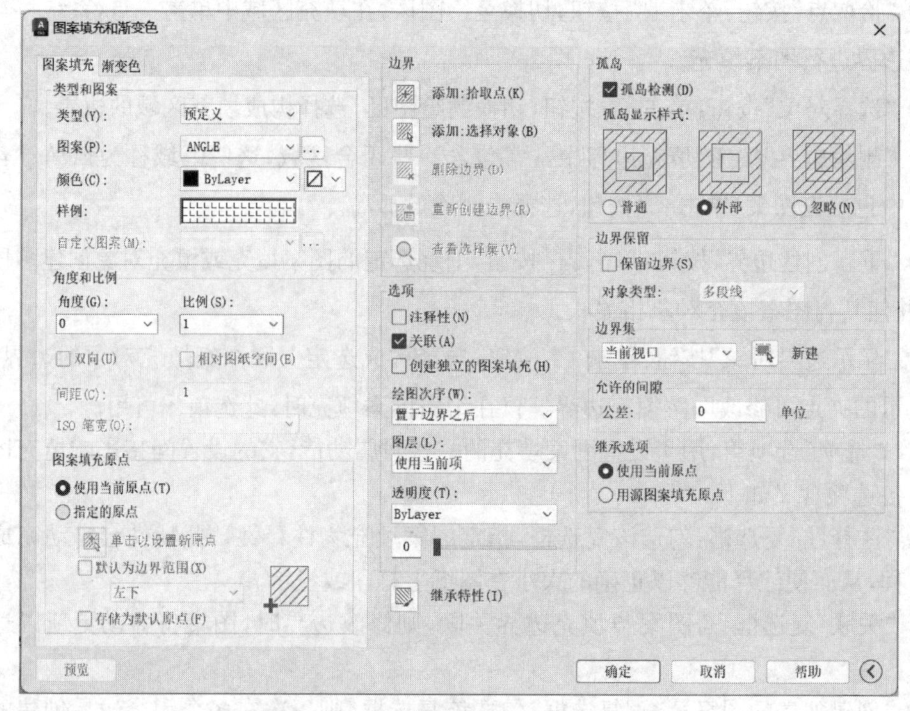

图 5-34 “图案填充和渐变色”对话框

象”定义边界时,选定的边界集无效。

(9) “允许的间隙”选项组:设定将对象用作图案填充边界时可以忽略的最大间隙。默认值为 0,此值要求对象必须是封闭区域而没有间隙。

(10) “继承选项”选项组:控制当用户使用“继承特性”选项创建图案填充时是否继承图案填充原点。

二、编辑图案填充

在图形填充了图案以后,如果对填充效果不满意,还可以通过“编辑图案填充”命令进行编辑,编辑内容包括填充图案、旋转角度、比例等等。

启动“编辑图案填充”命令的方法如下。

(1) 命令行:Hatchedit。

(2) 菜单栏:“修改”→“对象”→“图案填充”。

(3) 功能区:选择“默认”选项卡,在“修改”面板的下拉列表中单击“编辑图案填充”按钮。

执行“编辑图案填充”命令后,命令行提示“选择图案填充对象”。选择填充对象后,打开如图 5-35 所示的“图案填充编辑”对话框。图中只有高亮显示的选项才可以进行操作。该对话框中的参数与“图案填充和渐变色”对话框中的参数一致,按照创建填充图案的方法重新设置满足要求的图案填充参数即可。

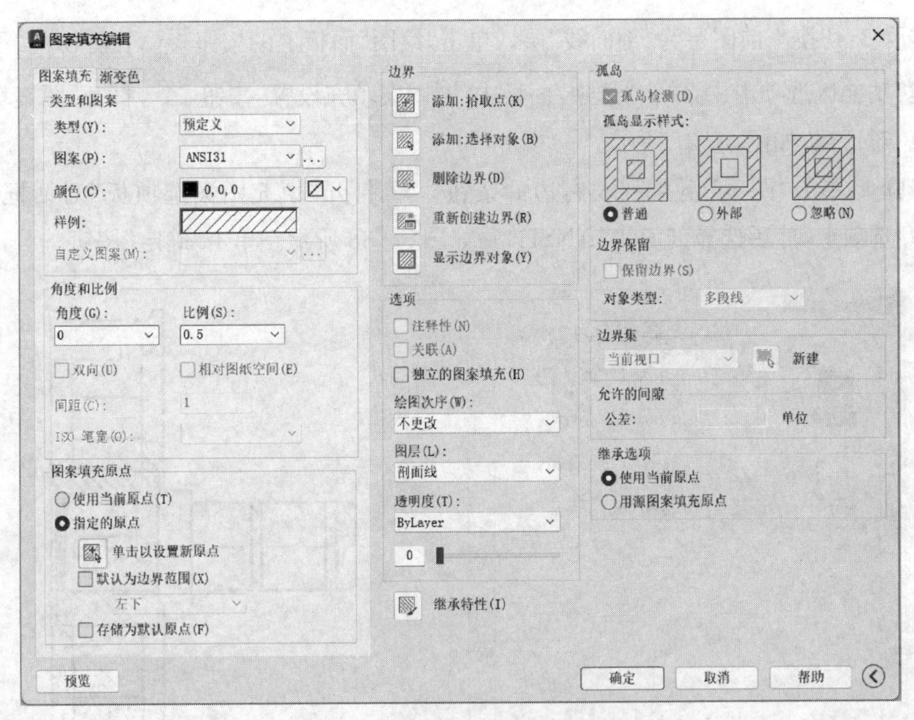

图 5－35　“图案填充编辑”对话框

任务实施过程

步骤 1：打开素材文件 5－2.1.dwg，如图 5－29 所示。

步骤 2：在功能区中选择“默认”选项卡，切换当前图层为“细实线”层。在“绘图”面板的下拉列表中单击按钮 ，利用样条曲线命令绘制断裂线 A，如图 5－36 所示。

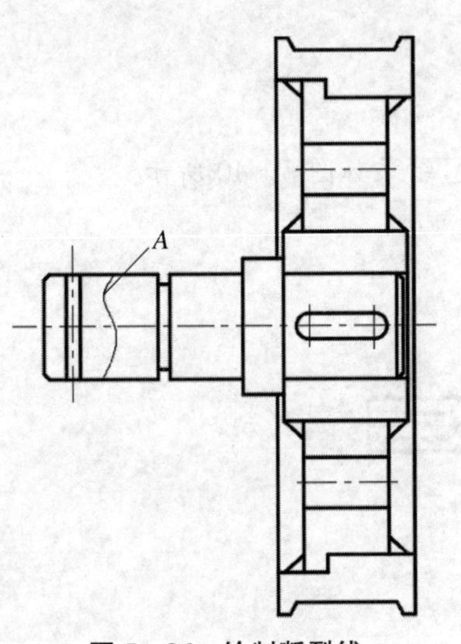

图 5－36　绘制断裂线

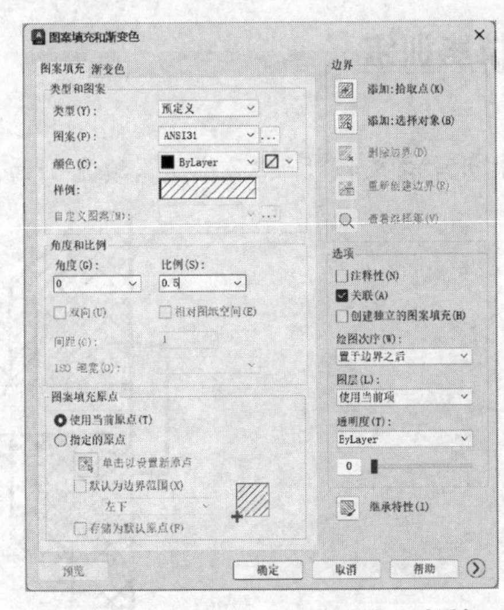

图 5－37　“图案填充和渐变色”对话框

步骤 3:切换当前图层为“剖面线”层。单击“绘图”面板上的按钮▨,在弹出的“图案填充创建”功能区选项卡中,单击“选项”面板中的“图案填充设置”按钮↘,打开“图案填充和渐变色”对话框,如图 5－37 所示。

步骤 4:单击“图案”下拉列表右边的按钮…,打开“填充图案选项板”对话框,单击“ANSI”选项卡,然后选择剖面线“ANSI31”,如图 5－38 所示。单击“确定”按钮。

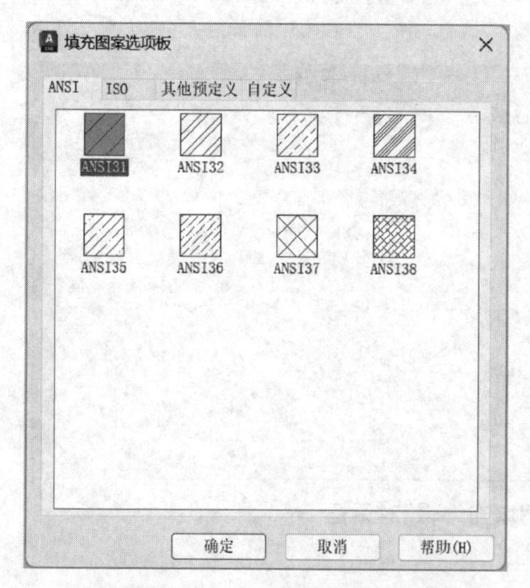

图 5－38　“填充图案选项板”对话框

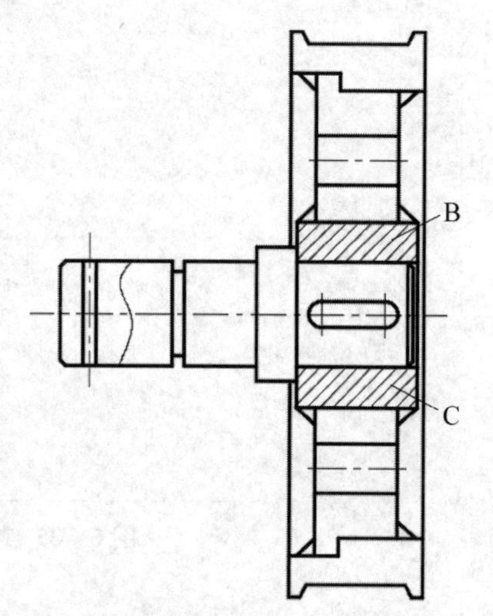

图 5－39　填充封闭区域

步骤 5:在“图案填充和渐变色”对话框中,单击拾取点按钮▨,在想要填充的区域中单击 B、C 点,如图 5－39 图所示,然后单击“选项”面板中的“图案填充设置”按钮↘。

步骤 6:在“比例”文本框中输入“0.5”,单击“确定”按钮,结果如图 5－39 所示。

步骤 7:继续填充其他区域,结果如图 5－29 右图所示。

技能训练

1. 打开素材文件“5－2.2.dwg”,填充剖面图案,结果如图 5－40 所示。

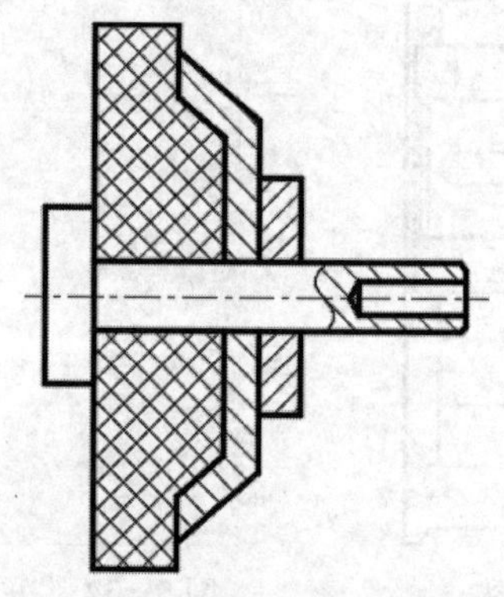

图 5－40　填充剖面图案练习

2. 打开素材文件“5－2.3.dwg”，填充剖面图案，结果如图5－41所示。

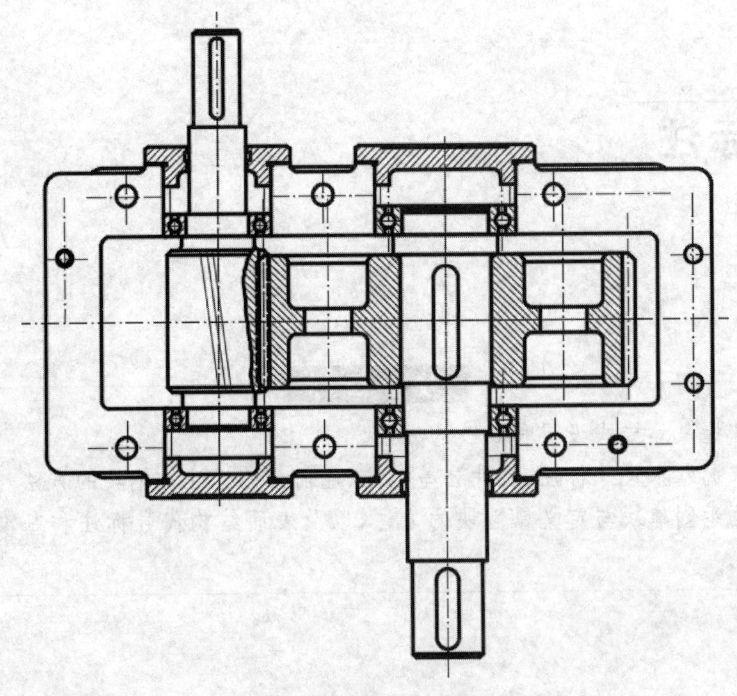

图5－41　减速器箱体装配剖面图

3. 打开素材文件“5－2.4.dwg”，利用图案填充命令，填充小吧台剖面图，结果如图5－42所示。图案填充图层及颜色自行选择。
4. 绘制如图5－43所示的写意小屋，图层及颜色自行设置。

图5－42　小吧台剖面图

图5－43　写意小屋

项目六

尺寸标注

教学目标

1. 掌握尺寸样式设置和修改的方法。

2. 掌握基本尺寸标注、尺寸公差标注、几何公差标注和编辑的方法。

3. 熟悉创建块与定义属性块的方法,以及表面结构代号标注和基准符号标注的方法。

任务一 绘制轴的主视图并标注尺寸

任务描述

绘制如图 6-1 所示的轴的主视图,并标注尺寸。掌握标注样式的设置,长度型尺寸标注等。

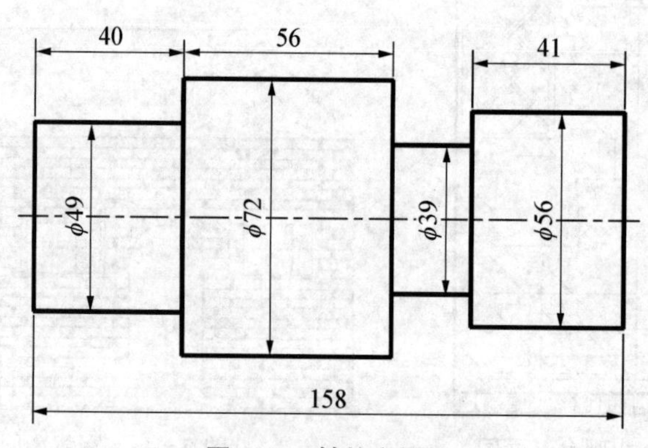

图 6-1 轴的主视图

相关知识点

一、设置尺寸标注样式

1. 启动“标注样式”命令的方法

(1) 命令行:Dimstyle。

(2) 选择下拉菜单:“标注(M)”→“标注样式(S)”。

(3) 单击“注释”菜单下的“标注”面板按钮: ISO-25 的下三角符号,单击“管理标注样式……”。

2. 功能

设置尺寸标注的样式。

3. 主要选项说明

执行“尺寸样式”命令后,系统弹出“标注样式管理器”对话框。“新建(N)”按钮用于新建尺寸标注样式,“修改(M)”按钮用于修改已有的尺寸标注样式。以新建一样式名为“尺寸-35”的标注样式为例,操作方法如下。

(1) 单击对话框中的“新建(N)”按钮,新建一个名为“尺寸-35”的标注样式,如图 6-2 所示。

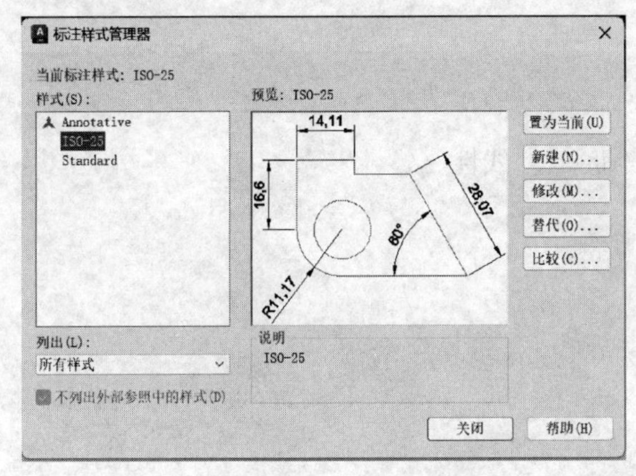

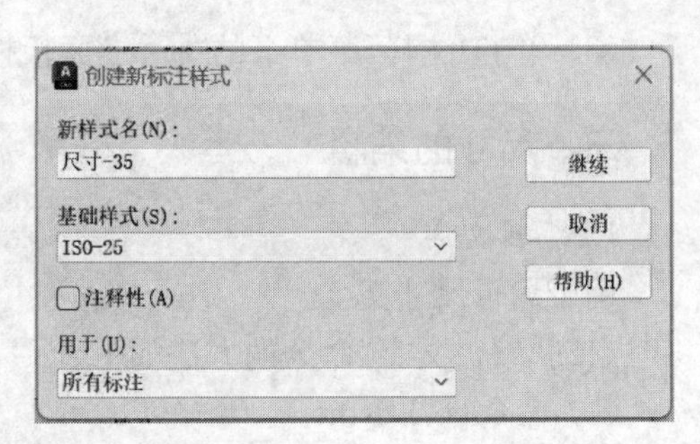

图 6-2　新建标注样式

(2) 单击“继续”按钮,分别设置尺寸样式的所有内容,如图 6-3 所示。

① “线”选项卡:用于设置尺寸线、尺寸界线的形式和特征。

② “符号和箭头”选项卡:用于设置箭头、圆心标记、弧长符号及半径标注折弯的形式和特征。

③ “文字”选项卡:用于设置文本形式、位置和对齐方式等。

④ “调整”选项卡:用于设置尺寸文本、尺寸箭头的标注位置以及标注特征比例等。

⑤ “主单位”选项卡:用于设置尺寸标注的主单位和精度,以及给尺寸文本添加固定的前缀或后缀。

“换算单位”和“公差”选项卡可按默认设置。

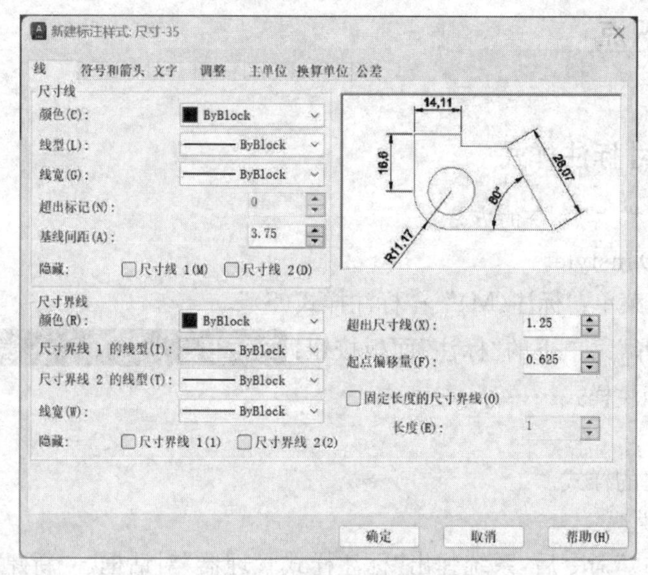

图 6-3　设置标注样式内容

二、尺寸标注

线性标注:用于标注水平和垂直尺寸。

启动"线性标注"命令的方法如下。

(1) 命令行:Dimlinear(别名:DLI)。

(2) 菜单栏:"标注(N)"→"线性(L)"。

(3) 单击"注释"菜单下的"标注"面板按钮: 线性。

三、尺寸的编辑

1. 编辑文字

用于编辑尺寸文字。

启动"编辑文字"命令的方法如下。

(1) 命令行:Ddedit。

(2) 菜单栏:"修改(M)"→"对象(O)"→"文字(T)"→"编辑(E)"。

(3) 右击,在弹出的菜单中单击"快捷特性",在"文字替代"一栏中可编辑尺寸数字。

2. 编辑标注

用于编辑尺寸文字和尺寸界线角度。

启动"编辑标注"命令的方法。

(1) 命令行:Dimedit。

(2) 单击"注释"菜单下的"标注"面板按钮: 。

3. 编辑标注文字

用于调整标注文字位置。

启动"编辑标注文字"命令的方法如下。

(1) 命令行:Dimtedit。

(2) 双击标注尺寸数字,在"文字编辑器"中进行编辑。

4. 使用夹点调整标注位置

(1) 使用夹点可以很方便地移动尺寸线、尺寸界线和标注文字的位置。

(2) 选中需调整的尺寸后,通过调整尺寸线两端或标注文字所在处的夹点来调整标注的位置,也可以通过调整尺寸界线夹点来调整标注长度。

5. 通过属性选项板修改选定尺寸

用鼠标双击选定尺寸,或选中尺寸后单击鼠标右键,在弹出的快捷菜单中选择"特性",则系统弹出尺寸的"特性"选项板,在选项板中可修改选定尺寸的各属性值。

任务实施过程

步骤 1:新建文件并设置绘图环境。

步骤 2:根据二维图形的绘图命令、编辑命令绘制轴的主视图,结果如图 6-4 所示。

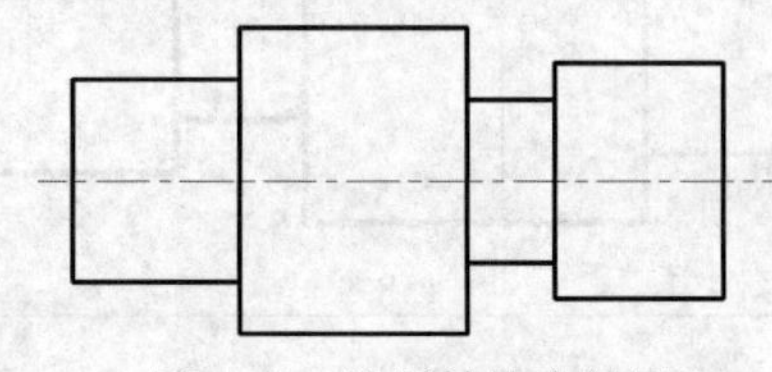

图 6-4　绘制轴的主视图

步骤 3:标注线性尺寸,如图 6-5 所示。

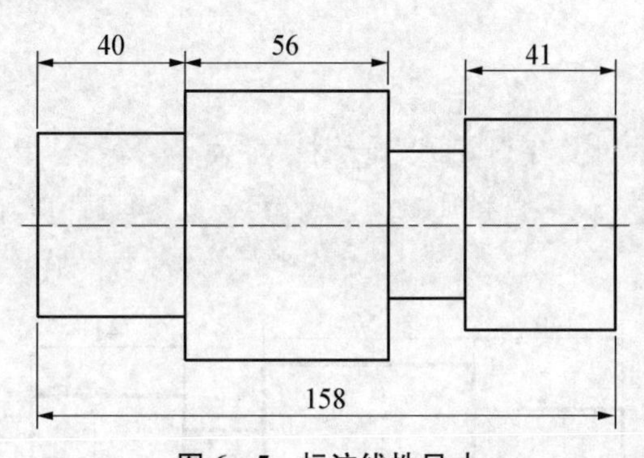

图 6-5　标注线性尺寸

步骤 4:标注轴的直径,先按照不带符号的线性标注,结果如图 6-6 所示。

步骤 5:添加直径符号,结果如图 6-7 所示。

提示:添加符号时,双击该尺寸文字,打开"文字格式"工具栏,添加前缀。选择@,点击下拉选项中的"直径"即可。

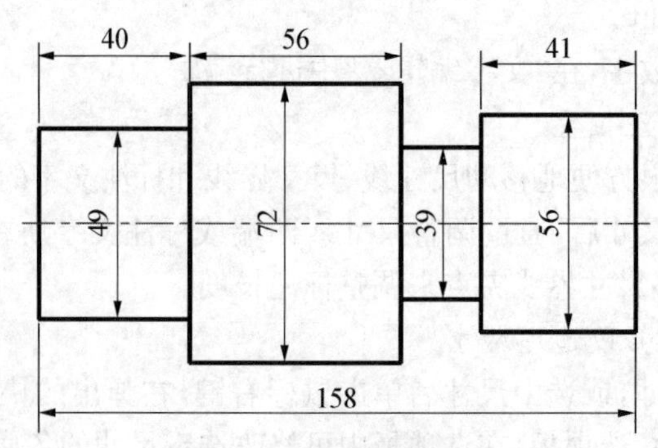

图 6-6　标注轴直径尺寸

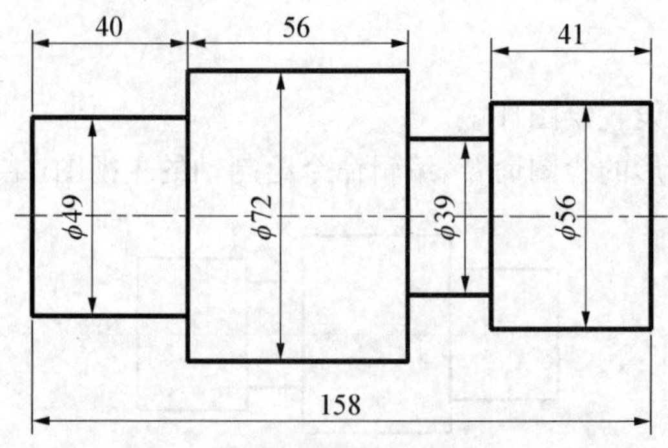

图 6-7　添加直径符号

步骤 6:尺寸不能被中心线穿过,设置结果如图 6-8 所示。

> **注意:**
>
> 当中心线穿过尺寸数字时,可以通过在“修改标注样式”对话框中的“文字”选项卡中设置填充颜色背景,选择 填充颜色(L): □背景 即可。

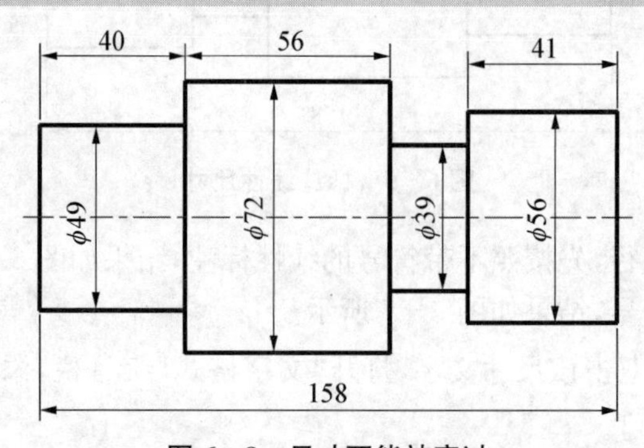

图 6-8　尺寸不能被穿过

任务二　绘制平面图形并标注尺寸

任务描述

绘制如图 6－9 所示的平面图形，并标注尺寸。掌握半径标注、直径标注、角度标注、对齐标注、基线标注和连续标注等。

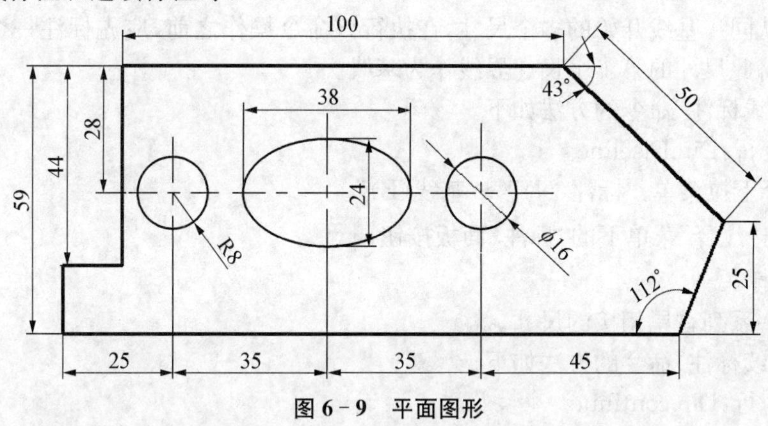

图 6－9　平面图形

相关知识点

一、创建标注样式子样式

操作方法如下。

(1) 新建一个名为"尺寸-35"的标注样式，前面已介绍，这里不再重复。

(2) 打开"标注样式管理器"对话框，如图 6－10 所示。

(3) 单击"继续"按钮，打开"创建新标注样式"对话框，可在各选项卡中设置个别选项。

(4) 单击"确定"按钮，返回"标注样式管理器"对话框，在"样式"列表中可见，如图 6－11 所示。

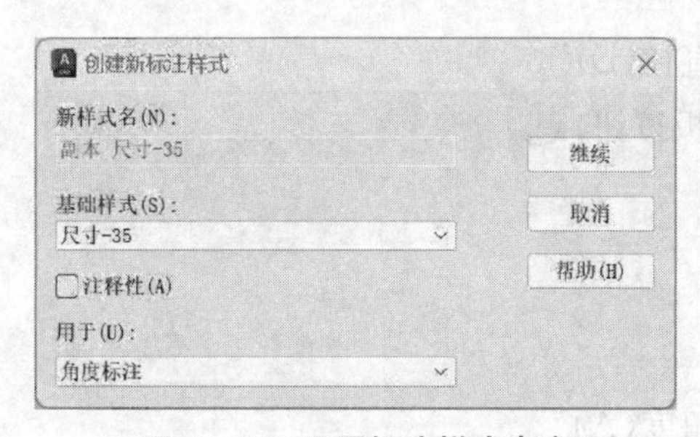

图 6－10　设置标注样式内容

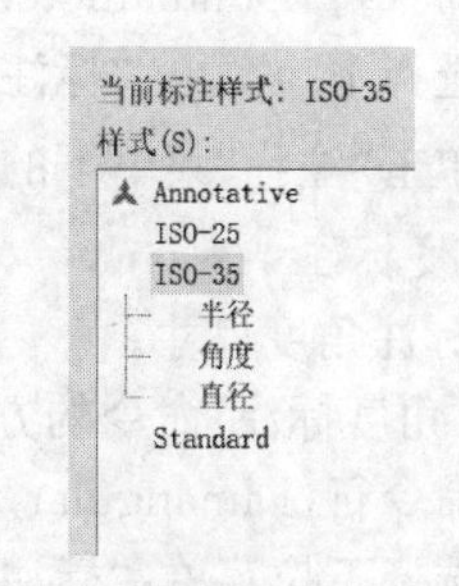

图 6－11　样式列表中子样式名

二、尺寸标注

1. 对齐标注

对斜线进行尺寸标注。

启动“对齐标注”命令的方法如下。

(1) 命令行:Dimaligned。

(2) 选择下拉菜单:“标注(N)”→“对齐(G)”。

(3) 单击“注释”菜单下的“标注”面板按钮: 。

2. 基线标注

可标注从同一基线开始的多个尺寸,在执行该命令操作之前,应先标注一个尺寸,基线标注会自动将此尺寸的第1个尺寸界线作为基线。

启动“基线标注”命令的方法如下。

(1) 命令行:Dimbaseline。

(2) 选择下拉菜单:“标注(N)”→“基线(B)”。

(3) 单击“注释”菜单下的“标注”面板按钮: 。

3. 连续标注

可标注一系列首尾相接的尺寸。

启动“连续标注”命令的方法如下。

(1) 命令行:Dimcontinue。

(2) 选择下拉菜单:“标注(N)”→“连续(C)”。

(3) 单击“注释”菜单下的“标注”面板按钮: 。

4. 半径标注

用于标注圆或圆弧的半径。

启动“半径标注”命令的方法如下。

(1) 命令行:Dimradius。

(2) 选择下拉菜单:“标注(N)”→“半径(R)”。

(3) 单击“注释”菜单下的“标注”面板按钮: 。

5. 直径标注

用于标注圆或圆弧的半径。

启动“直径标注”命令的方法如下。

(1) 命令行:Dimdiameter。

(2) 选择下拉菜单:“标注(N)”→“直径(D)”。

(3) 单击“注释”菜单下的“标注”面板按钮: 。

6. 角度标注

用于标注角度尺寸。

启动“角度标注”命令的方法如下。

(1) 命令行:Dimangular。

(2) 选择下拉菜单:“标注(N)”→“角度(A)”。

(3)单击“注释”菜单下的“标注”面板按钮: 。

任务实施过程

步骤 1:新建文件并设置绘图环境。

步骤 2:根据二维图形的绘图命令、编辑命令绘制平面图形,结果如图 6-12 所示。

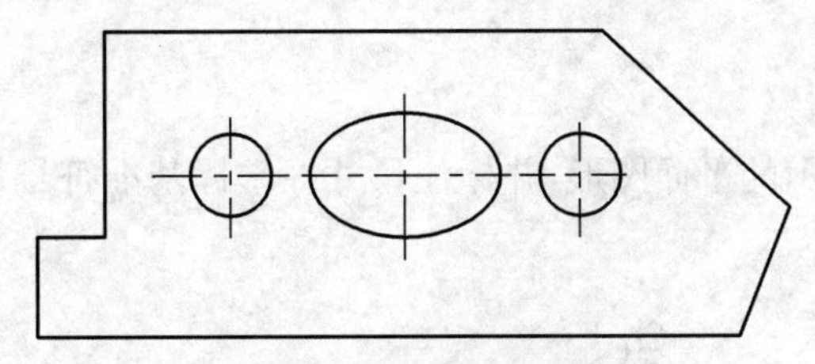

图 6-12　平面图形

步骤 3:进行线性尺寸标注和对齐标注,如图 6-13 所示。

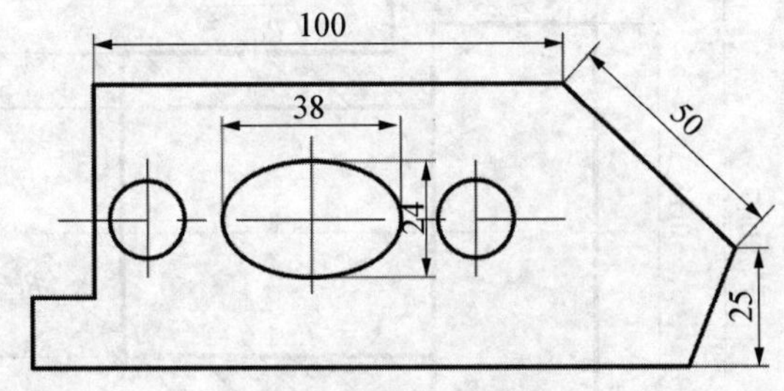

图 6-13　对齐标注

步骤 4:进行基线标注和连续标注,如图 6-14 所示。

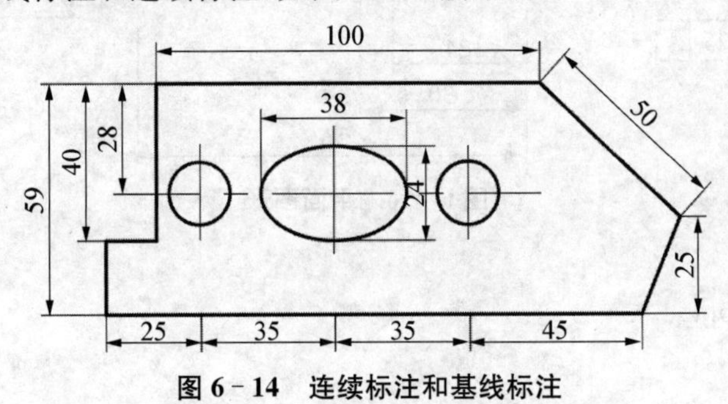

图 6-14　连续标注和基线标注

步骤 5:进行半径、直径标注和角度标注,如图 6-15 所示。

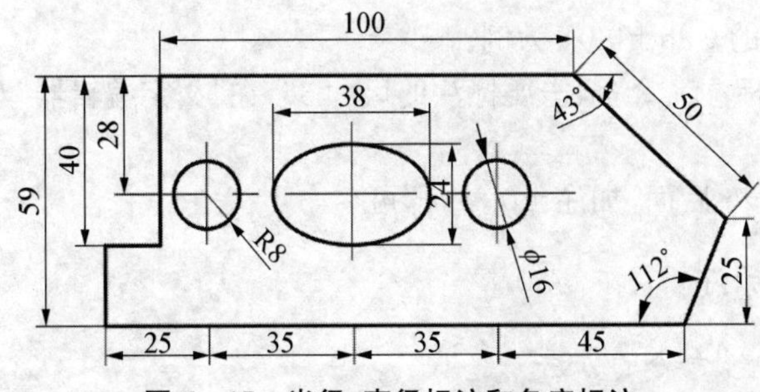

图 6-15　半径、直径标注和角度标注

任务三　绘制平面图形并标注几何公差

任务描述

绘制如图 6－16 所示的平面图形，并标注尺寸。掌握基准符号、尺寸公差、几何公差和块的创建等。

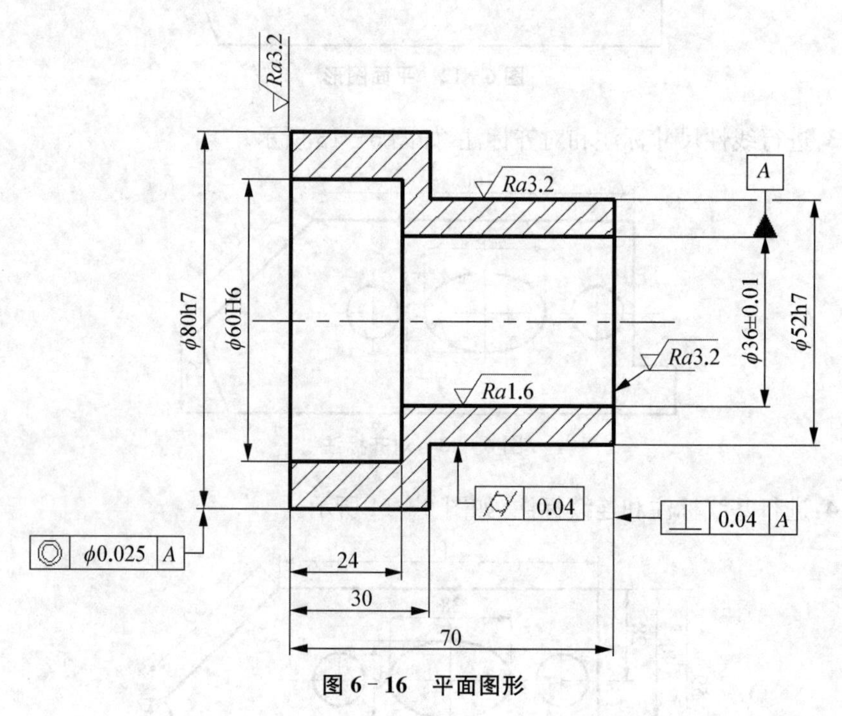

图 6－16　平面图形

相关知识点

一、尺寸公差的标注方法

以图 6－16 所示的 φ36±0.01 为例。

(1) 启动“线性”标注命令，双击要标注的尺寸 36，在“文字编辑器”对话框中加注“直径”符号。

(2) 把光标移到 36 后面，加注±0.01，即可。

二、形位公差标注

1. 启动“形位公差”命令的方法

(1) 命令行：Tolerance(别名：TOL)。

(2) 菜单栏:“标注(N)”→“公差(T)”。

(3) 单击“注释”菜单下的“标注”面板按钮: 。

2. 功能

可以通过特征控制框来添加形位公差,这些框中包含单个标注的所有公差信息。

3. 主要选项说明

(1) 形位公差主要用于机械图形中,用来标注图形中形状或轮廓、方向、位置和跳动的允许偏差。

(2) 执行“形位公差标注”命令后,将打开“形位公差”对话框,如图 6-17 所示。

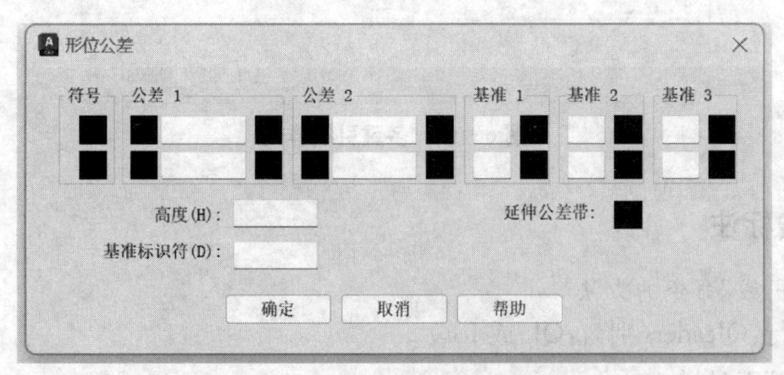

图 6-17 “形位公差”对话框

三、多重引线标注

1. 启动“多重引线标注”命令的方法

(1) 命令行:Mleader。

(2) 菜单栏:“标注(N)”→“多重引线(E)”。

(3) 单击“注释”菜单下的“标注”面板按钮: 。

2. 功能

用于标注具有多个选项的引线对象。

3. 主要选项说明

(1) 对于多重引线,先放置引线对象的头部、尾部或内容均可。

(2) 管理多重引线标注,启动方法如下。

① 命令行:Mleaderstyle。

② 单击“注释”菜单下的“引线”面板按钮: Standard ,单击下三角,单击“管理多重引线……”。

执行“多重引线样式”命令后将打开“多重引线样式管理器”对话框,进行新建和修改样式,如图 6-18 所示。

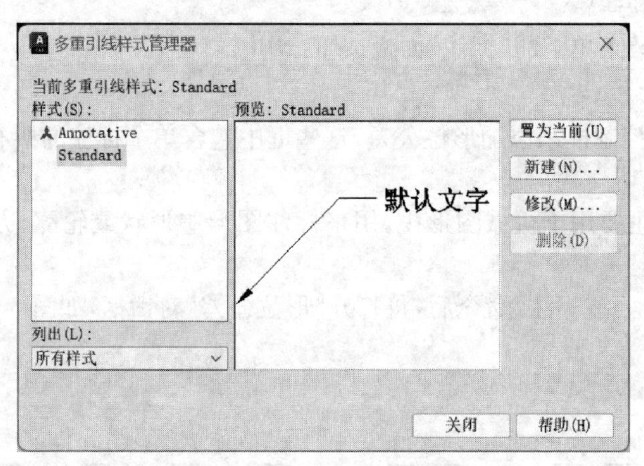

图 6-18　多重引线样式

四、引线标注

1. 启动“引线”命令的方法

(1) 命令行:Qleader(别名:QL 或 LE)。

(2)“标注”工具栏: 。

2. 功能

引线标注可以创建引线和注释,引线可以是直线或者样条曲线,注释内容可以是文字、块或者几何公差。

3. 主要选项说明

启动“引线”命令,命令行提示“指定第一个引线点或者[设置(S)]〈设置〉:”时,输入“S”,按【Enter】键,打开“引线设置”对话框,有“注释”“引线和箭头”和“附着”三个选项卡。分别如图 6-19(a)、(b)、(c)所示。“附着”选项卡只当注释类型为多行文字时才出现。

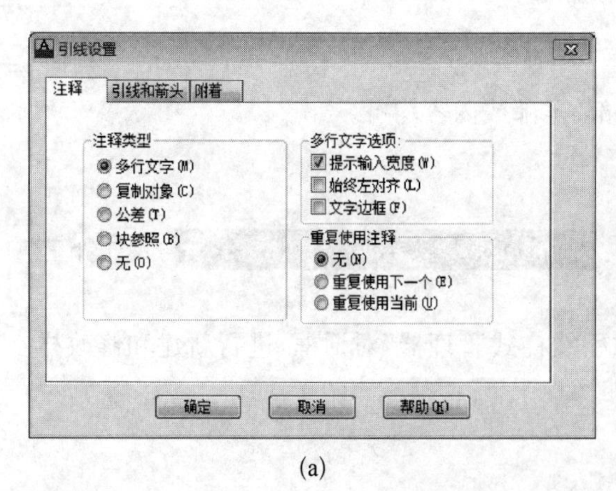

(a)

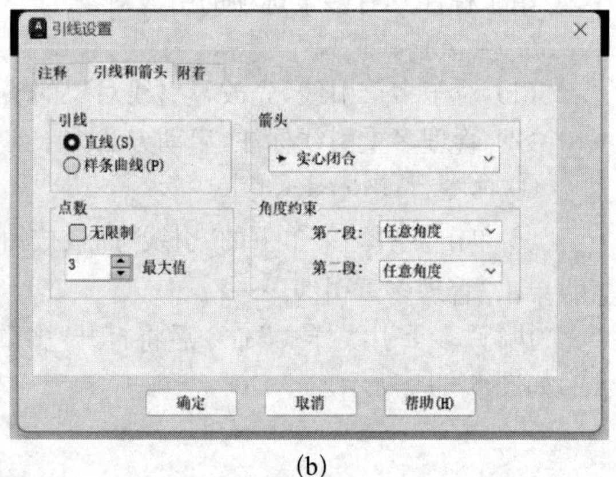

(b)

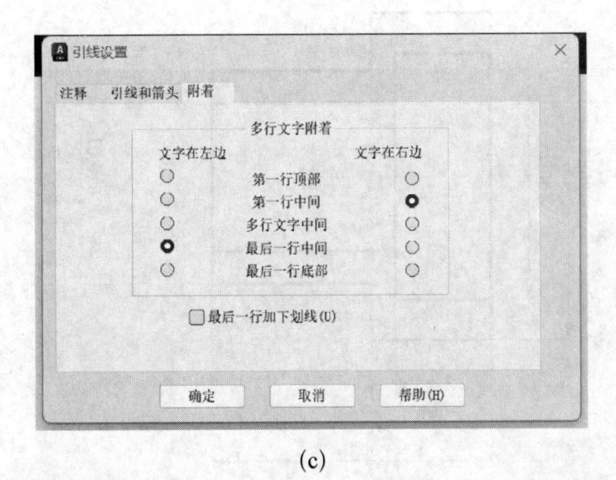

(c)

图 6-19　“注释”“引线和箭头”和“附着”三个选项卡

五、基准符号和表面结构符号

表面粗糙度符号和基准符号的画法，如图 6-20(a)、(b)所示。

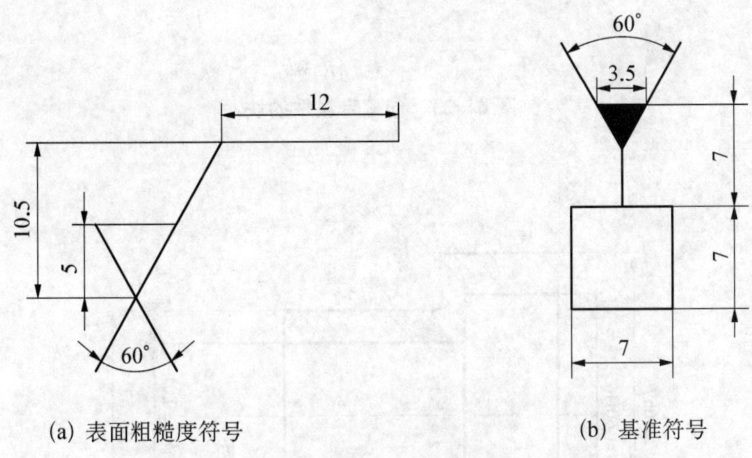

(a) 表面粗糙度符号　　(b) 基准符号

图 6-20　表面粗糙度符号和基准符号的画法

任务实施过程

步骤 1：新建文件并设置绘图环境。

步骤 2：根据二维图形的绘图命令、编辑命令绘制平面图形，结果如图 6-21 所示。

步骤 3：进行基线标注，内孔的公差尺寸先标注线性尺寸，然后双击要标注尺寸，添加前缀和后缀，结果如图 6-22所示。

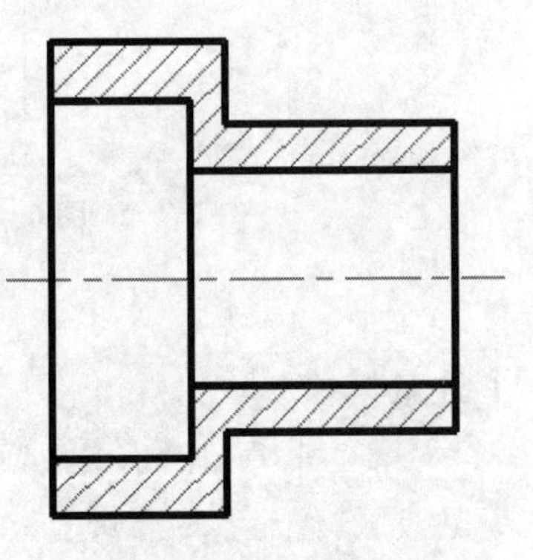

图 6-21　平面图形

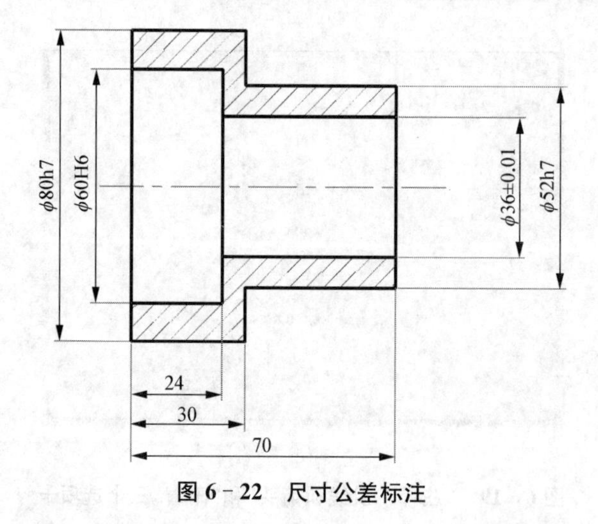

图 6-22　尺寸公差标注

步骤 4：表面粗糙度标注和基准标注，都需要创建带属性的块，结果如图 6-23 所示。标注时插入块，插入时可进行旋转角度和输入不同数值，有满足不同的表面粗糙度值和基准标注，插入块的结果如图 6-24 所示。

A　　*Ra*3.2

图 6-23　创建带属性的块

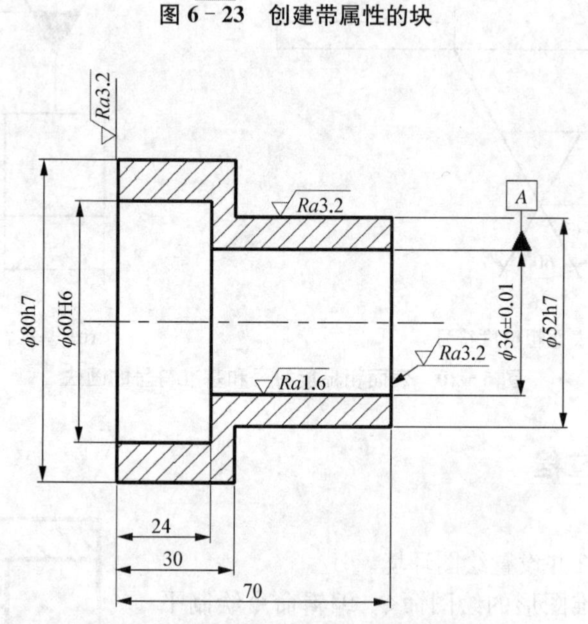

图 6-24　插入带块标注表面粗糙度和基准

> **注意：**
>
> 标注 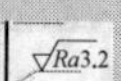 时，引线用“引线”命令完成； 此处的尺寸线相交，可用 折断标注设置，使尺寸更清楚。

步骤 5:进行几何公差标注。启动“引线”标注命令,操作步骤如下。

(1) 输入“S”,在打开的“引线设置”对话框中的“注释”选项卡中设置注释类型为公差,并单击“确定”。

(2) 按命令行提示绘制引线,弹出“形位公差”对话框,在对话框中设置内容如图 6 - 25 所示。然后,按【Enter】键,完成垂直度公差标注。

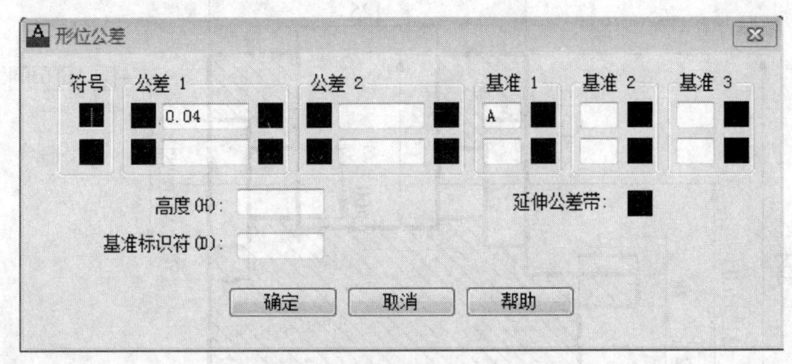

图 6 - 25　“形位公差”对话框

(3) 按同样办法完成同轴度公差和圆跳动公差,结果如图 6 - 26 所示。

注意:

在多行文字编辑器中可以书写特殊符号。方法:在“文字格式”下拉列表框中选择字体为 gdt,在“多行文字编辑框”中输入“a”,则可得到倾斜度符号 ∠,同理,当字体为 gdt 时,分别输入“y”“x”“v”“w”,可得到锥度符号 ▷、沉孔深度符号 ↧、锪平孔符号 ⊔、锥形沉孔符号 ∨。

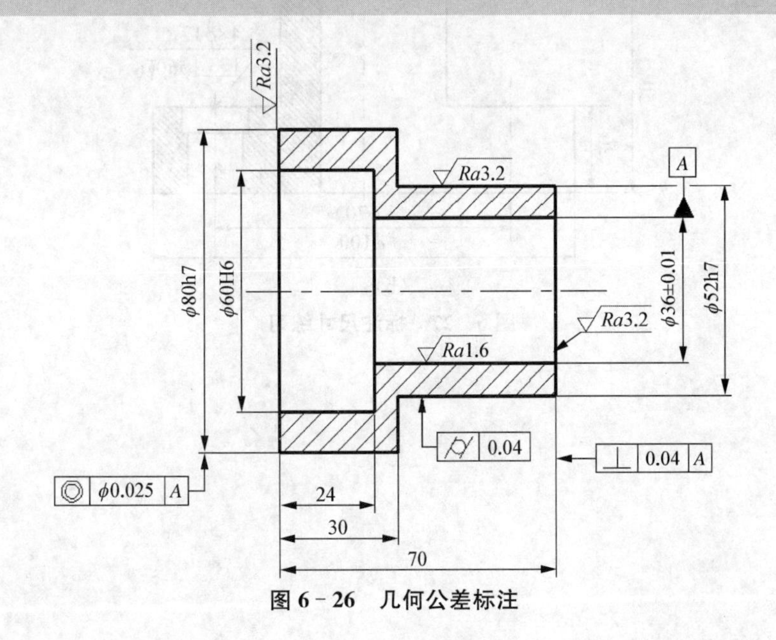

图 6 - 26　几何公差标注

技能训练

绘制图 6-27,并标注尺寸。

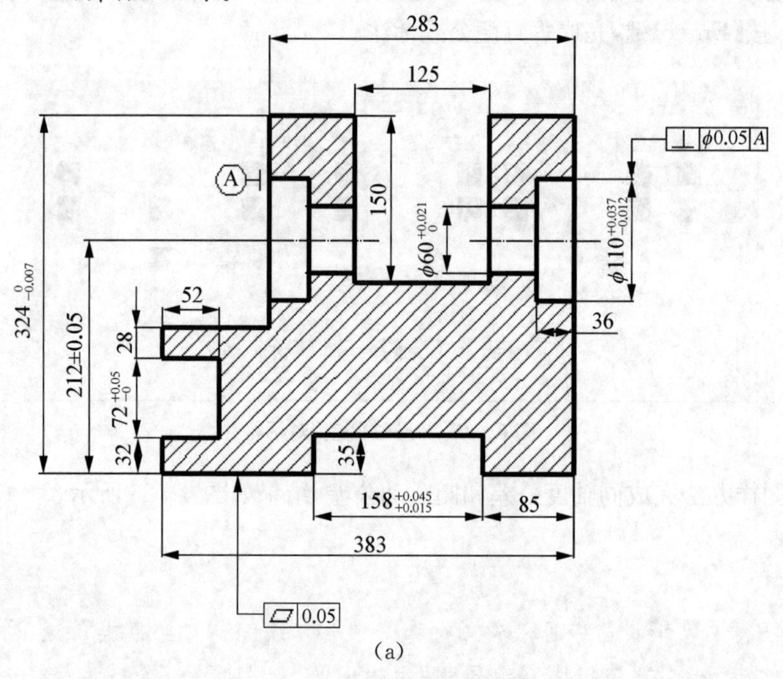

(a)

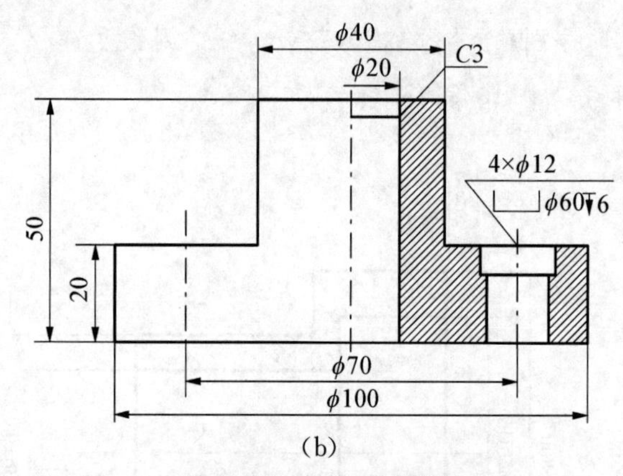

(b)

图 6-27　标注尺寸练习

项目七

绘制机械零件图

教学目标

1. 掌握机械零件图的视图表达、尺寸标注和技术要求等知识。

2. 熟练运用二维绘图及编辑、文字注写、尺寸标注、标题栏绘制等方法绘制机械零件图。

本项目通过绘制两个零件，读者可以掌握绘制机械图的一般方法及实用作图技巧。

任务一　绘制齿轮泵后盖

任务描述

绘制如图 7-1 所示的齿轮泵后盖零件图。要求创建 A4 样板图文件，设置图层、图框、标题栏、绘图界限、标注样式、表面粗糙度值图块、基准图块等。

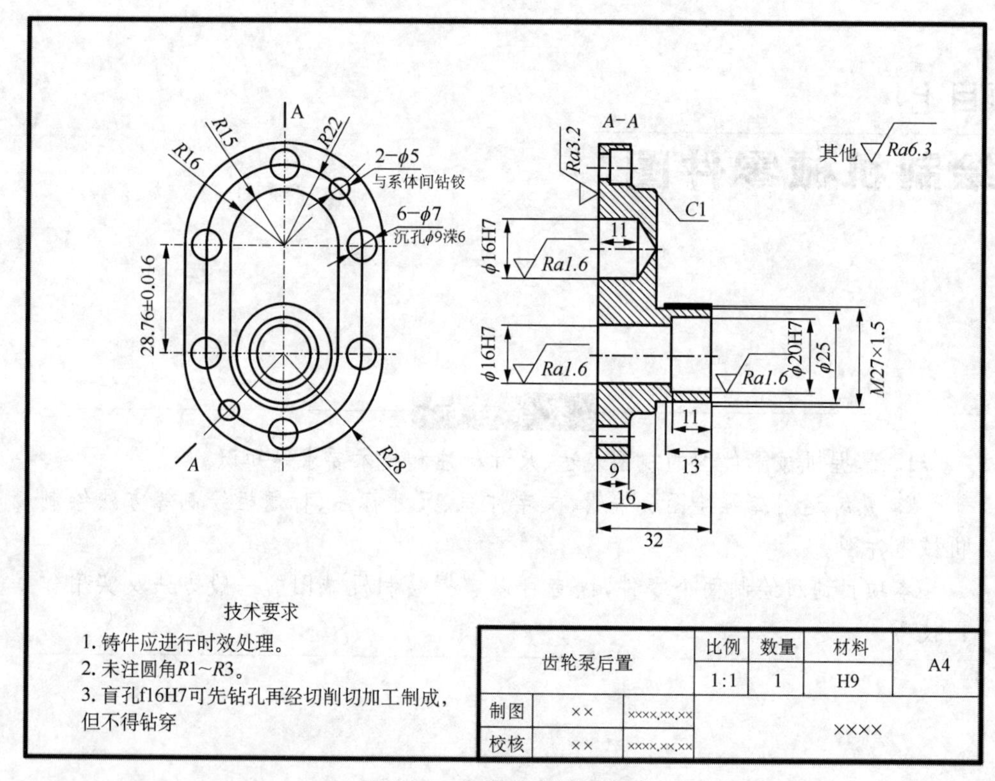

图 7－1　齿轮泵后盖零件图

相关知识点

一、零件图的内容

零件图是表达零件结构、大小及技术要求的图样。在生产过程中，零件图是生产准备、加工制造、检验零件质量及测量的依据，是重要的技术文件。

一张完整的零件图应包括以下内容。

1. 一组图形

能够将零件各部分的结构形状(视图、剖视图、断面图等)正确、完整、清晰地表达出来。

2. 一组尺寸

正确、清晰、合理、完整地将加工制造零件所需要的全部尺寸标注出来，包括定形和定位尺寸。

3. 技术要求

用规定的代号、数字、字母和文字，给出零件在加工制造、检验或使用时应达到的各项技术指标。

4. 标题栏

以表格的形式注明单位名称、零件名称、材料、重量、比例以及设计者、审核者等信息。

二、零件图的绘制过程

零件图的绘制包括草绘和绘制零件工作图。AutoCAD 一般用作绘制零件工作图。绘制零件图的步骤如下。

(1) 设置作图环境。

作图环境的设置一般包括以下两个方面。

① 选择比例:根据零件的大小和复杂程度选择比例,尽量采用 1∶1 的比例。

② 选择图纸幅面:根据图形、标注尺寸、技术要求所需的图纸幅面,选择标准的幅面。

(2) 确定作图顺序,绘制图形。

(3) 标注尺寸,注写技术要求并填写标题栏。

标注尺寸前要关闭剖面线图层,避免剖面线在标注尺寸时影响端点的捕捉。

(4) 校核与审核。

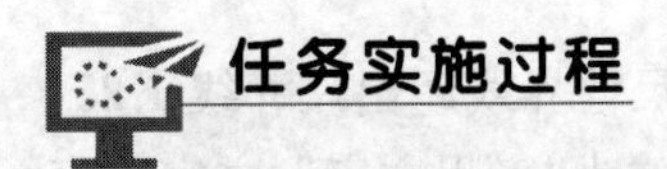

步骤 1:新建文件,选择样板文件 acadiso.dwt 模板。

步骤 2:新建图层,创建图层效果如图 7-2 所示。

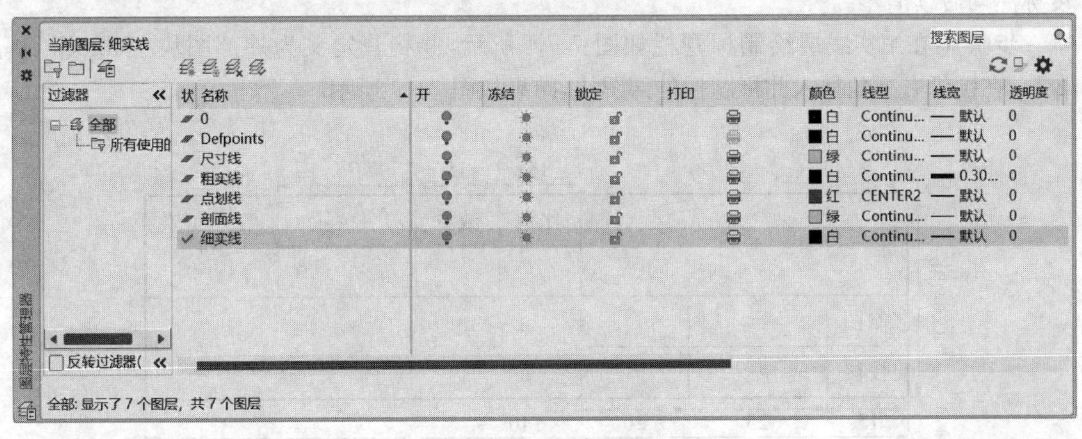

图 7-2　新建图层

步骤 3:设置 A4 图纸图形界限为 297 mm×210 mm。绘制如图 7-3 所示的 A4 图纸边界线和图框线,图纸边界线在细实线层绘制,图框线在粗实线层绘制。

步骤 4:新建“工程文字”字体样式,选用 gbeitc.shx 和大字体 gbcbig.shx,字高 3.5。新建“技术要求”字体样式,选用仿宋体,字高 3.5。

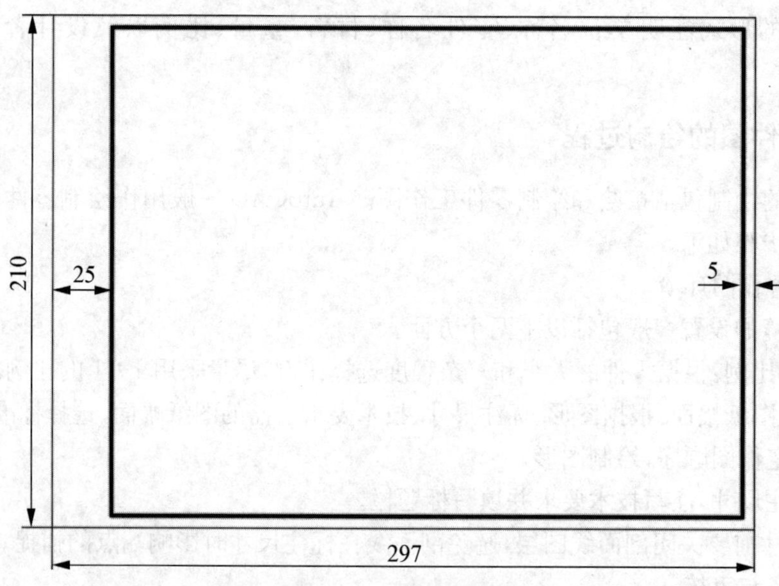

图 7－3 A4 图纸边框

步骤 5：新建"机械标注"标注样式，尺寸线基线间距为 3.75，尺寸界线超出尺寸线 1.25、起点偏移量为 0.625；箭头大小为 3，圆心标记大小为 2.5；文字样式为"工程文字"，文字垂直位置为"上"、水平位置居中，文字从尺寸线偏移 0.625，文字与尺寸线对齐；勾选"在尺寸界线之间绘制尺寸线"复选框；线性标注单位精度不带小数点，小数分隔符为句点，线性标注和角度标注均后续消零。

步骤 6：在细实线层绘制标题栏如图 7－4 所示，并将其定义为外部图块（Wblock 命令）。在图纸右下角插入此标题栏外部图块，结果如图 7－5 所示。

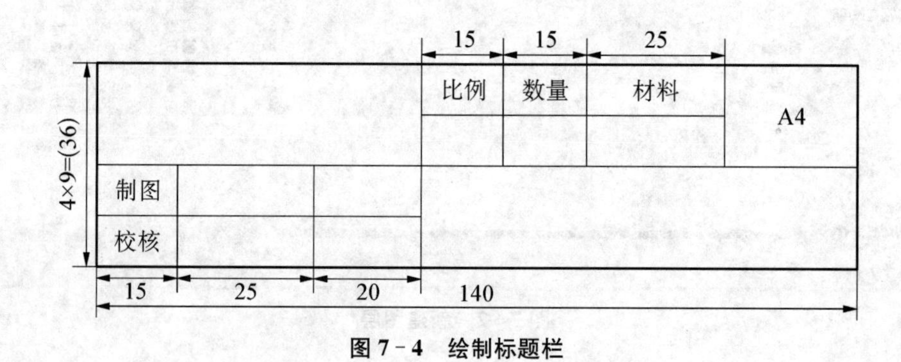

图 7－4 绘制标题栏

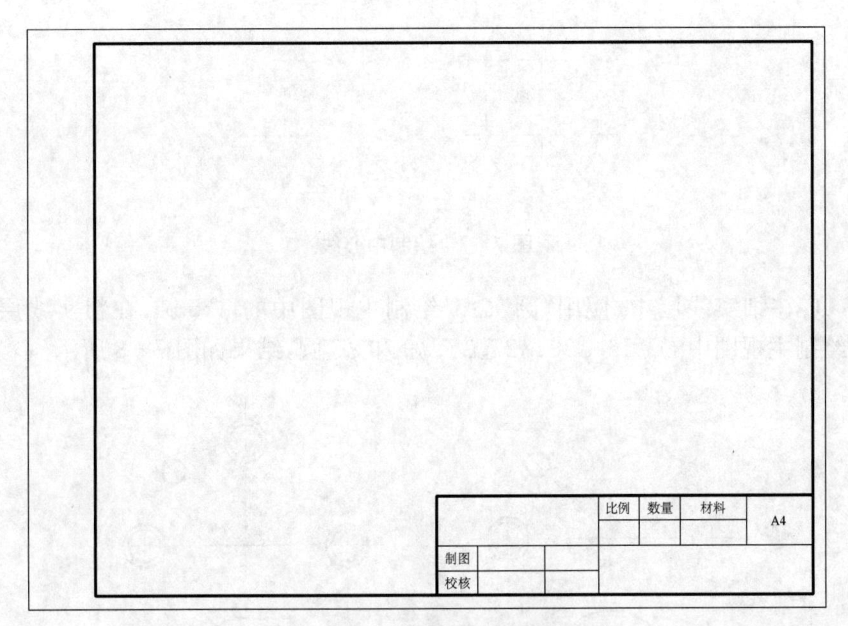

图 7 - 5　A4 图纸及标题栏

步骤 7:在尺寸线层绘制如图 7 - 6 所示的表面粗糙度值符号和基准符号,并分别创建带属性的表面粗糙度值图块和基准图块,创建图块时删除原有对象。

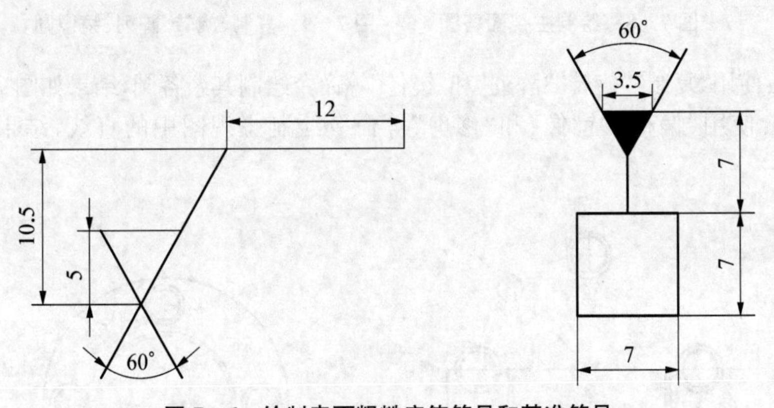

图 7 - 6　绘制表面粗糙度值符号和基准符号

步骤 8:保存图形,文件名为“A4 样板图.dwt”。

步骤 9:打开“A4 样板图.dwt”文件,另存为“图 7 - 1　齿轮泵后盖.dwg”文件。

步骤 10:在点划线层中,使用“直线”“偏移”和“圆角”命令绘制中心线,结果如图 7 - 7 所示。

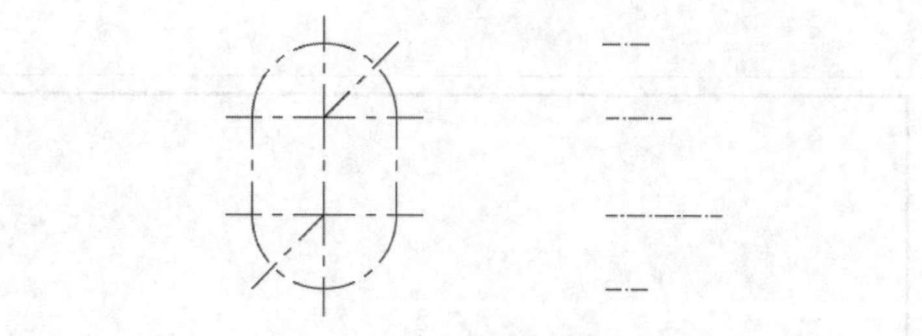

图 7－7　绘制中心线

步骤 11：在细实线层中，使用“圆”命令绘制主视图中的 $\phi 25$ 圆，在粗实线层中，使用“圆”命令绘制主视图中的 $\phi 16$、$\phi 20$、$\phi 27$、$\phi 7$、$\phi 9$ 和 $\phi 5$ 圆，结果如图 7－8 所示。

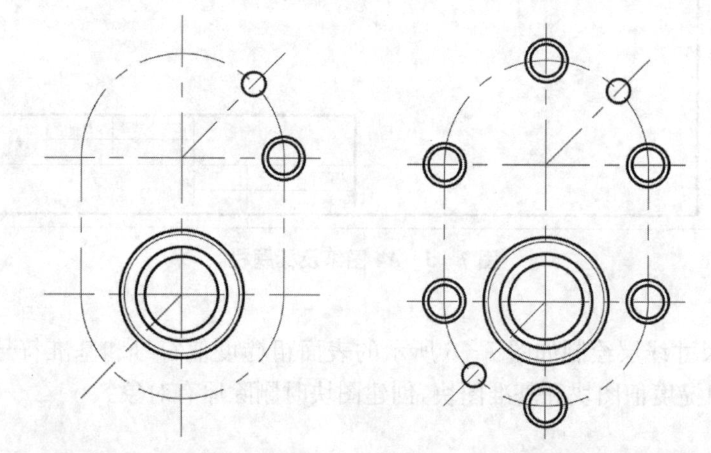

图 7－8　绘制主视图各圆　　图 7－9　复制、旋转、阵列、镜像圆

步骤 12：使用“复制”“旋转”“阵列”和“镜像”等命令绘制其余各圆，结果如图 7－9 所示。

步骤 13：使用“偏移”“镜像”和“修剪”等命令绘制主视图中的直线，结果如图 7－10 所示。

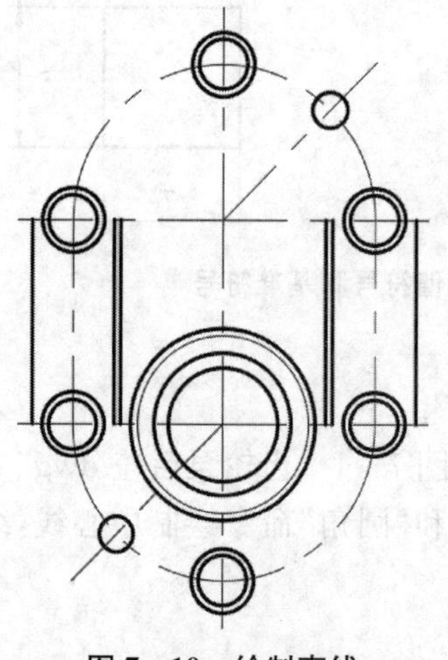

图 7－10　绘制直线

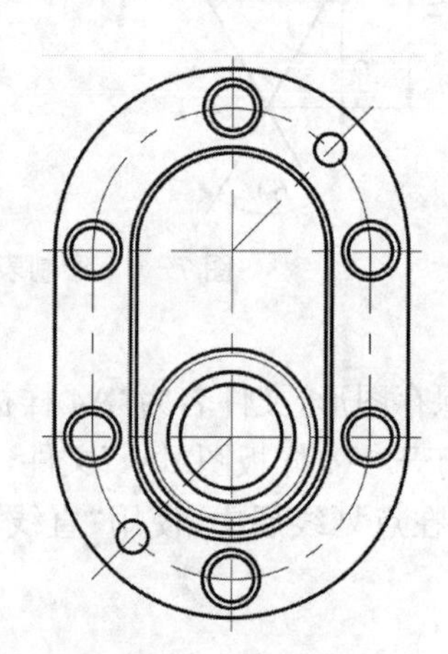

图 7－11　绘制圆弧

步骤 14:使用“圆角”和“镜像”命令绘制主视图中的 $R15$、$R16$ 和 $R28$ 圆弧,结果如图 7-11 所示。

步骤 15:通过“极轴追踪”和“对象捕捉”功能绘制左视图轮廓,结果如图 7-12 所示。

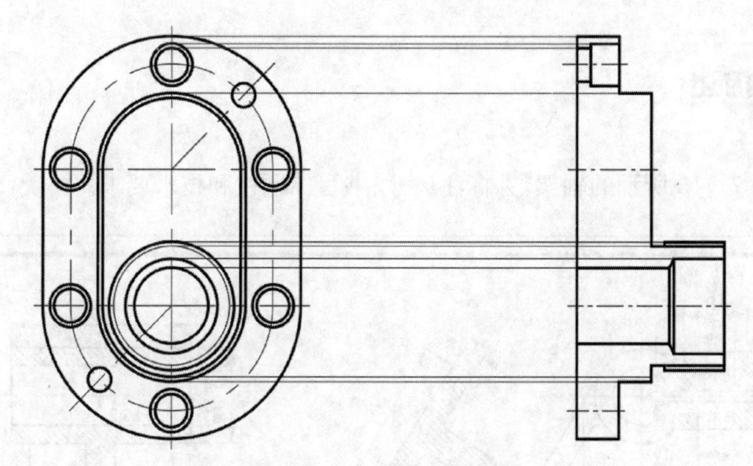

图 7-12　绘制左视图轮廓

步骤 16:绘制左视图中的孔、倒角、圆角等结构,结果如图 7-13 所示。

步骤 17:在剖面线层中,使用“图案填充”命令绘制剖面线,结果如图 7-14 所示。

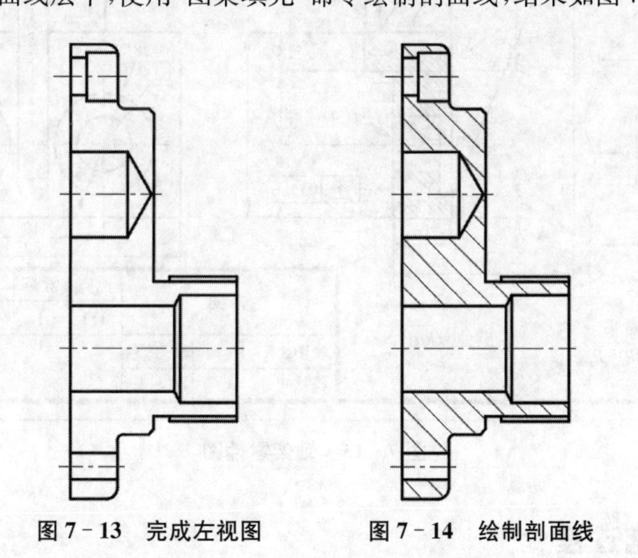

图 7-13　完成左视图　　　　**图 7-14　绘制剖面线**

步骤 18:在尺寸线层中,使用标注命令标注各视图中的尺寸。

步骤 19:在尺寸线层中,标注表面粗糙度值。

步骤 20:在尺寸线层中,标注技术要求。

步骤 21:在细实线层中,书写标题栏文字,完成齿轮泵后盖零件图的绘制,结果如图 7-1所示。

任务二 绘制轴架

任务描述

绘制如图 7－15 所示的轴架，并标注尺寸、书写标题栏和技术要求。

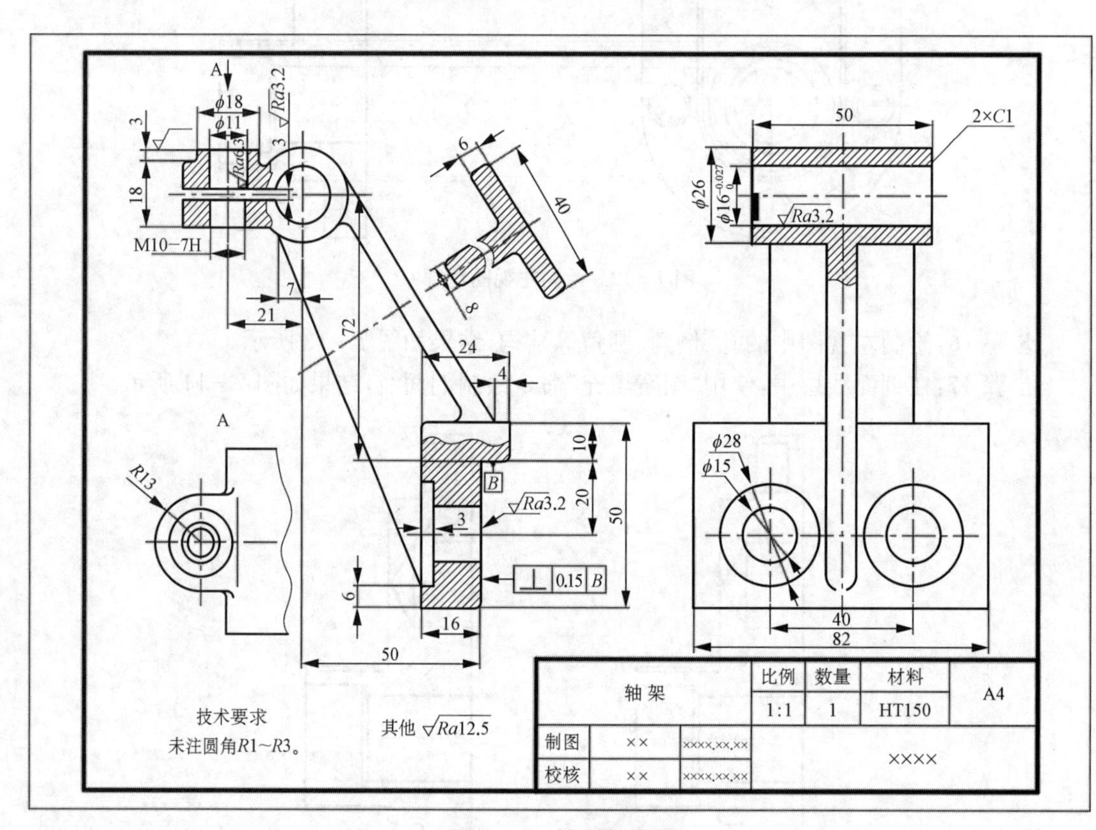

图 7－15 轴架零件图

任务实施过程

步骤 1：打开“A4 样板图.dwt”文件，另存为“图 7－15 轴架.dwg”文件。

步骤 2：设置全局比例因子为 0.5。

步骤 3：在点划线层中，使用“直线”和“偏移”命令绘制中心线，结果如图 7－16 所示。

步骤 4：在粗实线层中，使用“圆”“直线”“偏移”“镜像”和“修剪”等命令绘制主视图上部轮廓，在细实线层中绘制螺纹大径线 ϕ10（螺纹小径线尺寸为 ϕ8.376），结果如图 7－17 所示。

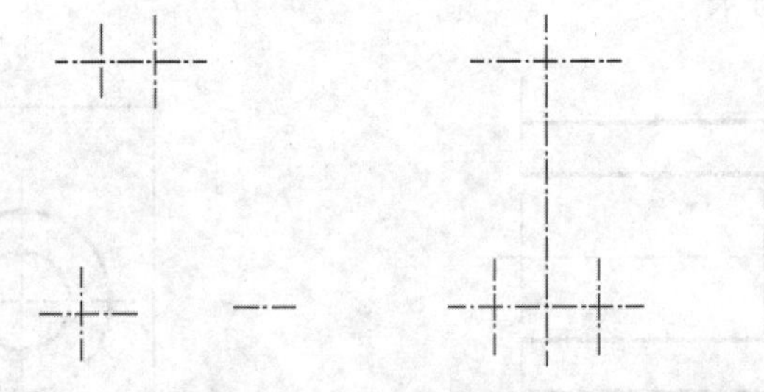

图 7-16　绘制中心线

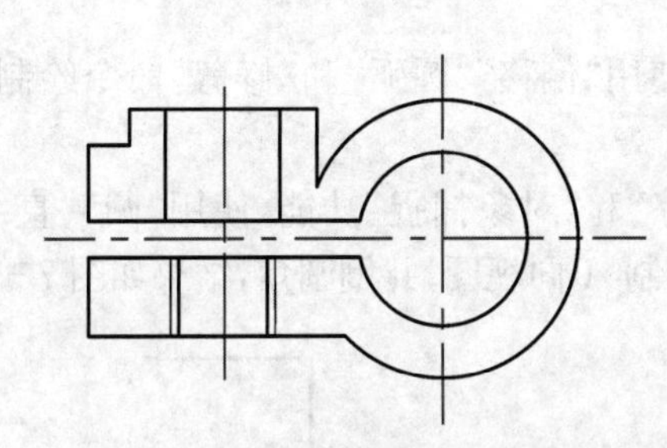

图 7-17　绘制主视图上部轮廓

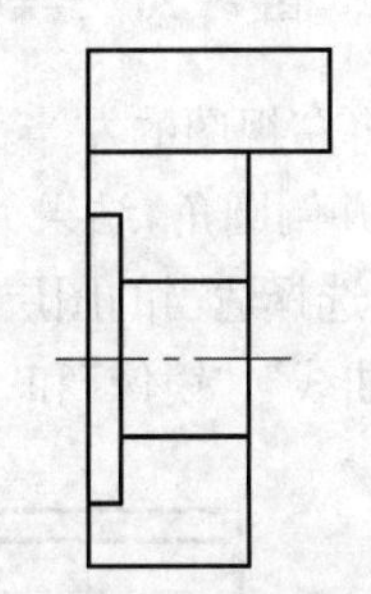

图 7-18　绘制主视图下部轮廓

步骤 5:在粗实线层中,使用“直线”“镜像”和“修剪”等命令绘制主视图下部轮廓,结果如图 7-18 所示。

步骤 6:使用“直线”“偏移”和“修剪”等命令绘制主视图中间连接部分,并倒圆角,结果如图 7-19 所示。

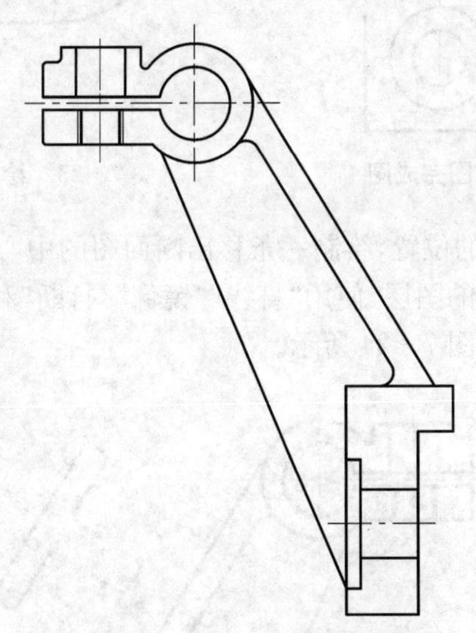

图 7-19　主视图完成

步骤 7:通过“极轴追踪”和“对象捕捉”功能,使用“直线”“偏移”“镜像”和“修剪”命令绘制左视图左上部,结果如图 7-20 所示。

步骤 8:通过“极轴追踪”和“对象捕捉”功能,使用“直线”和“圆”命令绘制左视图左下部,结果如图 7 - 21 所示。

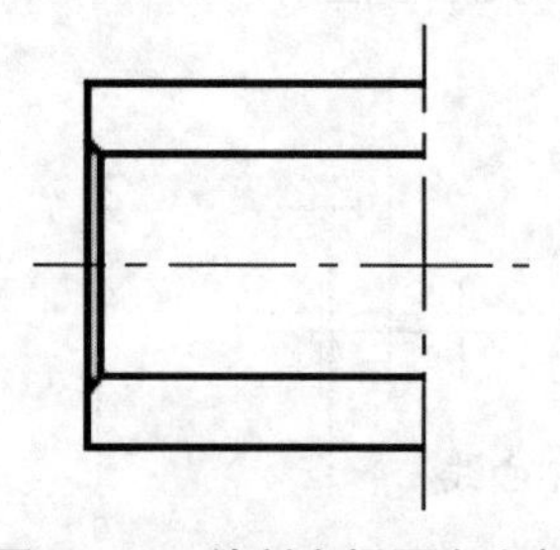

图 7 - 20　绘制左视图左上部

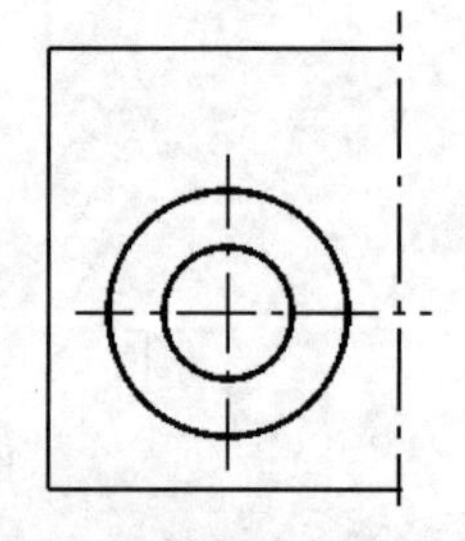

图 7 - 21　绘制左视图左下部

步骤 9:将左视图的左半部分向右镜像,使用“偏移”“圆弧”和“修剪”命令绘制左视图中间连接部分,并倒圆角,结果如图 7 - 22 所示。

步骤 10:选择适当的图层,通过“极轴追踪”和“对象捕捉”功能,使用“圆”“直线”“偏移”“圆弧”“样条曲线”、“镜像”和“修剪”等命令,绘制 *A* 向视图,并倒圆角,结果如图 7 - 23 所示。

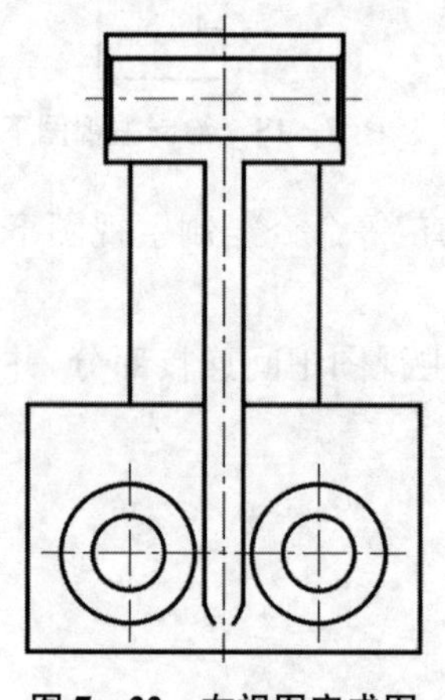

图 7 - 22　左视图完成图

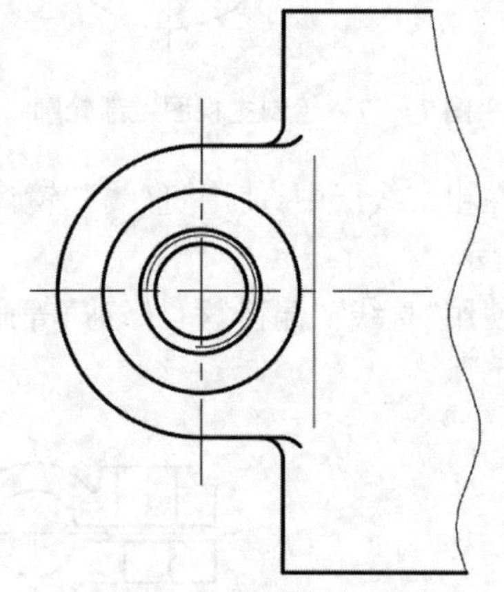

图 7 - 23　绘制 *A* 向视图

步骤 11:在主视图合适的位置,绘制一条移出断面图的中心线,中心线垂直于主视图 T 形肋板的轮廓线。选择适当的图层,使用“直线”“镜像”“打断”和“样条曲线”等命令,绘制移出断面图,并倒圆角,结果如图 7 - 24 所示。

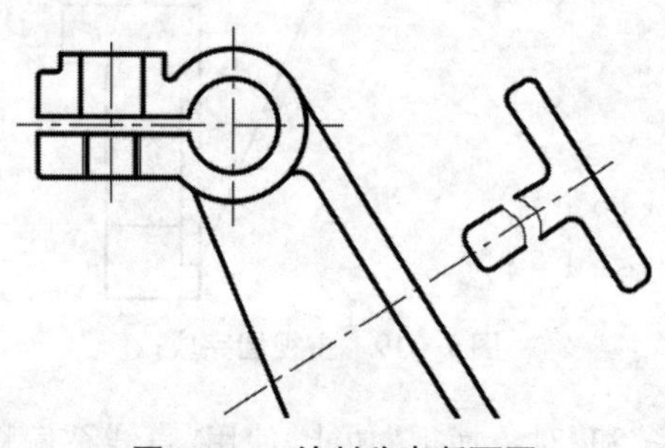

图 7 - 24　绘制移出断面图

步骤 12:在主视图和左视图合适的位置绘制样条曲线,使用“图案填充”命令绘制剖面线，结果如图 7－25 所示。

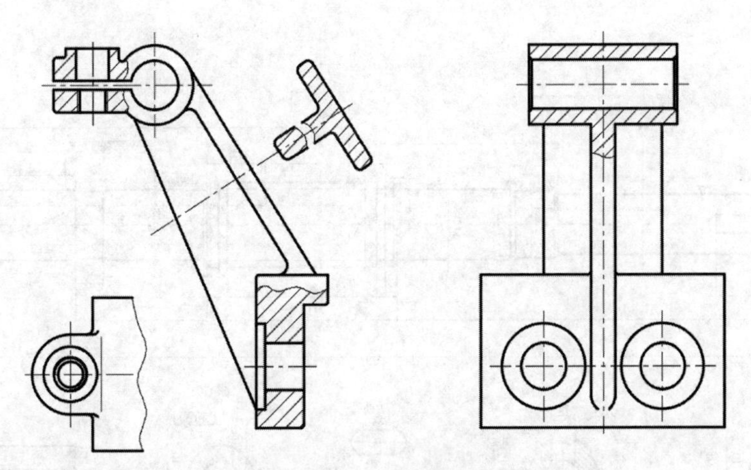

图 7－25　绘制剖面线

步骤 13：在尺寸线层中，使用标注命令标注各视图中的尺寸和几何公差。

步骤 14：在尺寸线层中，标注表面粗糙度值和基准符号。

步骤 15：在尺寸线层中，标注技术要求。

步骤 16：在细实线层中，书写标题栏文字，完成轴架零件图的绘制，结果如图 7－15 所示。

技能训练

1．绘制如图 7－26 所示传动丝杠零件图。

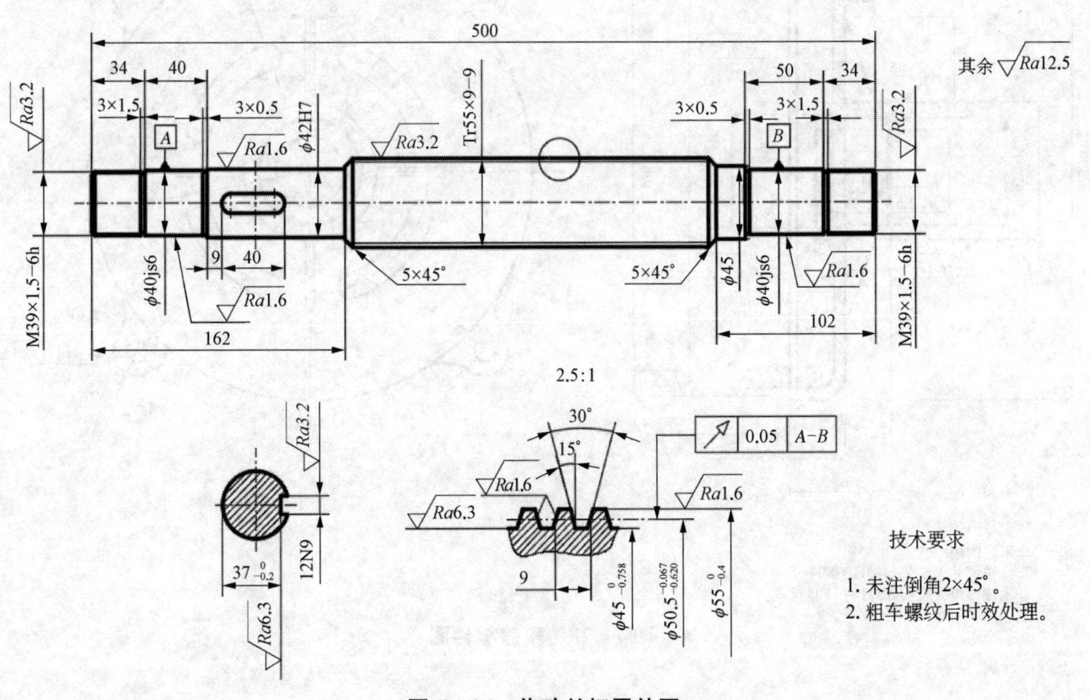

图 7－26　传动丝杠零件图

2. 绘制如图 7－27 所示传动轴零件图。

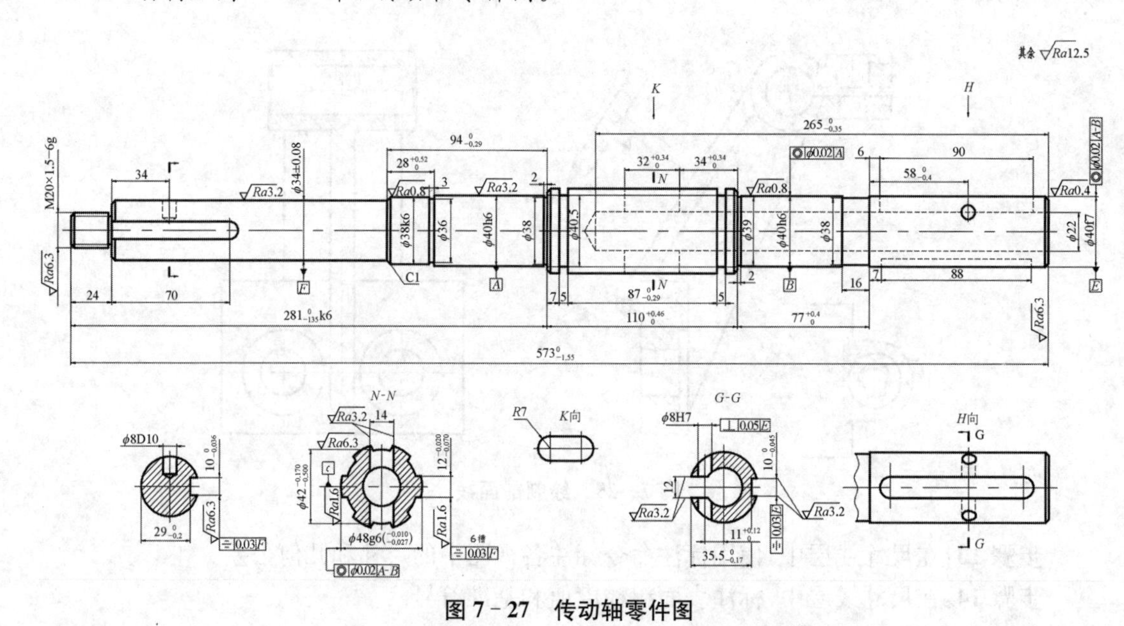

图 7－27　传动轴零件图

3. 绘制如图 7－28 所示箱盖零件图。

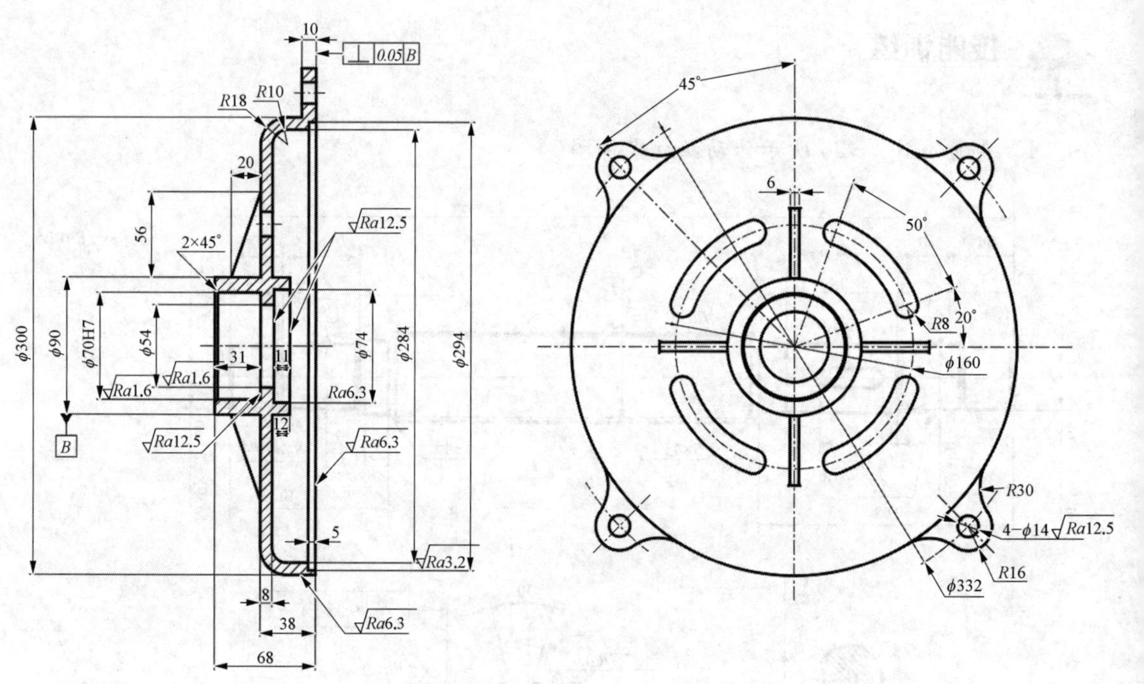

图 7－28　箱盖零件图

4. 绘制如图 7 - 29 所示齿轮泵机座零件图。

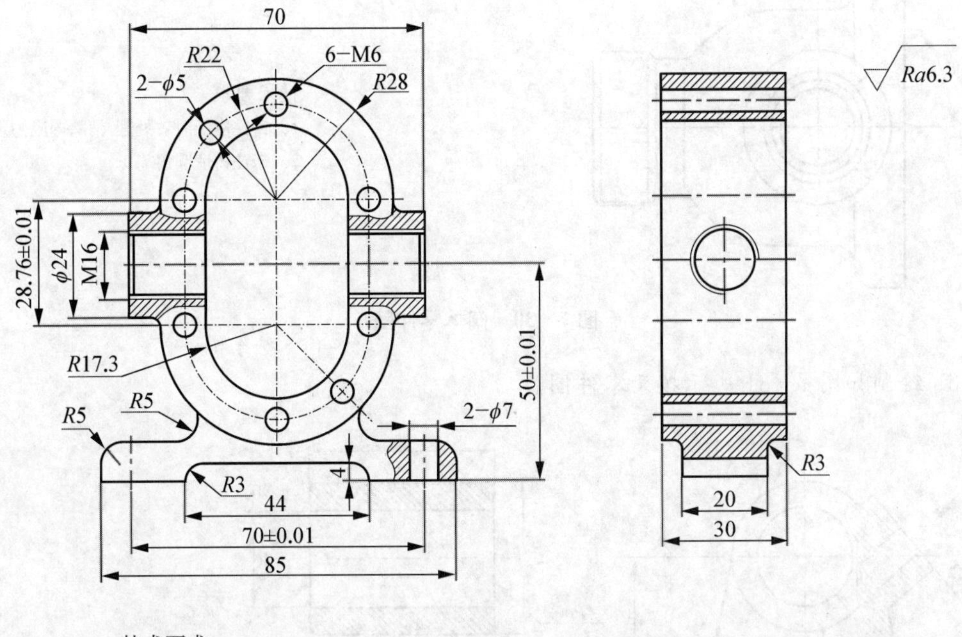

技术要求

1. 铸件应经时效处理。

2. 未注倒角C1。

图 7 - 29　齿轮泵机座零件图

5. 绘制如图 7 - 30 所示阀体零件图。

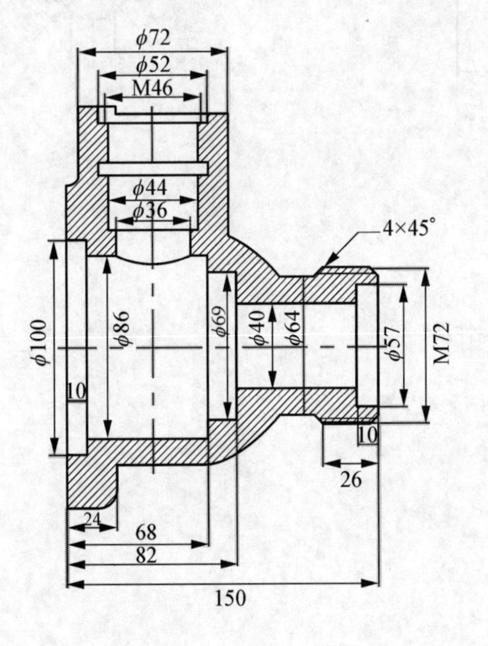

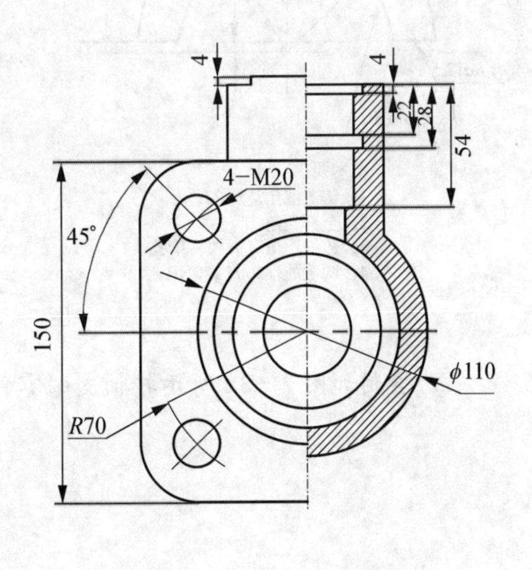

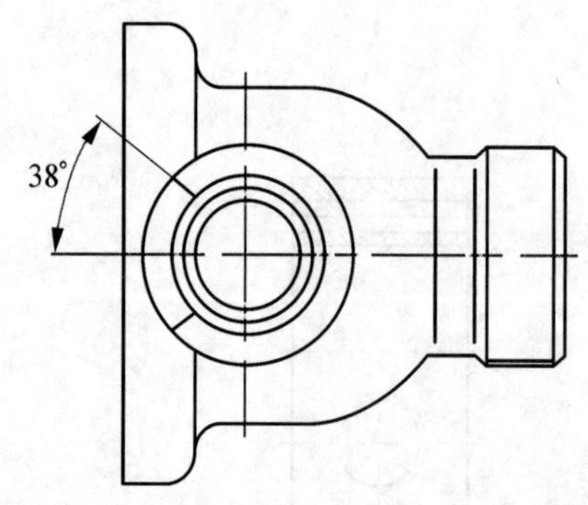

技术要求

1、铸件应经时效处理,消除内应力。

2、未注铸造圆角$R10$。

图 7-30 阀体零件图

6. 绘制如图 7-31 所示拔叉零件图。

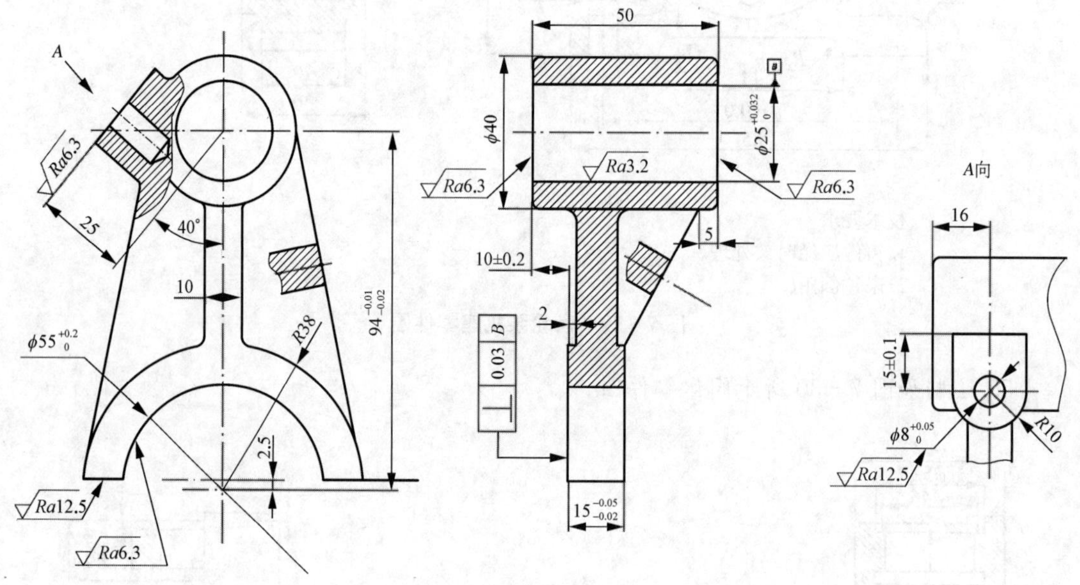

技术要求

1、铸造圆角均为$R3$。

2、全部倒角$C1$。

3、铸件不得有裂纹、缩孔。

4、调质处理200~250HB。

图 7-31 拔叉零件图

7. 绘制如图 7-32 所示转轴支架零件图。

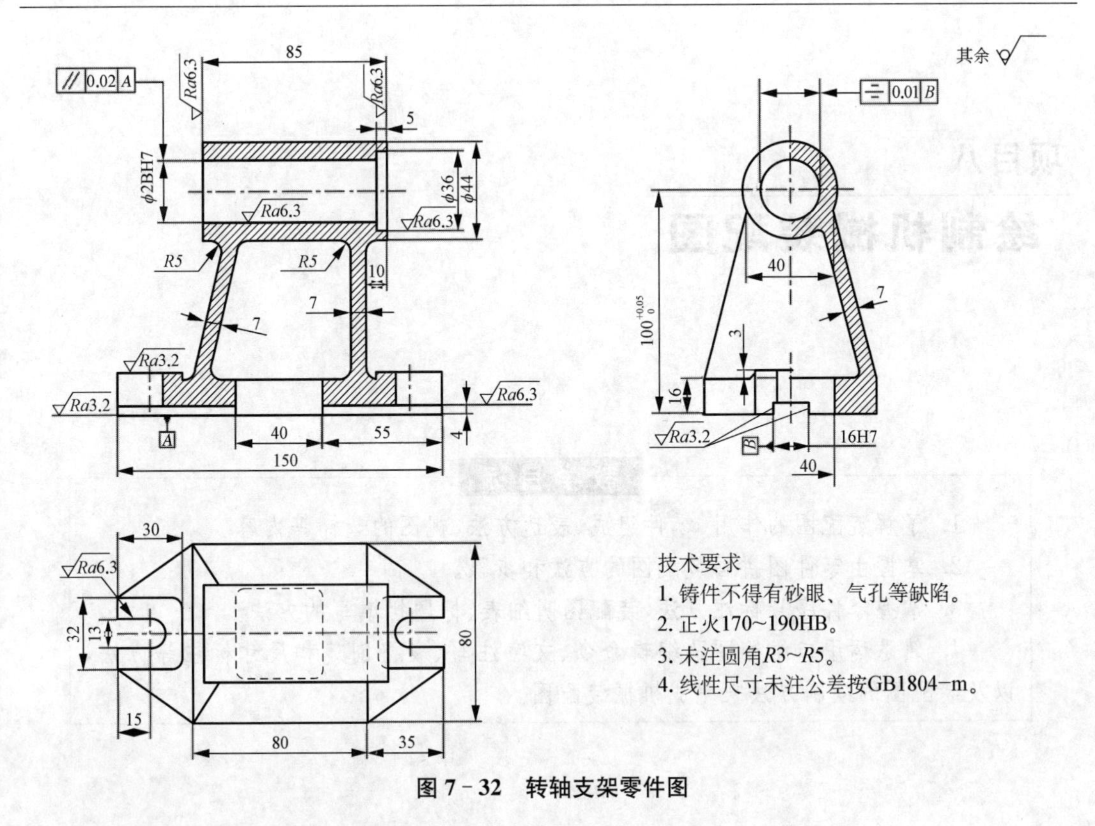

图 7-32　转轴支架零件图

8. 绘制如图 7-33 所示减速器箱体零件图。

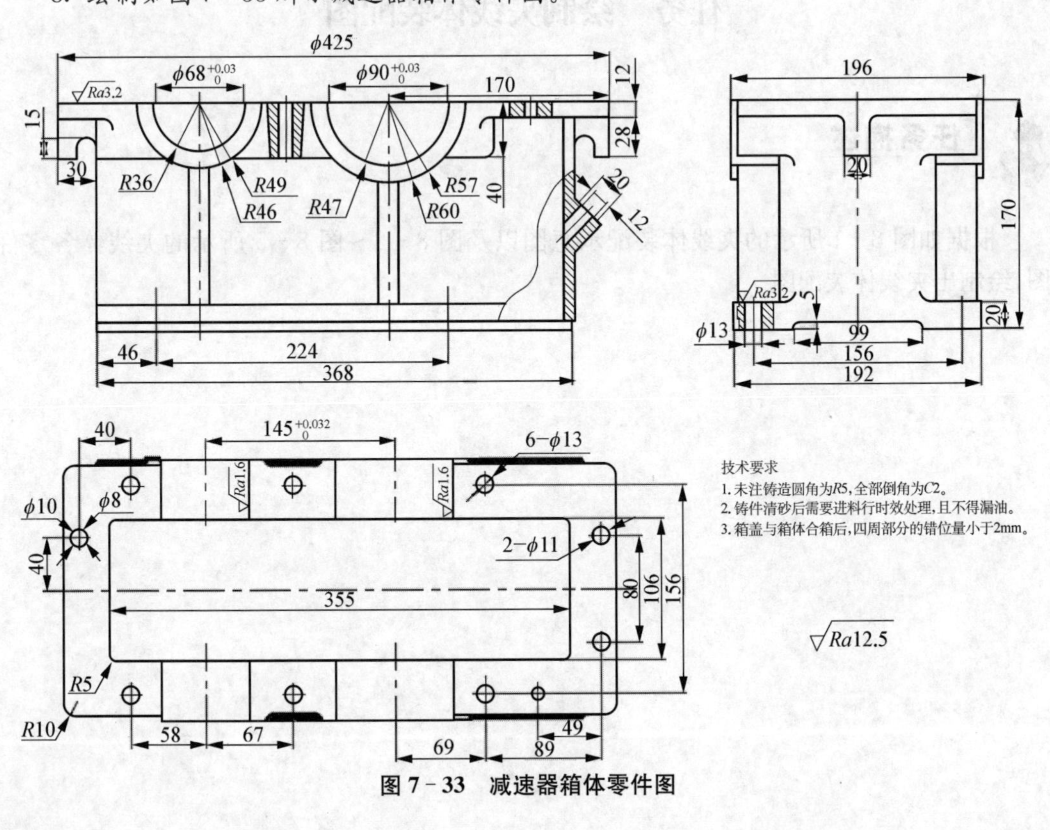

图 7-33　减速器箱体零件图

项目八

绘制机械装配图

教学目标

1. 了解装配图的作用、零件组成、表达方法、视图的选择等内容。

2. 掌握由零件图拼画装配图的方法和步骤。

3. 掌握零件序号标注方法,装配图明细表、标题栏填写的方法。

4. 熟悉运用二维绘图及编辑命令、文字注写、表格创建和尺寸标注等方法,以及装配图的绘制方法来完成机械装配图。

任务　绘制夹线体装配图

任务描述

根据如图 8-1 所示的夹线体装配示意图以及图 8-2～图 8-5 所示的夹线体各零件图,绘制出夹线体装配图。

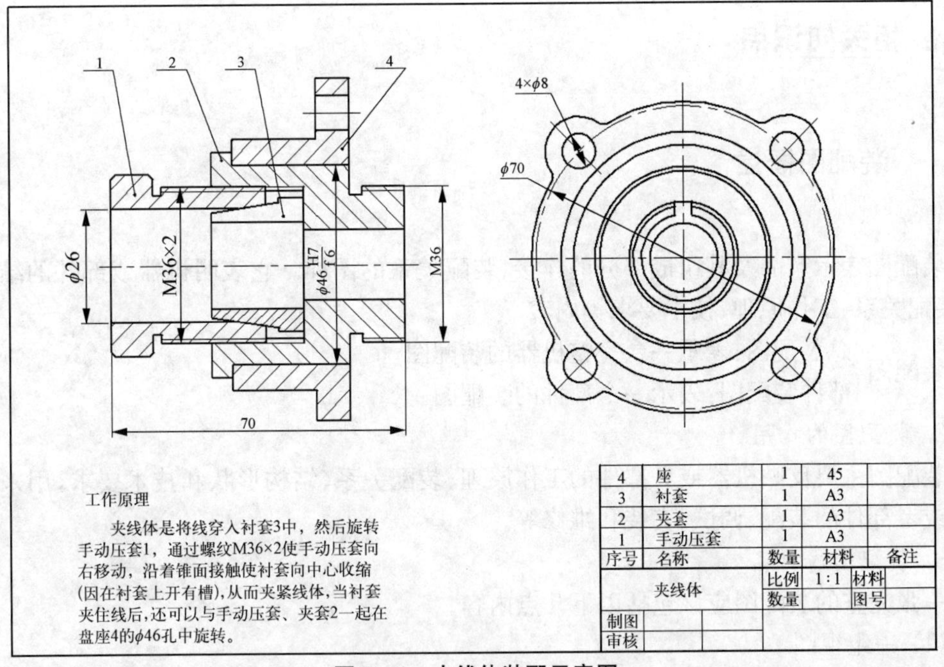

图 8-1　夹线体装配示意图

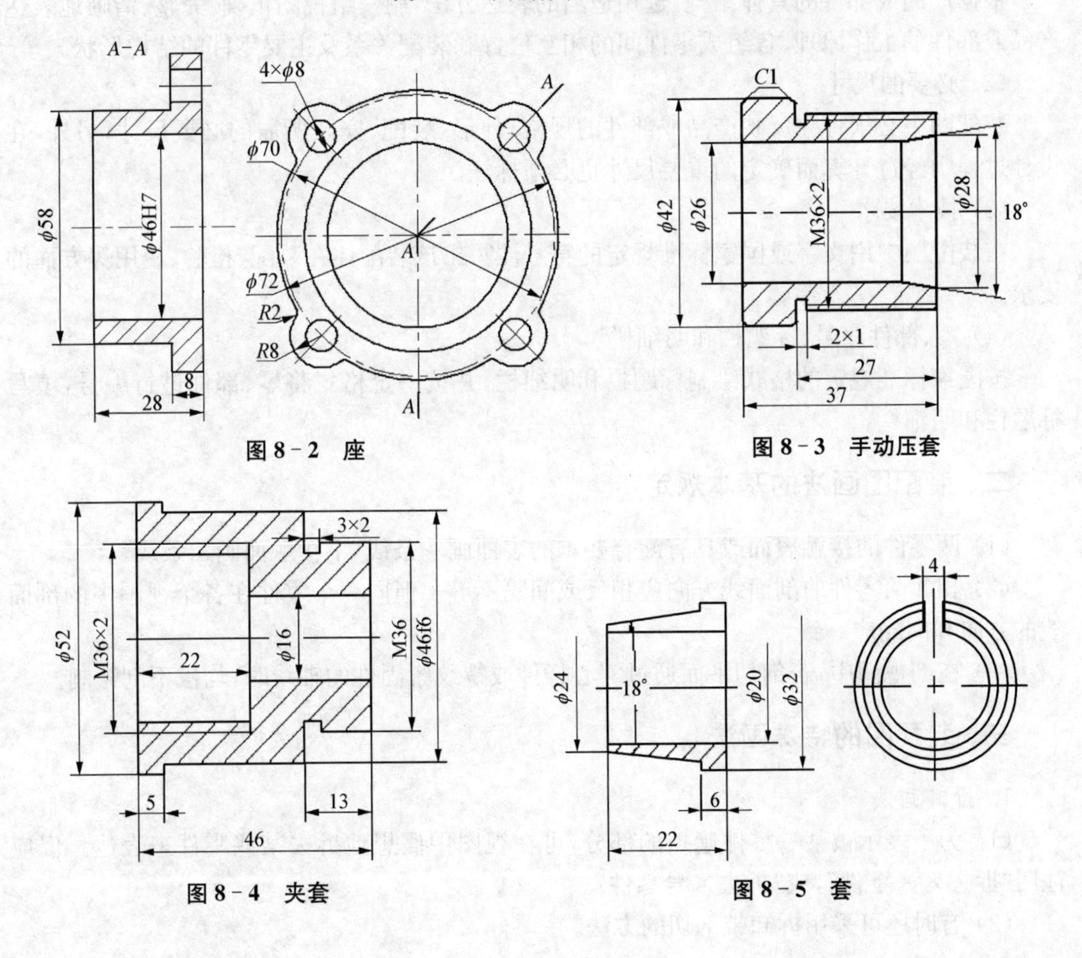

图 8-2　座

图 8-3　手动压套

图 8-4　夹套

图 8-5　套

相关知识点

一、装配图概述

1. 概念

装配图表示产品及其组成部分的连接、装配关系的图样。它表明机器或部件的结构形状、装配关系、工作原理、技术要求等内容。

装配图 { 总装配图:表示一台完整机器的装配图。
部件装配图:表示一个部件的装配图。 }

2. 装配图的作用

装配图主要反映机器或者部件的工作原理、装配关系、结构形状和技术要求,用来指导机器或者部件的装配、调试、安装和维修等。

3. 装配图的内容

一张完整的装配图应该包括以下几点内容。

(1) 一组视图

根据产品或部件的具体结构,选用适当的表达方法,用一组视图正确、完整、清晰地表达产品或部件的工作原理、各组成零件间的相互位置和装配关系及主要零件的结构形状。

(2) 必要的尺寸

装配图中必须标注反映产品或部件的规格、外形、装配、安装所需的必要尺寸,另外,在设计过程中经过计算而确定的重要尺寸也必须标注。

(3) 技术要求

在装配图中用文字或国家标准规定的符号注写出该装配体在装配、检验、使用等方面的要求。

(4) 零、部件序号、标题栏和明细栏

按国家标准规定的格式绘制标题栏和明细栏,并按一定格式将零、部件进行编号,填写标题栏和明细栏。

二、装配图画法的基本规定

(1) 两零件的接触表面或具有配合要求的表面画一条线,不接触面画二条线。

(2) 相邻两零件的剖面线方向应相反或间隔不等。但同一个零件在各个视图中的剖面线的方向和间隔应一致。

(3) 在剖视图中,若剖切平面通过实心杆件或螺纹紧固件的轴线时,均按不剖绘制。

三、装配图的特殊画法

1. 拆卸画法

(1) 为了表示被某一零件遮挡的部分,可在视图中假想地拆去某些零件来表达。但应注明“拆去××零件”,或“拆去×号零件”。

(2) 有时还可采用拆卸带剖切的方法。

2. 假想画法

(1) 表示部件中运动件的极限位置，用双点划线假想地画出轮廓。

(2) 为了表达不属于某部件，又与该部件有关的零件，也用双点划线画出与其有关部分的轮廓。

3. 简化画法

(1) 工件上的工艺结构，常省略不画。

(2) 对均匀分布的同一规格的螺纹连接件，允许只画一组，其余的应用中心线表明位置。

(3) 对于滚动轴承和密封圈，只画一边，另一边用简化画法。

4. 夸大画法

不接触表面和非配合面的细微间隙、薄垫片、小直径的弹簧等，可以不按比例画，而适当加大尺寸画出。

5. 展开画法

为了表达不在同一平面内而又相互平行的轴上零件，以及轴与轴之间的传动关系，可以按传动顺序沿轴线剖开，而后依此将轴线展开在同一平面上画出，并标注“××展开”。

6. 单独表示法

在装配图中，有时要特别说明某个零件的结构形状，可以单独画出该零件的某个视图，但要在所画视图的上方注写该零件的视图名称，在相应视图附近用箭头指明投影方向，并注上相同的字母。

四、装配图的简化画法

如图 8-6 所示。

(1) 两零件接触表面画一条线，不接触表面画两条线。

(2) 邻接时，不同零件的剖面线方向应相反，或者方向一致但间隔不等。

(3) 当解剖面通过紧固件和实心零件时，按不剖绘制；需要时，可采用局部剖视。

(4) 装配图中可不画工艺结构；如倒角、圆角、退刀槽等。

(5) 对于若干相同的零件组，可详细的画出一组或几组，其余只用点画线表示其装配位置即可。

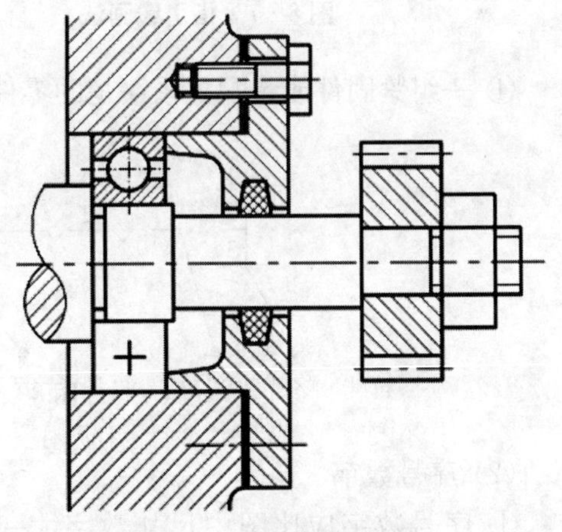

图 8-6　装配图简化画法

五、装配图中的零件序号及明细栏

为了方便看图和图纸的配套管理以及生产组织工作的需要，装配图中的零件和部件都必须编写序号，同时要编制相应的明细栏。

1. 零件序号的一般规定

(1) 零件编号原则

形状尺寸规格完全相同的零件只编一个号，数量须写在明细表内。形状相同而某一尺寸不同的零件，则必须分别编号。滚动轴承、电机等标准部件，只需编写成一个序号。

(2) 序号表示的方法

序号应顺序注写在视图、尺寸等以外，整齐排列。

指引线(细实线)应从零件的可见轮廓内的实体上引出，另加短画线或圆圈，允许转折一次。

2. 编写序号的方法

零、部件序号包括：指引线、序号数字和序号排列顺序。

(1) 指引线

① 指引线用细实线绘制，应从所指零件的轮廓线内引出，并在末端画一圆点，如图 8-7 所示。若所指零件很薄或为涂黑断面，可在指引线末端画出箭头，并指向该部分的轮廓，如图 8-8 所示。

② 指引线的另一端可弯折成水平横线、为细实线圆或为直线段终端，如图 8-7 所示。

③ 指引线相互不能相交，当通过有剖面线的区域时，不应与剖面线平行。必要时，指引线可以画成折线，但只允许曲折一次。

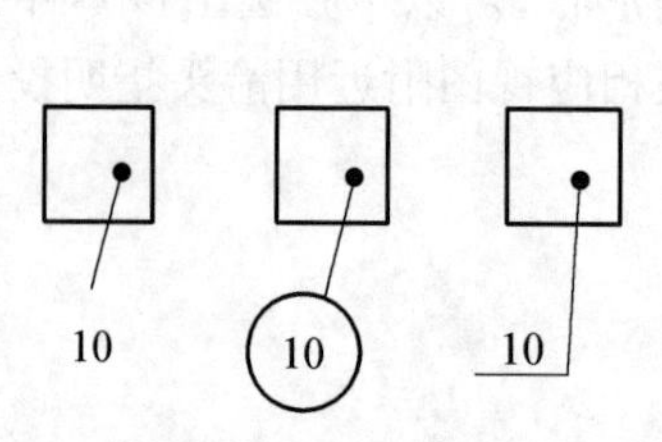

图 8-7　指引线画法

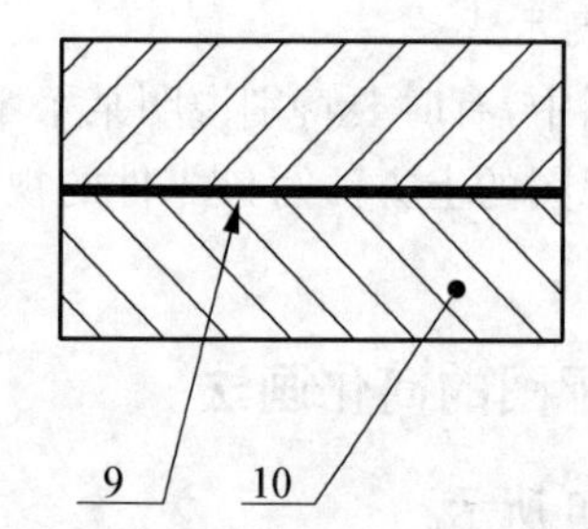

图 8-8　指引线末端为箭头的画法

④ 一组紧固件或装配关系清楚的零件组，可采用公共指引线，如图 8-9 所示。

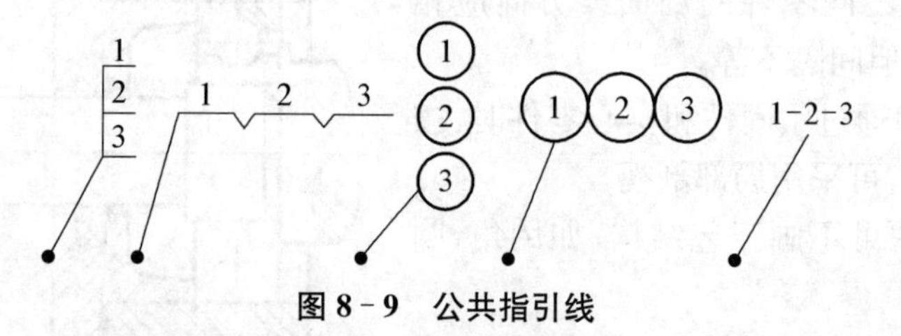

图 8-9　公共指引线

(2) 序号数字

① 序号数字应比图中尺寸数字大一号或两号，但同一装配图中编注序号的形式应一致。

② 相同的零、部件的序号应一个序号，一般只标注一次。多次出现的相同零、部件，必要时也可以重复编注。

(3) 序号的排列

在装配图中，序号可在一组图形的外围按水平或垂直方向顺次整齐排列，排列时可按顺时针或逆时针方向，但不得跳号；当在一组图形的外围无法连续排列时，可在其他图形的外围按顺序连续排列，如图 8-1 所示。

(4) 序号的画法

为使序号的布置整齐美观，编注序号时应先按一定位置画好横线或圆圈（画出横线或圆圈的范围线，取好位置后再擦去范围线），然后再找好各零、部件轮廓内的适当处，一一对应地画出指引线和圆点。

3. 明细栏的填写规定

(1) 明细表放在标题栏的上方，地方不够，可移部分移到标题栏左侧。

注意：

明细表最上面的边框线规定用细实线绘制。

(2) 零件符号自下而上从小到大顺序填写。

(3) 对于标准件，应将其规定标记填写在零件名称一栏内。

(4) 明细栏表格的高度一般为 7 mm。

4. 技术要求的注写

装配图上一般注写以下几方面的技术要求：

(1) 装配要求

在装配过程中的注意事项和装配后应满足的要求。如保证间隙、精度要求、润滑和密封的要求等。

(2) 检验要求

装配体基本性能的检验、试验规范和操作要求等。

(3) 使用要求

对装配体的规格、参数及维护、保养、使用时的注意事项及要求。装配图上的技术要求一般注写在明细栏上方或图样右下方的空白处。

六、装配图的绘制方法

装配图的绘制方法一般有三种，分别是：直接绘制法、零件插入法和零件图块插入法。

1. 直接绘制法

直接绘制法利用二维绘图及编辑命令按零件图的绘制方法将装配图绘制出来，这种方法使用于比较简单的装配图。

2. 零件插入法

入法是指首先绘制装配图中的各个零件，选择其中一个主体零件为基准，将其他零件通过复制、粘贴等方法插入主体零件中来绘制装配图。

3. 零件图块插入法

零件图块插入法是先将装配图中的各个零件绘制好后以图块的形式保存起来，再按零件间的相对位置关系，将零件图块逐个插入拼画出装配图。

注意：

本项目主要介绍用零件插入法来绘制装配图。

七、画装配图的步骤

(1) 确定视图方案后，定比例，定图幅，画出标题栏、明细表框格。

(2) 合理布图，画出各视图的基准线。

(3) 画装配主干线(支撑干线)上的零件。

(4) 画装配次干线(输入、输出干线)上的零件。

注意：

先画大结构，再画细节；特别是键、销、螺纹连接的画法。

(5) 标注尺寸时，应标注哪些尺寸，可参看前面介绍。初学者应注意，不能零件图上的尺寸全部搬到装配图上。

(6) 编序号，填写表题栏、明细表、技术要求。

(7) 完成全图后应仔细审核，然后签名，注上时间。

任务实施过程

步骤 1：创建 A3 装配图绘图模板文件，保存为“夹线体装配图.dwg”，如图 8－10 和图 8－11所示。

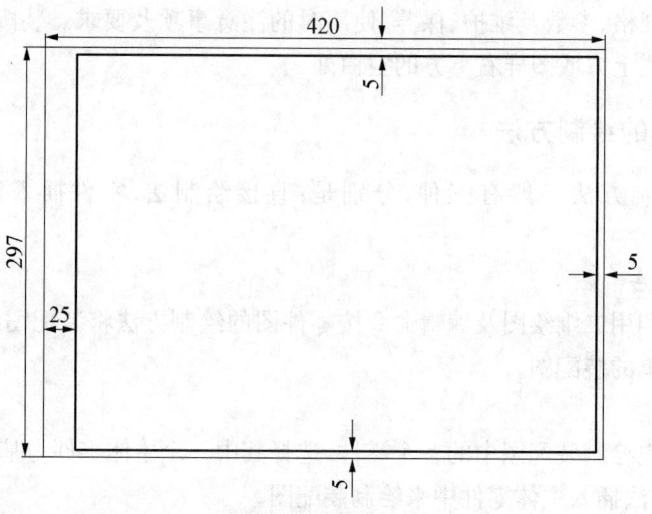

图 8－10　图纸边框

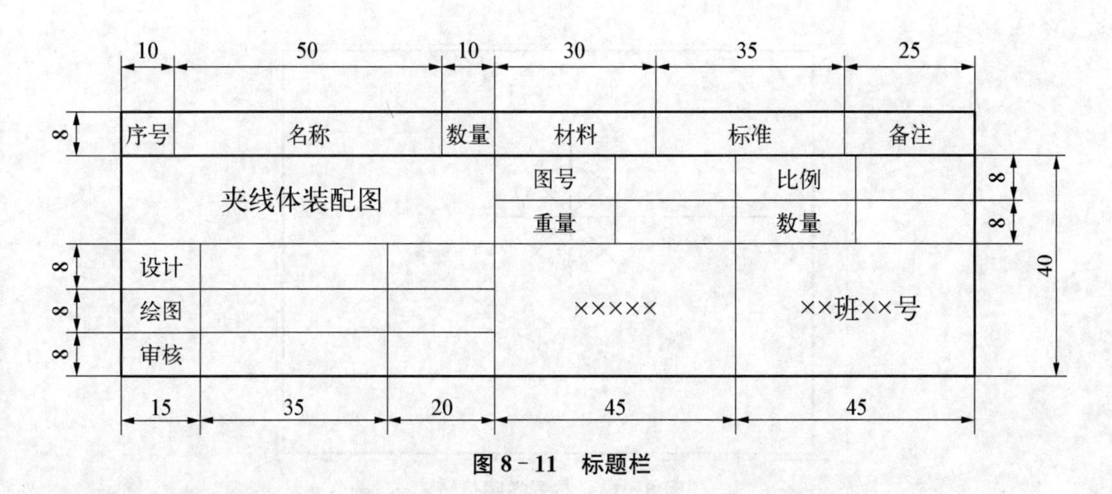

图 8-11　标题栏

步骤 2:用二维绘图、编辑等命令将夹线体的各个零件图绘制在“夹线体装配图.dwg”文件里,如图 8-12 所示。

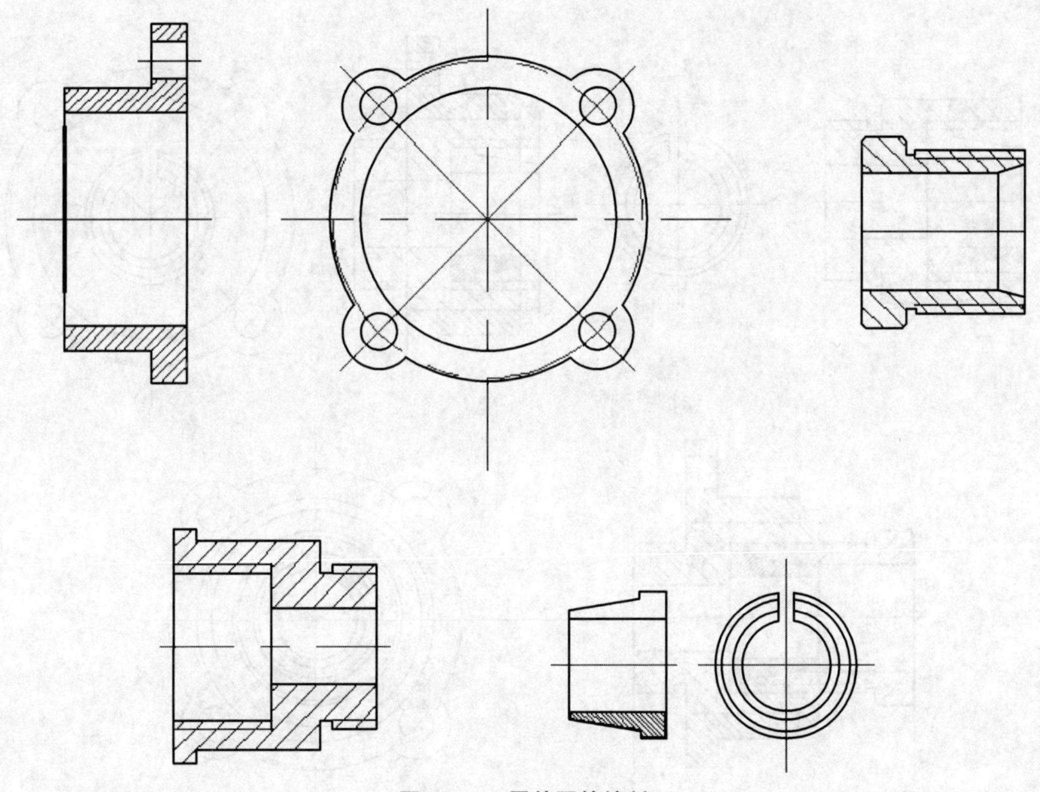

图 8-12　零件图的绘制

步骤 3:布置好主视图及左视图的位置,如图 8-13 所示。

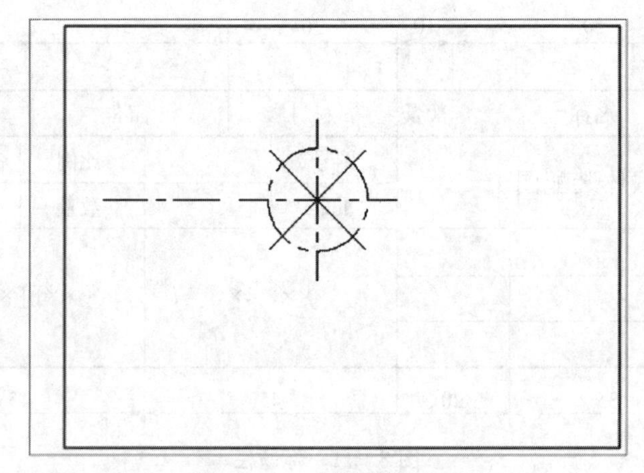

图 8-13　布置视图位置

步骤 4:绘制主视图和左视图。启动“图案填充”命令,绘制时注意相邻部件剖面线应相反或间隔不同,同一零件剖面线应相同,如图 8-14 所示。

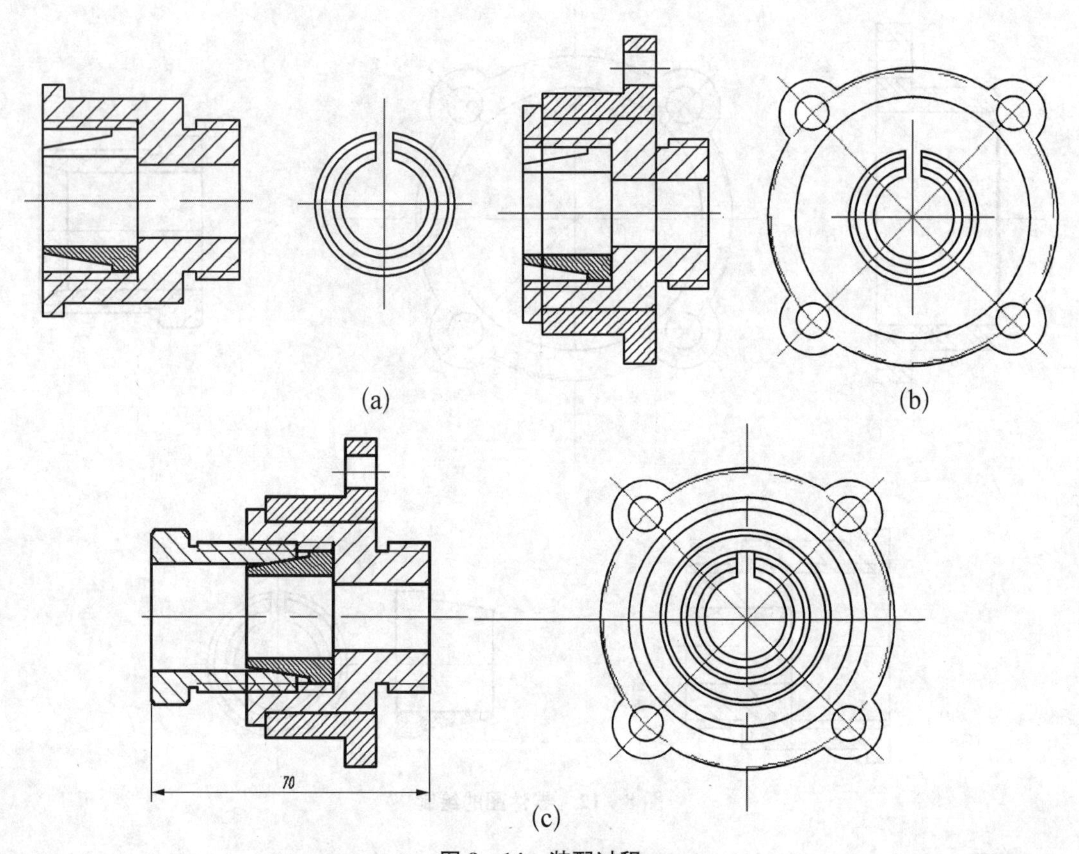

图 8-14　装配过程

步骤 5:标注主要尺寸和配合尺寸,表上零件序号,如图 8-15 所示。

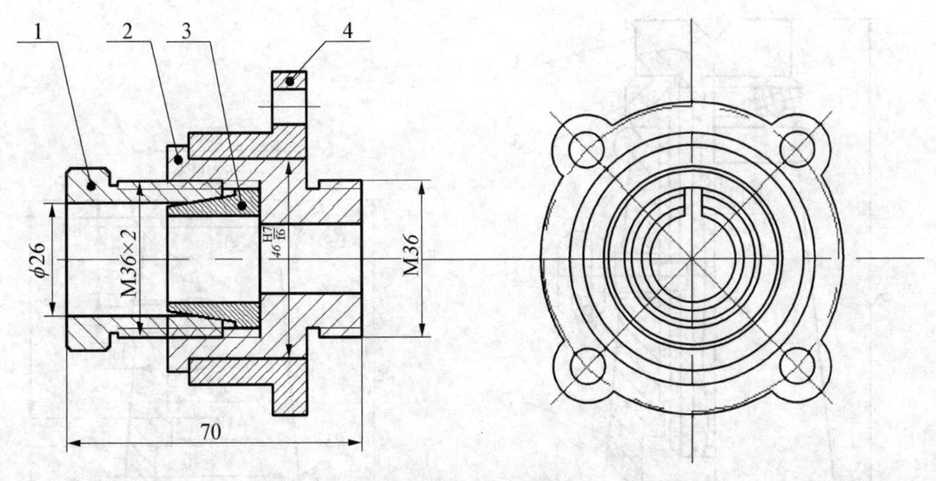

图 8-15　标注主要尺寸、配合尺寸、序列号

步骤 6:在标题栏附近标注技术要求。

步骤 7:填写标题栏及明细栏内容。完成夹线体的装配图的绘制,如图 8-16 所示。

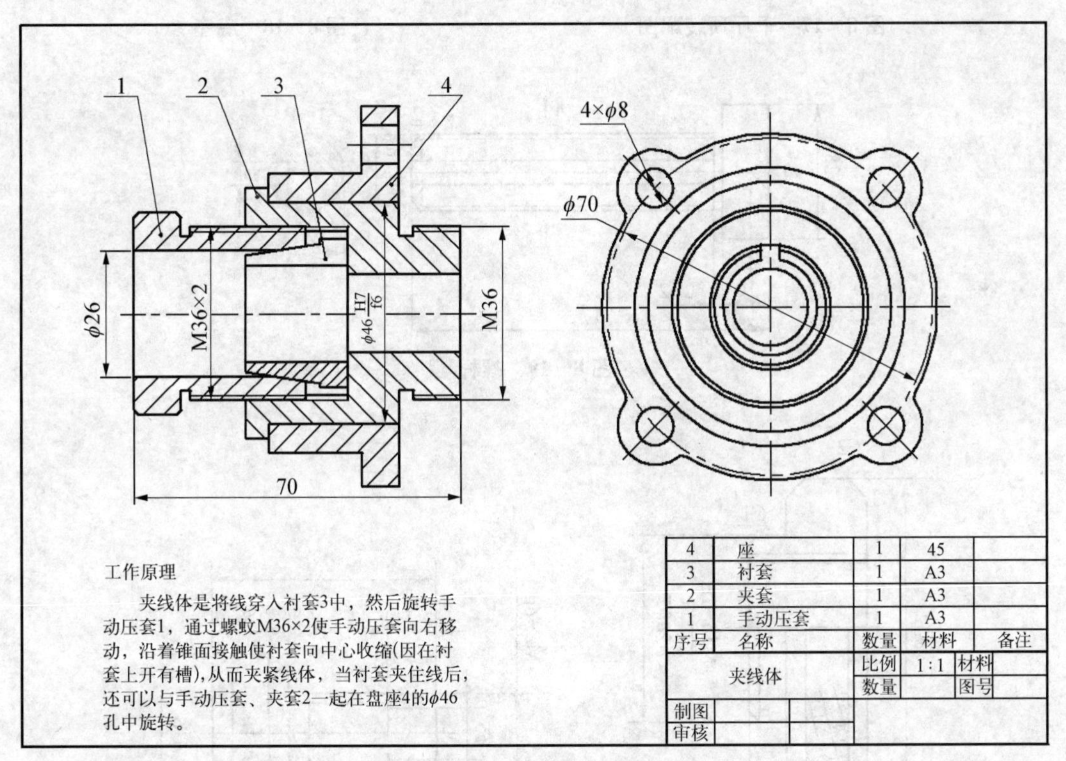

图 8-16　填写标题栏及技术要求

技能训练

1. 绘制如图 8-17 所示的千斤顶装配示意图以及给出的图 8-18～8-21 所示的千斤顶各零件图,绘制出千斤顶装配图,调用或创建合适的绘图模板。

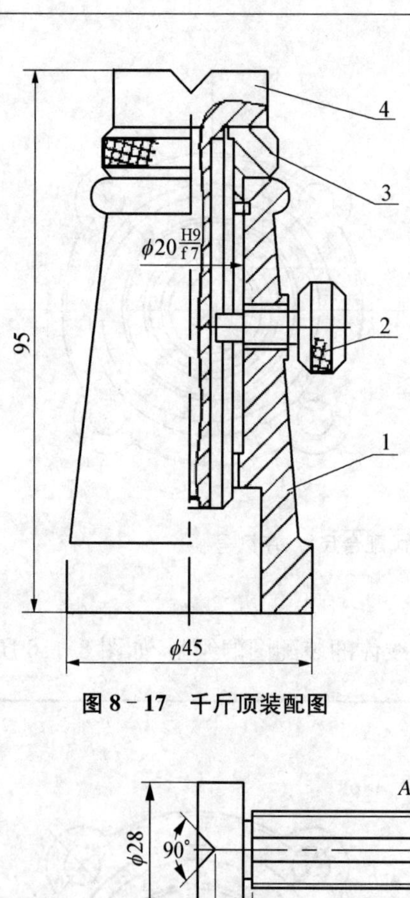

图 8－17　千斤顶装配图

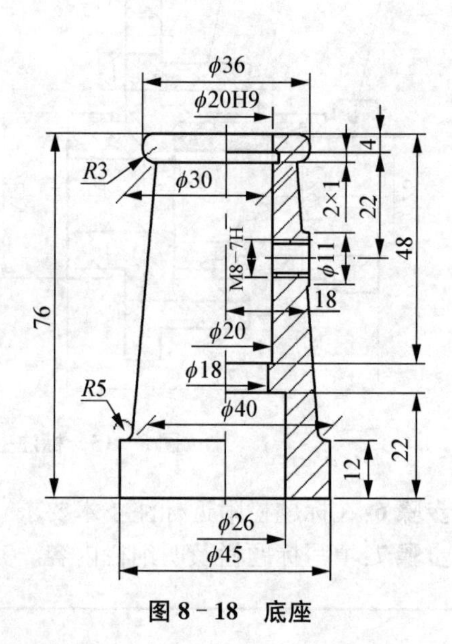

图 8－18　底座

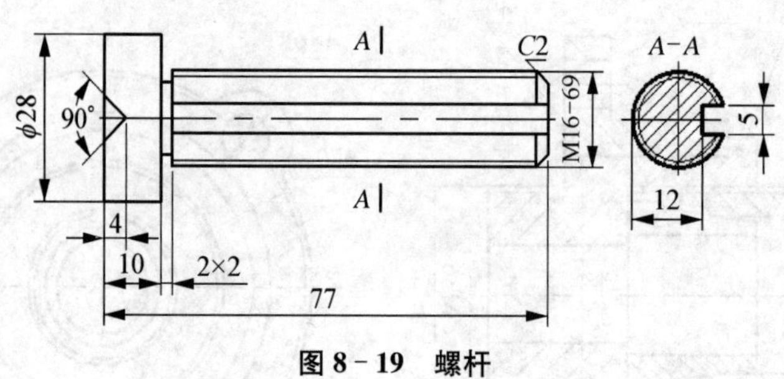

图 8－19　螺杆

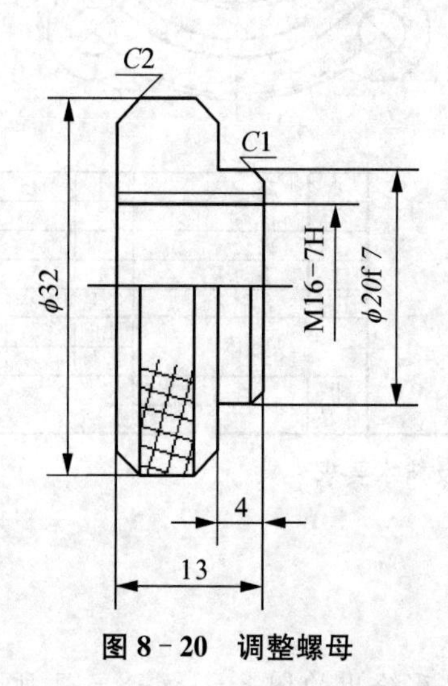

图 8－20　调整螺母

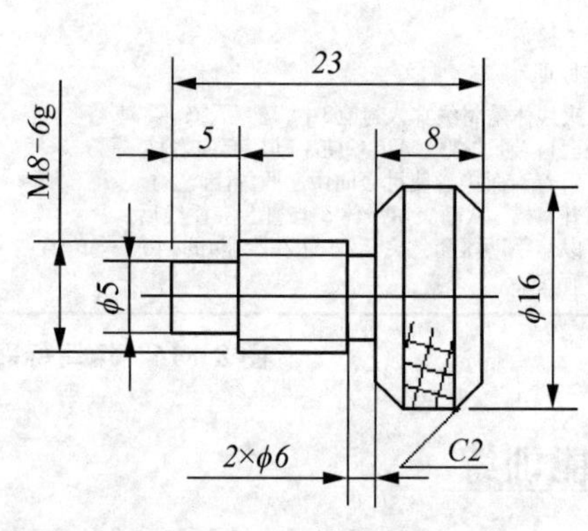

图 8－21　锁紧螺钉

2. 将图 8 - 22 所示零件组合成装配图，并给零件标注序号，结果如图 8 - 23 所示。

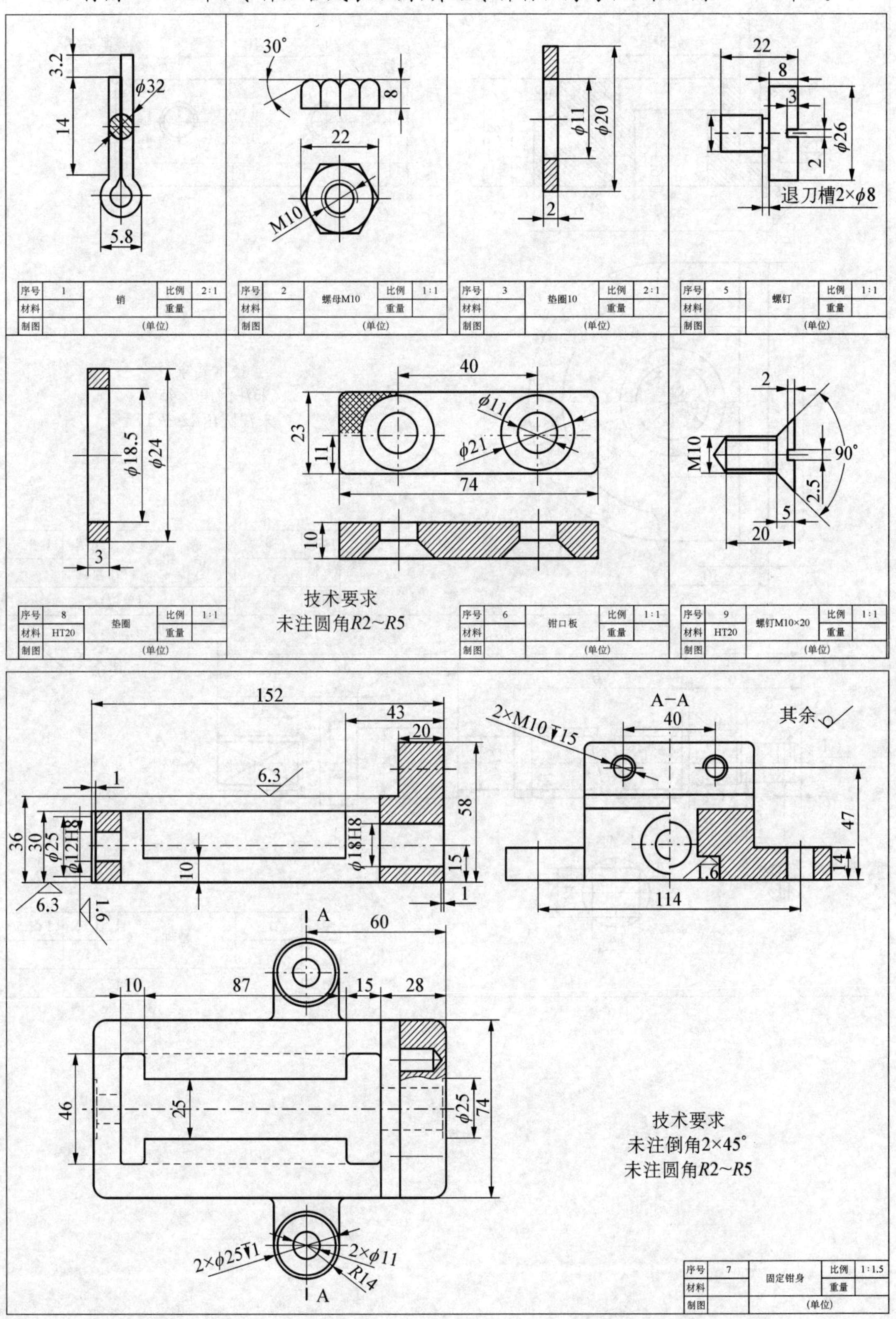

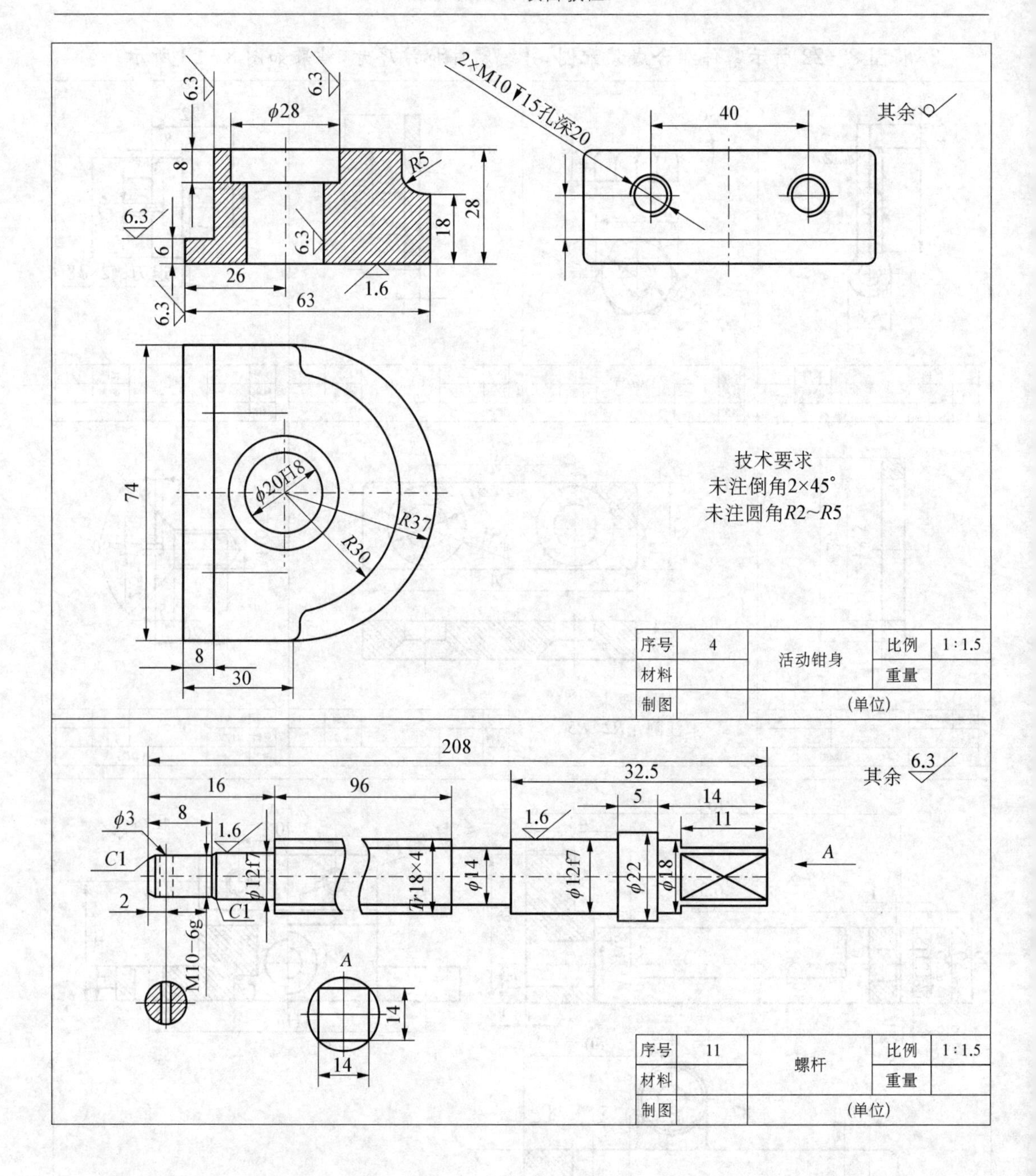
2×M10▼15孔深20
40
其余
ϕ28
6.3
8
R5
28
18
6
26
63
1.6
74
ϕ20H8
R37
R30
8
30
技术要求
未注倒角2×45°
未注圆角R2~R5
序号 4 活动钳身 比例 1∶1.5
材料 重量
制图 (单位)
208
16
96
32.5
5
14
11
ϕ3
8
1.6
C1
2
M10−6g
ϕ12f7
Tr18×4
ϕ14
ϕ22
ϕ18
A
14
序号 11 螺杆 比例 1∶1.5
材料 重量
制图 (单位)

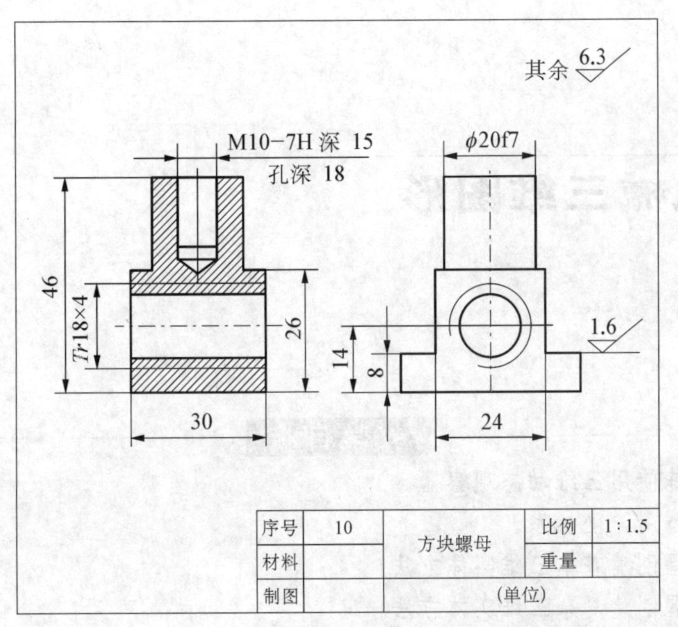

图 8 - 22　零件图

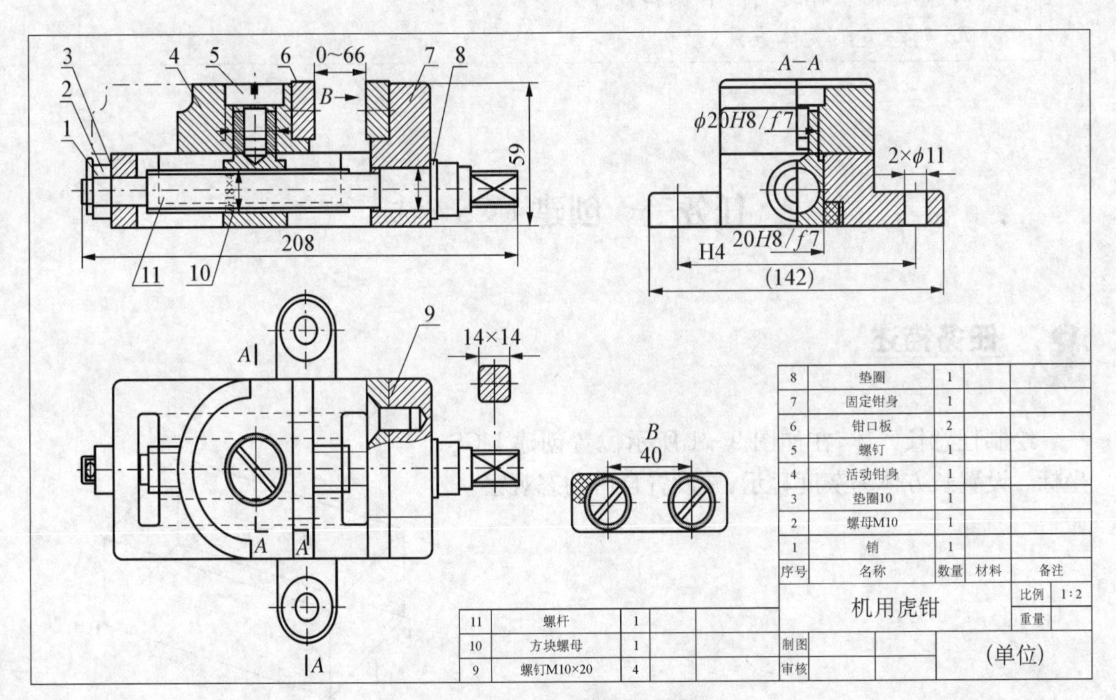

图 8 - 23　机用虎钳装配图

项目九

绘制机械三维图形

教学目标

1. 熟练使用三维动态观察器。
2. 熟悉用户坐标系。
3. 掌握创建基本三维实体方法。
4. 掌握创建复杂三维实体方法。
5. 掌握实体的布尔运算。
6. 熟悉对实体进行各种编辑操作。
7. 熟悉渲染实体方法。

任务一　创建 UCS 坐标

任务描述

绘制任意长方体，在如图 9－1 所示位置创建 UCS 坐标。设置长方体为灰度显示，并设置自由动态观察。

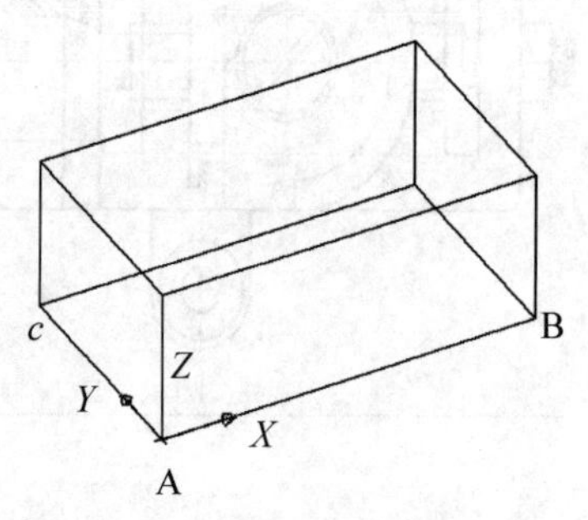

图 9－1　创建 UCS 坐标长方体

相关知识点

一、三维基础知识

1. 概念

世界坐标系是固定的，AutoCAD 中用户不能对其加以改变，但有时为了辅助绘图，需要改变坐标系的原点及各坐标轴的方向，可实现这种功能的坐标称为用户坐标系（user coordinate system，UCS）。

三维基础要将界面设置为“三维基础”。

方法：右下角切换工作空间 →“三维基础”。

2. 视觉样式

设置视觉样式的方法如下。

(1) 命令行：Vscurrent。

(2) 菜单栏：“视图”→“视觉样式”或菜单栏：“默认”→“图层特性”→ 。

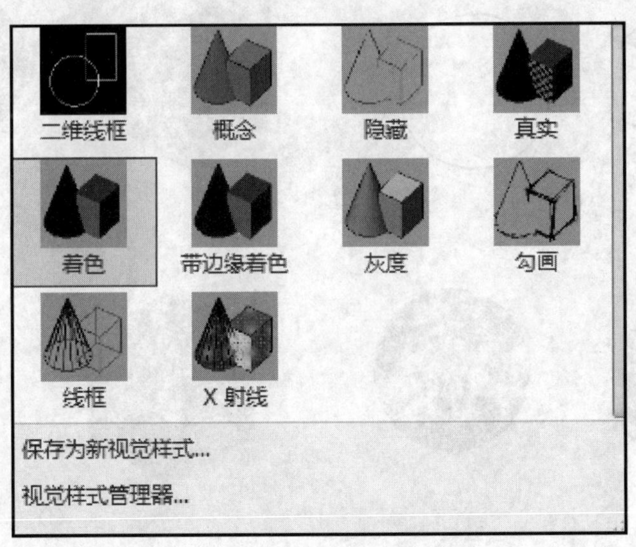

图 9-2　“着色”对话框

① 二维线框：该视觉样式是指将三维模型通过表示模型边界的直线和曲线，以二维形式显示装配图的内容。如图 9-3(a)所示。

② 概念：该视觉样式是指将三维模型以概念形式显示。如图 9-3(b)所示。

③ 三维隐藏：该视觉样式是指将三维模型以三维线框模式显示，且不显示隐藏线。如图 9-3(c)所示。

④ 真实：该视觉样式是指将模型实现体着色，并显示三维线框。如图 9-3(d)所示。

⑤ 着色：该视觉样式是指将模型实现体着色，颜色与设置的图层一样。如图 9-3(e)所示。

⑥ 带边缘着色:该视觉样式是指将模型实现体着色,并显示三维线框。如图 9-3(f)所示。

⑦ 灰度:该视觉样式是指将模型实现体着色为灰色。如图 9-3(g)所示。

⑧ 勾画:该视觉样式是指将模型可见轮廓线勾画出。如图 9-3(h)所示。

⑨ 注意与二维线框图中坐标系图标的区别。如图 9-3(i)所示。

⑩ X 射线:该视觉样式是指将三维模型着色并以三维线框模式显示。如图 9-3(j)所示。

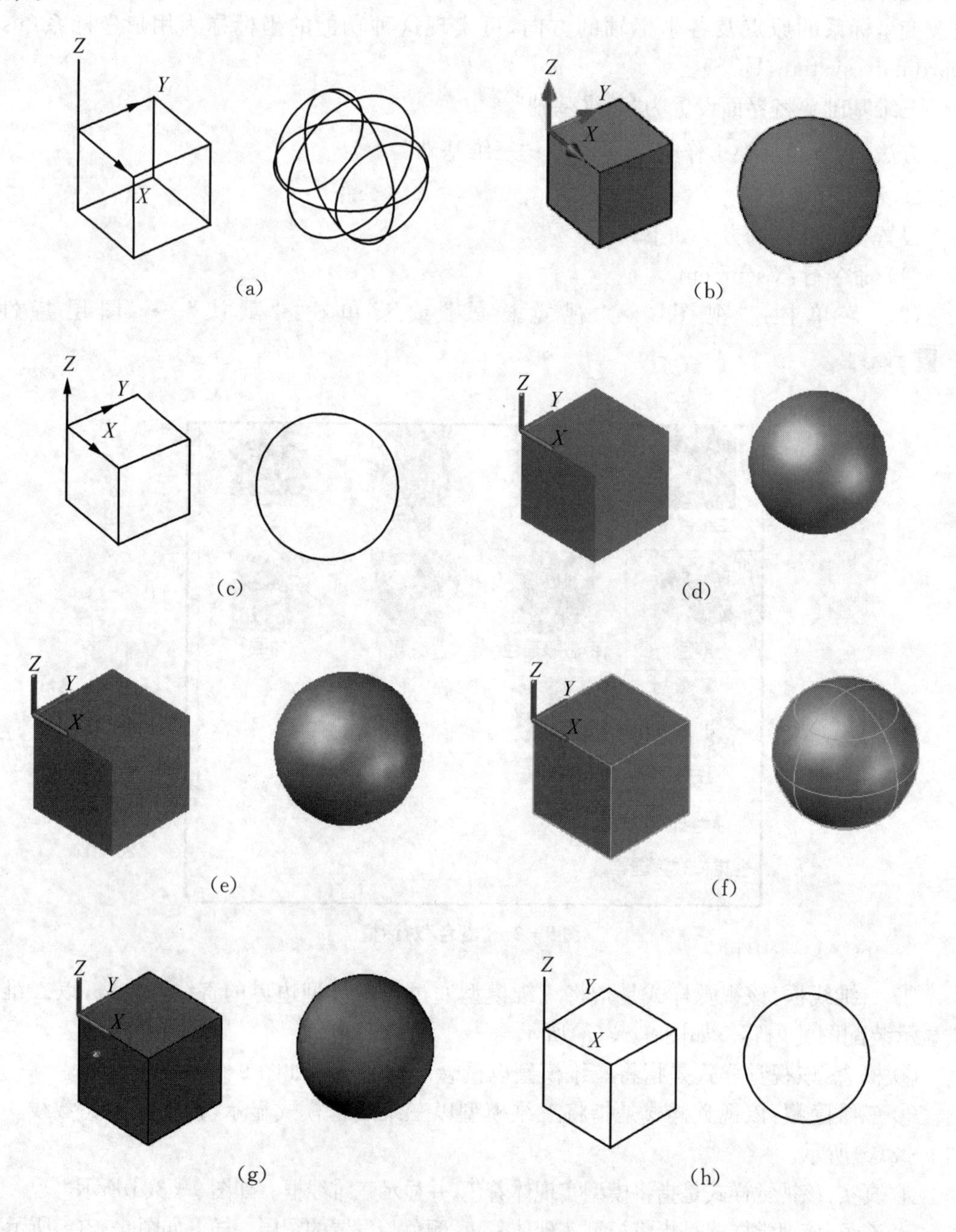

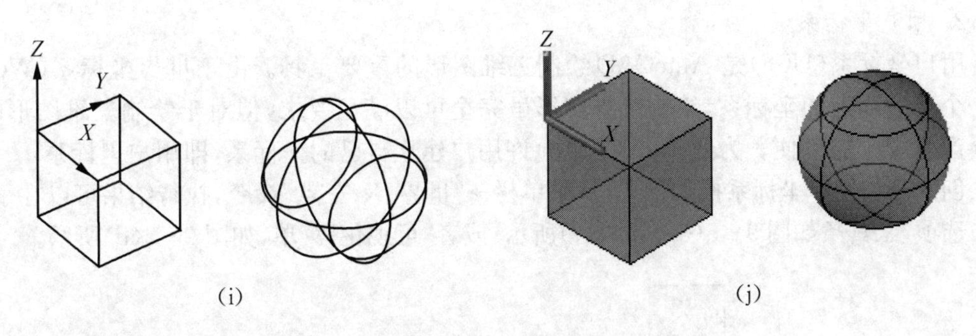

图 9-3　三维着色效果图

3. 设置视点

三维视图是从空间中的某个观测点(视点)向 WCS 或 UCS 坐标系原点方向观察目标对象时得到的三维状态,三维模型只有在三维空间指定一个观测视点后才能观察到图形的三维状态。工具条如图 9-4 所示,系统共提供了 10 种三维视点。设置三维视点的方法如下。

(1) 命令行:Vpoint。

(2) 菜单栏:“视图”→“三维视图”→“视点”或菜单栏:“可视化”。

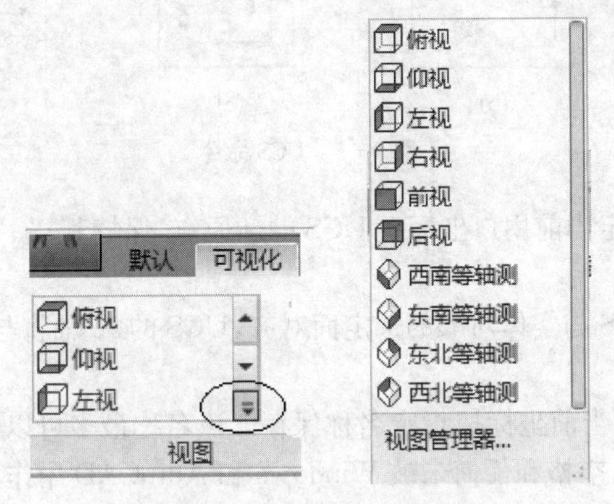

图 9-4　“三维视点”对话框

二、三维坐标系统

AutoCAD 采用世界坐标系和用户坐标系。世界坐标系简称 WCS,用户坐标系简称 UCS。在屏幕上绘图区的左下角有一个反映当前坐标系的图标,图标中 X、Y 的箭头表示当前坐标系 X 轴、Y 轴的正方向,系统默认当前 UCS 坐标系为 WCS,否则为 UCS。

1. 世界坐标系

世界坐标系(world coordinate system,WCS)是一种固定的坐标系,即原点和各坐标轴的方向固定不变。三维坐标与二维坐标基本相同,只不过是多了个第三维坐标即 Z 轴。在三维空间绘图时,需要指定 X、Y 和 Z 的坐标值才能确定点的位置。当用户以世界坐标的形式输入一个点时,可以采用直角坐标、柱面坐标和球面坐标的方式来实现。

2. 用户坐标系

用户坐标系(UCS)是 AutoCAD 绘制三维图形的重要工具。由于世界坐标系(WCS)是一个单一固定的坐标系,绘制二维图形虽完全可以满足要求,但对于绘制三维图形时,则会产生很大的不便。为此 AutoCAD 允许用户建立自己的坐标系,即用户坐标系。

创建三维用户坐标系操作格式:从菜单栏→"世界、X、三点"命令,执行结果可以在子菜单中选项,工具条如图 9-5(a)、(b)、(c)所示;或者"可视化"菜单,如图 9-5(d)所示。

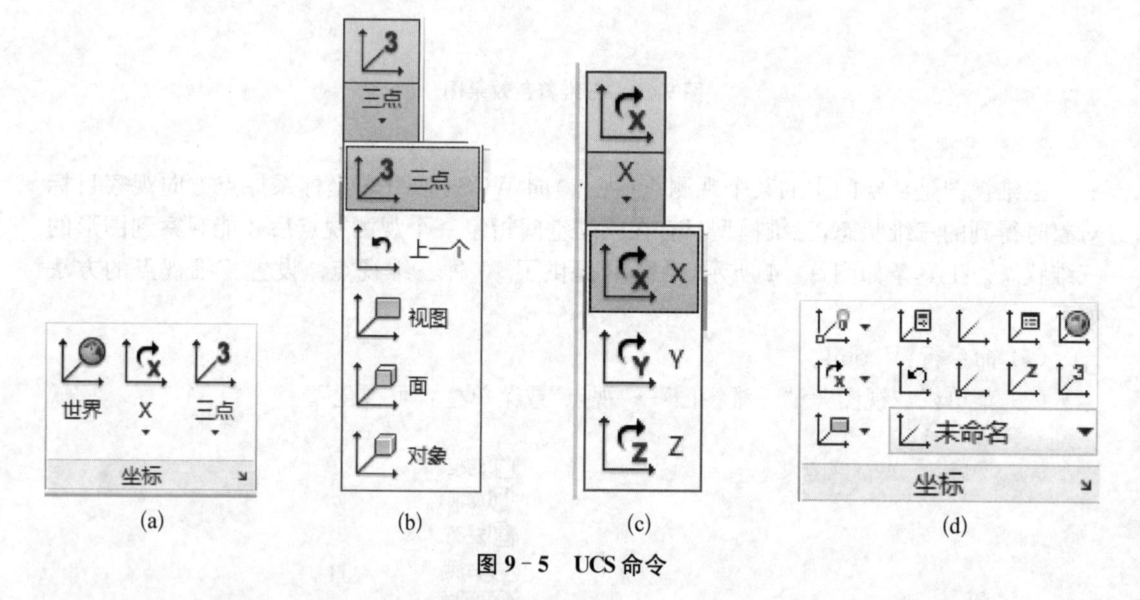

(a) (b) (c) (d)

图 9-5 UCS 命令

(1) 原点:通过指定当前用户坐标系 UCS 的新原点,保持其 X、Y、Z 轴方向不变,从而定义新的 UCS。

(2) 面(F):将 UCS 与实体对象的选定面对齐,UCS 的 X 轴将与找到的第一个面上的最近的边对齐。

(3) 命名(NA):把当前坐标按指定名称保存。该名称最多可以包含 255 个字符,可使用字符包括字母、数字、空格和任何未被 Windows 和 AutoCAD 用作其他用途的特殊字符。

(4) 对象(OB):根据选定的三维对象定义新的坐标系。新坐标系 UCS 的 Z 轴方向为选定对象的拉伸方向。

(5) 上一个(P):恢复上一个 UCS。AutoCAD 可以保存在图纸空间中创建的最后 10 个坐标系和在模型空间中创建的最后 10 个坐标系。重复"上一个(P)"选项可以逐步返回一个集或其他集,这取决于哪一个空间是当前空间。

(6) 视图(V):以垂直于观察方向(平行于屏幕)的平面为 XY 平面,建立新的坐标系,UCS 坐标原点保持不变。

(7) 世界(W):将当前 UCS 设置为世界坐标系。WCS 是所有用户坐标系的基准,不能被重新定义。

(8) (X/Y/Z):绕指定轴旋转当前 UCS。通过指定原点和一个或多个绕 X、Y、Z 轴的旋转,可定义任意的 UCS。

(9) Z 轴(ZA):用特定的 Z 轴正半轴定义 UCS。通过指定新原点和位于 Z 轴正半轴上的点来定义新坐标系的Z轴方向,从而定义新的UCS。

3. 坐标系图标显示控制

(1) 命令行:Ucsicon。

(2) 菜单栏:“视图”→“显示”→“UCS图标”。

4. 设置UCS平面视图

在AutoCAD中所有的三维图形上平面都是基于XY面来完成的,在CAD中完成XY面的转换非常重要。当X轴在平面处于水平状态时,Y轴垂直于X轴时,我们称为视图坐标。不管UCS旋转到什么位置,恢复到视图坐标时X轴永远都是水平的。

功能:设置UCS坐标的平面视图,即以平面视图的方式观察图形。

设置:(1) 当前UCS:表示将在当前视口中重新生成相对于当前UCS的平面视图。

(2) UCS:表示恢复命名存储的UCS平面视图。

(3) 世界:重新生成相对于WCS的平面视图。

设置UCS平面视图的方法如下。

(1) 命令行:Plan。

(2) 菜单栏:“视图”→“三维视图”→“平面视图”。

5. 使用三维动态观察器

使用三维动态观察器,用户可以从不同视点动态观察各种三维图形,如图9-6所示。三维动态观察器是一个非常方便的观察三维对象的工具,它本身显示为一个圆形的转盘。并在中间有1个小圆。当三维动态观察器激活时,观察点或观察目标将保持不变,观察位置所在的点或相机位置将绕目标移动,转盘的中心是目标点。用户在转盘不同部分之间移动光标时,光标图标的形状会改变,以指示查看旋转的方向。如图9-7所示。

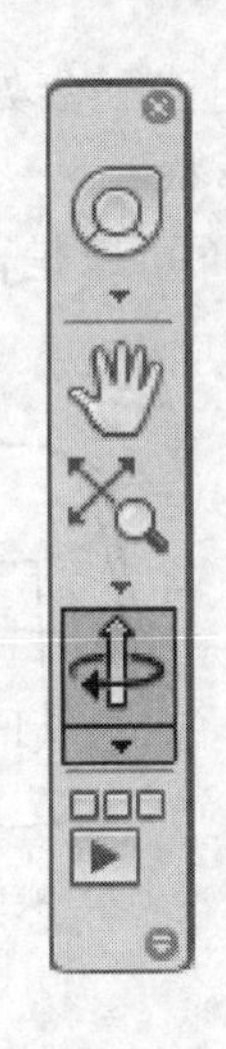

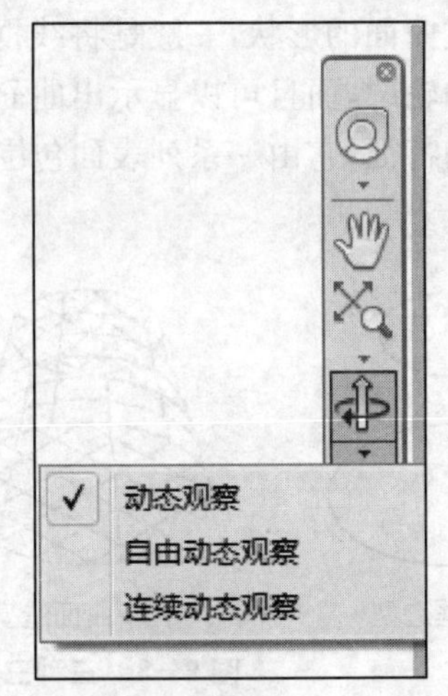

图9-6　动态观察命令

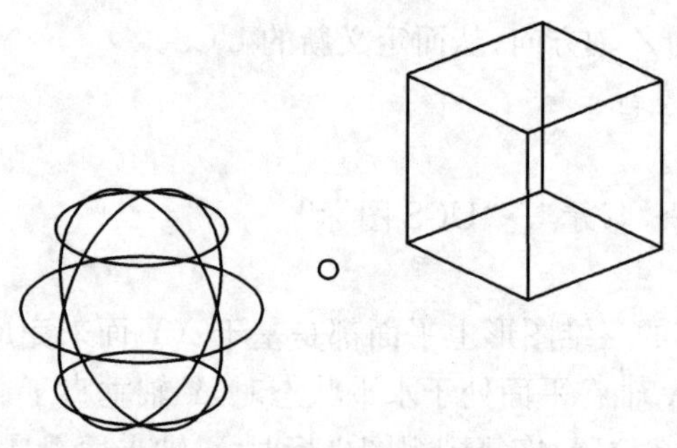

图 9-7　动态观察三维图

启动“三维动态观察器”的方法如下。

(1) 命令行:3Dorbit(别名:3DO)。

(2) 菜单栏:“视图”→“动态观察”。

(3) 在窗口“导航栏”面板中单击“动态观察”按钮。或在快速访问工具栏中选择“显示菜单栏”命令,在弹出的菜单中选择“视图”“动态观察”“受约束的动态观察”命令,可以在当前视口中激活三维动态观察视图。点击“动态观察”图标下的三角形,可切换“自由动态观察”“连续动态观察”。

三、三维造型

三维造型可以分为线框造型、曲面造型以及实体造型三种。如图 9-8(a)、(b)、(c)所示。

线框模型用来描述三维对象的轮廓及断面特征,它主要由点、直线、曲线等组成,不具有面和体的特征。

曲面模型用来描述曲面的形状,一般是将线框模型经过进一步处理得到的。曲面模型不仅可以显示出曲面的轮廓,而且可以显示出曲面的真实形状。

实体模型具有体的特征,它由一系列表面包围,这些表面可以是普通的平面也可以是复杂的曲面。

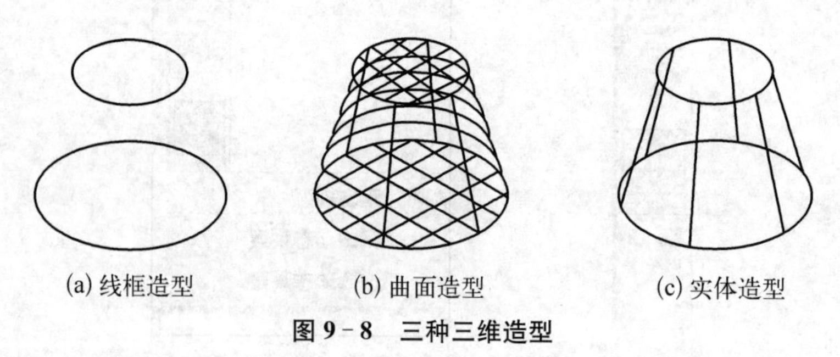

(a) 线框造型　　(b) 曲面造型　　(c) 实体造型

图 9-8　三种三维造型

注意:

三维造型之前,要先将工作界面切换到“三维建模”。

1. 创建线框模型

操作格式如下。

(1) 命令:“绘图”→“三维多段线”。

(2) 指定多段线的起点:指定起始点位置。

(3) 指定直线的端点或[放弃(U)]:确定下一端点位置。

(4) 指定直线的端点或[放弃(U)]:确定下一端点位置。

(5) 指定直线的端点或[闭合(C)/放弃(U)]:确定下一端点或选项。

2. 创建曲面模型

三维曲面模型构建包括基本曲面、三维面、三维网格、旋转曲面、平移曲面、直纹曲面等。菜单如图 9-9 所示。

图 9-9　曲面菜单

(1) 创建平面曲面

操作格式如下。

① 命令:“曲面”→“平面曲面”→ 平面。

② 指定第一个角点或[对象(O)]:输入第一角点。

③ 指定其他角点:输入对角点。

结束命令后,创建平面曲面。在输入第一角点时,选择“对象(O)”选项,输入“O”,即可在绘图窗口选择对象,使其转为平面曲面。

(2) 创建三维基本体曲面

操作格式如下。

① 命令:Mesh。

② 当前平滑度设置为:0。

③ 输入选项 [长方体(B)/圆锥体(C)/圆柱体(CY)/棱锥体(P)/球体(S)/楔体(W)/圆环体(T)/设置(SE)]〈长方体〉:Box。

④ 指定第一个角点或 [中心(C)]:输入第一个角点。

⑤ 指定其他角点或 [立方体(C)/长度(L)]:输入另一角点。

⑥ 指定高度或 [两点(2P)]〈0.0001〉:输入高度。

(3) 创建三维网格

操作格式如下。

① 命令:“绘图”→“建模”→“网格”→“三维网格”。

② 输入 M 方向上的网格数量:输入多边形网格顶点的行数。

③ 输入 N 方向上的网格数量:输入多边形网格顶点的列数。

④ 指定顶点(0,0)的位置:指定第一行,第一列的顶点坐标。

⑤ 指定顶点(0,1)的位置:指定第一行,第二列的顶点坐标。

⑥ 指定顶点($M-1$,$N-1$)的位置:指定第 M、N 列的顶点坐标。

(4) 创建旋转曲面

操作格式如下。

① 命令:“绘图”→“建模”→“网格”→“旋转网格”

② 选择要选择的对象:选择旋转对象。

③ 选择定义旋转轴的对象:选择旋转轴线。

④ 指定起点角度〈0〉:指定旋转的起点角度。

⑤ 指定包含角(+=逆时针,-=顺时针)〈360〉:指定旋转曲面的包含角度。

(5) 创建平移曲面

操作格式如下。

① 命令:“绘图”→“建模”→“网格”→“平移网格”。

② 选择用作轮廓曲线的对象:选择轮廓曲线。

③ 选择用作方向矢量的对象:选择方向矢量。

选择方向矢量后,完成创建平移曲面。

(6) 创建直纹曲面

操作格式如下。

① 命令:“绘图”→“建模”→“网格”→“直纹网格”。

② 选择第一条定义曲线:选择第一条曲线。

③ 选择第二条定义曲线:选择第二条曲线。

(7) 创建边界曲面

操作格式如下。

① 命令:“绘图”→“建模”→“网格”→“边界网格”。

② 选择用作曲面边界的对象 1:选择曲面的第一条边。

③ 选择用作曲面边界的对象 2:选择曲面的第二条边。

④ 选择用作曲面边界的对象 3:选择曲面的第三条边。

选择用作曲面边界的对象 4:选择曲面的第四条边。

3. 创建基本三维实体

创建三维实体:长方体、球体、楔体、圆柱体、圆锥体、圆环体等。

菜单栏“常用”或者“实体”均有基本三维实体命令。

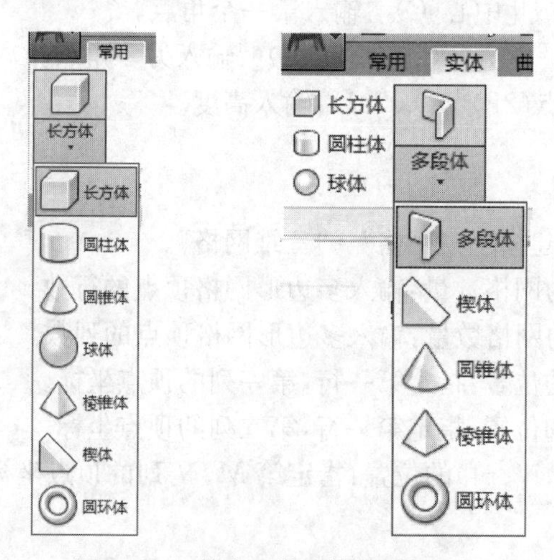

图 9-10　基本三维实体造型工具栏

(1) 绘制长方体

启动“长方体”命令的方法如下。

① 命令行:Box。

② 菜单栏:“绘图”→“建模”→“长方体”。

③ “常用”工具栏: 。

操作格式如下。

① 命令:“常用”→“长方体”。

② 指定长方体的角点或[中心点(CE)]〈0,0,0〉:指定长方体角点或中心点。

③ 指定角点或[立方体(C)/长度(L)]:指定长方体另一角点或正方体或边长。

④ 指定高度:指定长方体的高度。

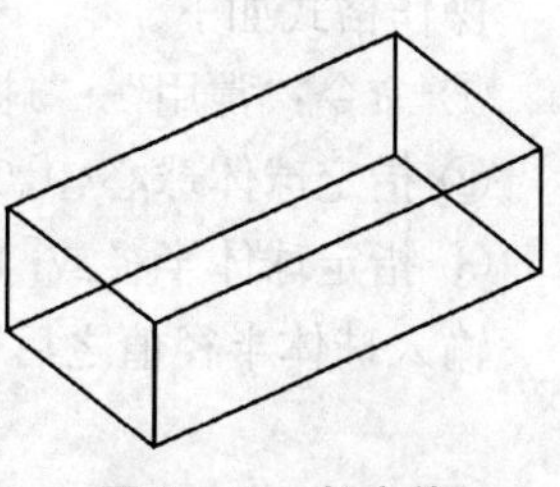

图 9－11　长方体

输入高度值之后,即可创建长方体,如图 9－11 所示。

(2) 绘制楔体

启动“楔体”命令的方法如下。

① 命令行:Wedge(别名:WE)。

② 菜单栏:“绘图”→“建模”→“楔体”。

③ “常用”工具栏: 。

操作格式如下。

① 命令:“常用”→“楔体”。

② 指定楔体的第一个角点或[中心点(CE)]〈0,0,0〉:指定该底面矩形的第一个角点。

③ 指定角点或[立方体(C)/长度(L)]:指定楔体底面矩形的另一个角点或立方体或边长。

④ 指定高度:指定楔体的高度值。

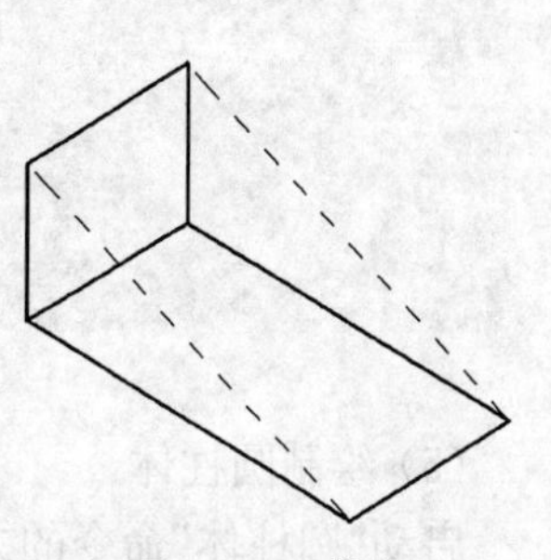

图 9－12　楔体

输入楔体的高度值后,即可创建楔体,如图 9－12 所示。

(3) 绘制圆锥体

启动“圆锥体”命令的方法如下。

① 命令行:Cone。

② 菜单栏:“绘图”→“建模”→“圆锥体”。

③ “常用”工具栏: 。

操作格式如下。

① 命令:“常用”→“圆锥体”。

② 指定圆锥体底面的中心点或[椭圆(E)]〈0,0,0〉:指定圆锥体底面中心点。

③ 指定圆锥体底面的半径或[直径(D)]:指定圆锥体半径或直径。

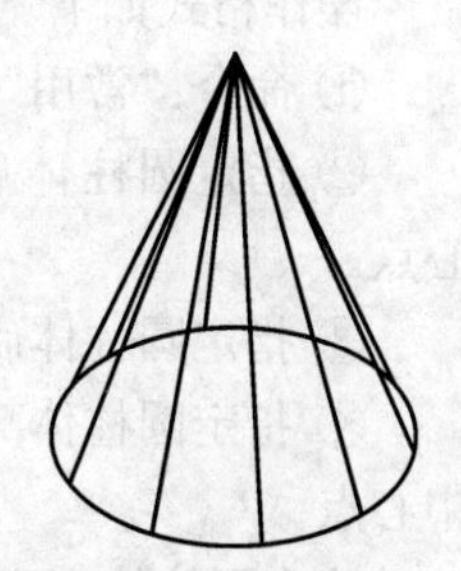

图 9－13　圆锥体

④ 指定圆锥体高度或[顶点(A)]:指定圆锥体高度值或顶点。

输入圆锥体高度值后,即可创建圆锥体,如图 9－13 所示。

(4) 绘制球体

启动"球体"命令的方法如下。

① 命令行:Sphere。

② 菜单栏:"绘图"→"建模"→"球体"。

③ "常用"工具栏:。

操作格式如下。

① 命令:"常用"→"球体"。

② 指定球体球心〈0,0,0〉:指定球体中心点。

③ 指定球体半径或[直径(D)]:指定球体半径或直径。

输入球体半径值之后,即可创建球体,如图 9-14 所示。

图 9-14　圆球体

注意:

球体线框密度设置如下。

命令行: Isolines。

Isolines=4 和 Isolines=10 的区别如图 9-15 所示。

图 9-15　不同球体线框密度区别

(5) 绘制圆柱体

启动"圆柱体"命令的方法如下。

① 命令行:Cylinder。

② 菜单栏:"绘图"→"建模"→"圆柱体"。

③ "常用"工具栏:。

操作格式如下。

① 命令:"常用"→"圆柱体"。

② 指定圆柱体底面的中心点或[椭圆(E)]〈0.0.0〉:指定圆柱体中心点。

③ 指定圆柱体底面的半径或[直径(D)]:指定圆柱体半径或直径。

④ 指定圆柱体高度或[另一个圆心(C)]:指定圆柱体高度值或顶面的中心点。

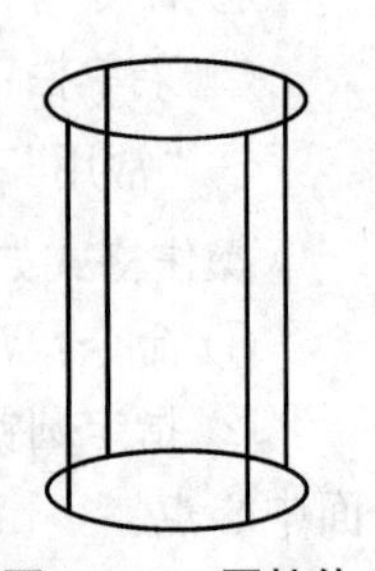

图 9-16　圆柱体

输入圆柱体高度之后,完成创建圆柱体,如图 9-16 所示。

注意：

圆柱体线框密度设置如下。

命令行：Isolines。

Isolines＝4 和 Isolines＝10 的区别如图 9－17 所示。

图 9－17　不同圆柱体线框密度区别

(6) 绘制圆环体

启动“圆环体”命令的方法如下。

① 命令行：Torus。

② 菜单栏：“绘图”→“建模”→“圆环体”。

③ “常用”工具栏：。

操作格式如下。

① 命令：“常用”→“圆环体”。

② 指定圆环体中心〈0,0,0〉：指定圆环体中心点。

③ 指定圆环体半径或［直径(D)］：指定圆环体半径或直径。

④ 指定圆管半径或［直径(D)］：指定圆管半径或直径。

输入圆管半径之后，即完成创建圆环体，如图 9－18 所示。

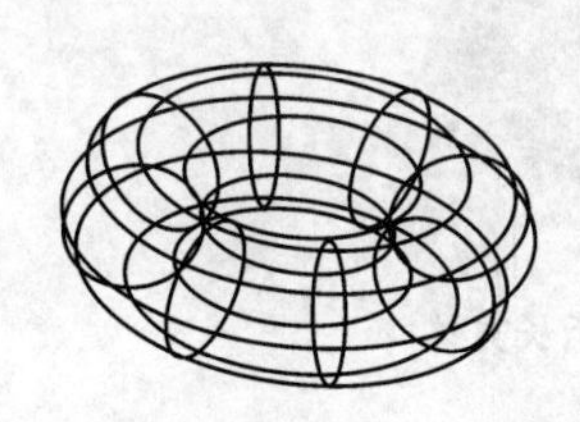

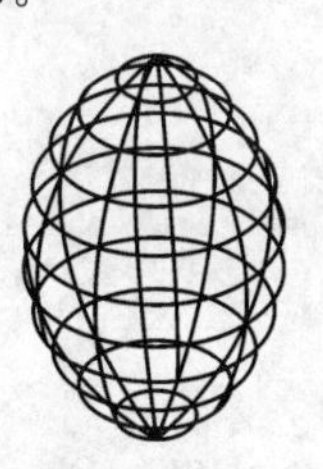

图 9－18　圆环圆管半径大于圆环半径为负值

(7) 绘制棱锥体

启动“棱锥体”命令的方法如下。

① 命令行：Pyramid。

② 菜单栏：“绘图”→“建模”→“棱锥体”。

③ “常用”工具栏：。

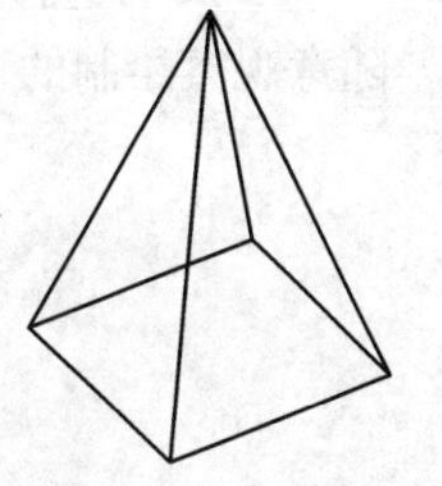

图 9－19　棱锥体

(8) 绘制多段体

启动“多段体”命令的方法如下。

① 命令行：Polysolid。

② 菜单栏:“绘图”→“建模”→“多段体”。

③ “常用”工具栏:  。

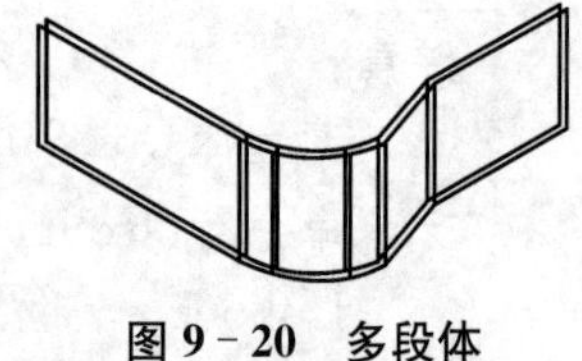

图 9-20 多段体

任务实施过程

步骤 1:启动“长方体”命令,绘制长×宽×高=100×60×40 的长方体,如图 9-21 所示。

步骤 2:启动“三点创建 UCS”命令,操作步骤如下。

(1) 捕捉长方体左下角的 A 点作为新坐标系的原点。

(2) 捕捉线段 BA 延长线上的任意一点确定 X 轴的正方形。

(3) 捕捉线段 CA 延长线上的任意一点确定 Y 轴的正方形,Z 轴方向自动垂直于 XY 平面,完成用户坐标的创建,如图 9-22 所示。

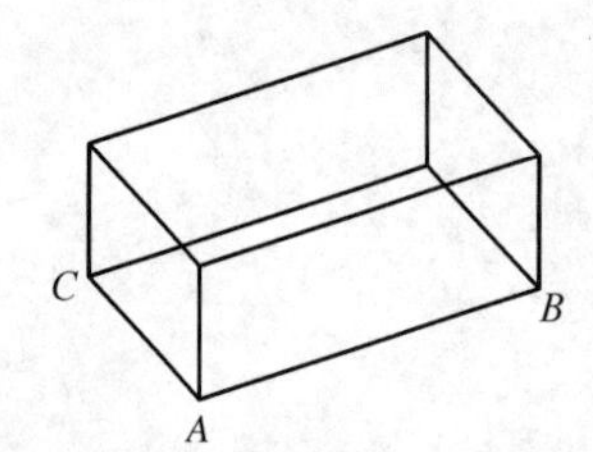

图 9-21 绘制长方体

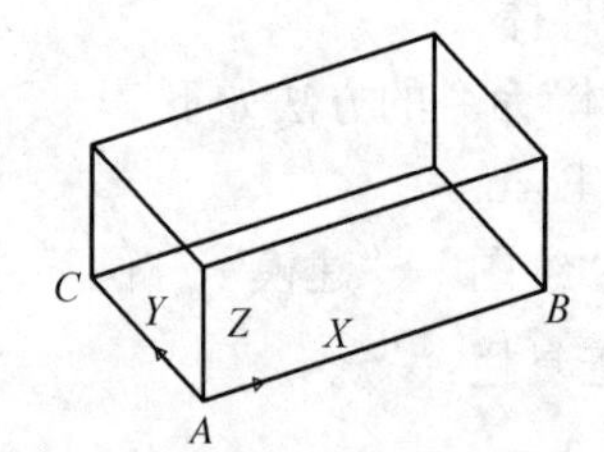

图 9-22 创建新 UCS

步骤 3:选择菜单栏“视图”→“视觉样式”→“灰度”命令,将绘制的长方体用“灰度”样式显示,如图 9-23 所示。

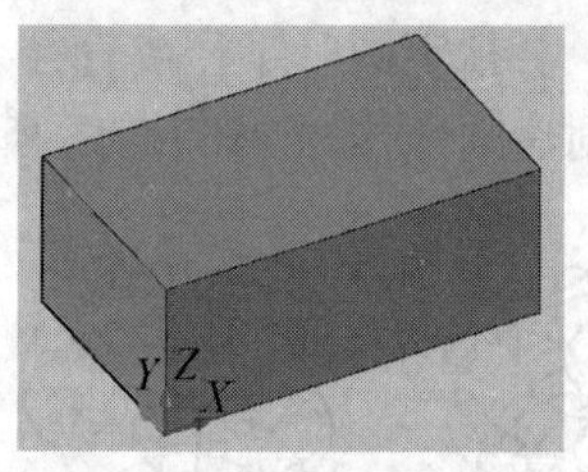

图 9-23 灰度显示长方体

步骤 4:选择右边导航栏 “动态观察”→“自由动态观察”命令,按下鼠标左键移动,即可随意观察绘制的三维模型,如图 9-24 所示。

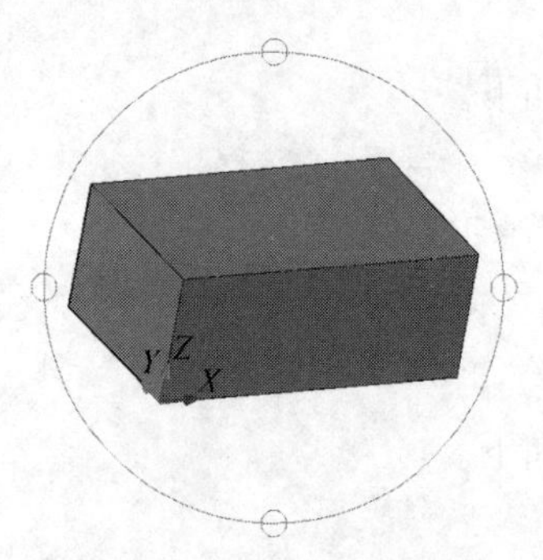

图 9-24 自由动态观察

技能训练

创建如图 9－25 所示的长方体图形，最后更改为隐藏显示。

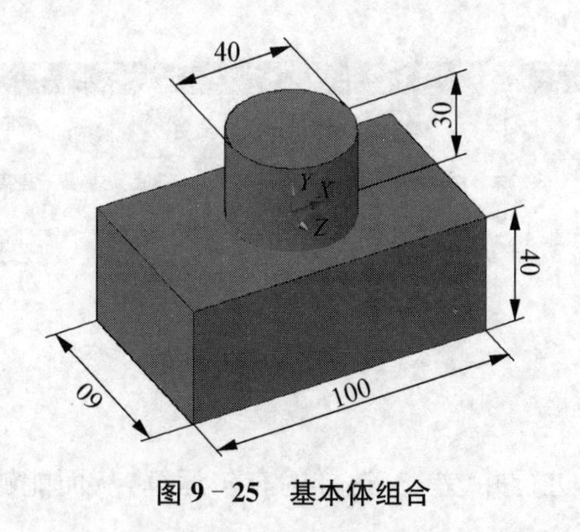

图 9－25　基本体组合

任务二　绘制复杂实体对象

任务描述

利用“拉伸”“旋转”“并集”“差集”“面域”等命令，绘制如图 9－26 所示图形。

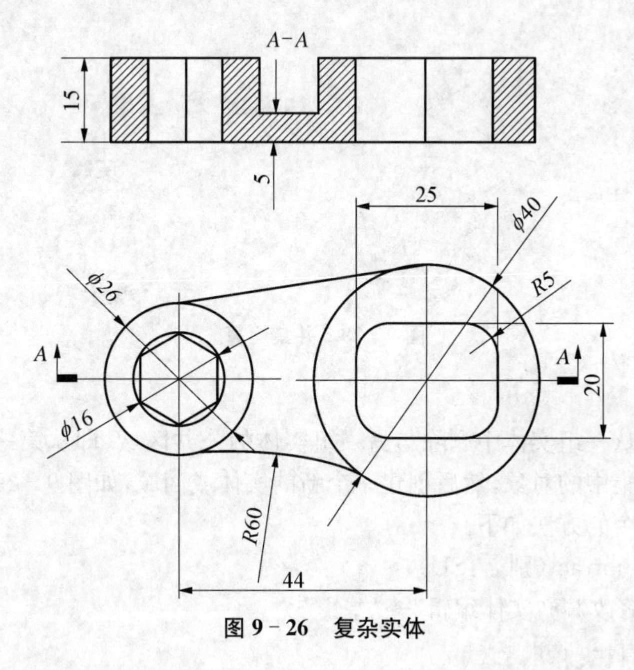

图 9－26　复杂实体

相关知识点

构建复杂的三维实体，可通过旋转、拉伸、放样和布尔运算完成。工具栏如图 9－27 所示。

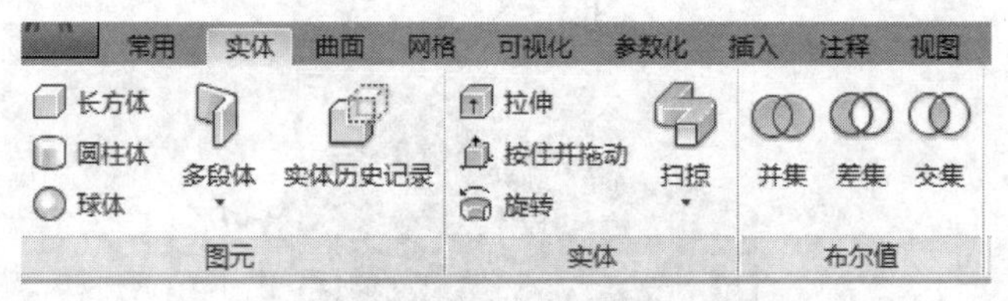

图 9－27　建模工具栏

一、布尔运算

用户可以对三维实体进行并、差、交这样的布尔运算，从而能够用基本的三维实体创建出复杂的实体。

1. 并集运算

并集运算是将两个或两个以上的三维实体(或面域)合并为一个复合对象。在进行并集运算操作时，实体并不进行复制，因此，复合体的体积只会等于或小于原对象的体积，如图 9－28 所示。

启动“并集”命令的方法如下。

(1) 命令行：Union。

(2) 菜单栏：“修改”→“实体编辑”→“并集”。

(3) “实体”工具栏：[图标]。

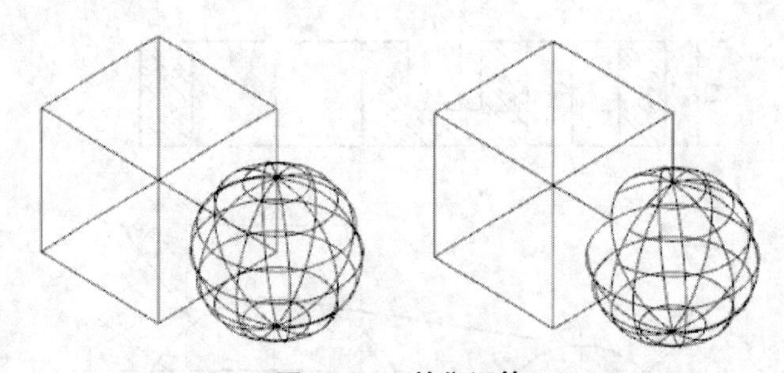

图 9－28　并集运算

2. 差集运算

差集运算可以从一组实体中删除与另一组实体的公共区域，即从第一个选择集中的对象减去第二个选择集中的对象，然后创建一个新的实体或面域，如图 9－29 所示。

启动“差集”命令的方法如下。

(1) 命令行：Subtract(别名：SU)。

(2) 菜单栏：“修改”→“实体编辑”→“差集”。

(3) “实体”工具栏：[图标]。

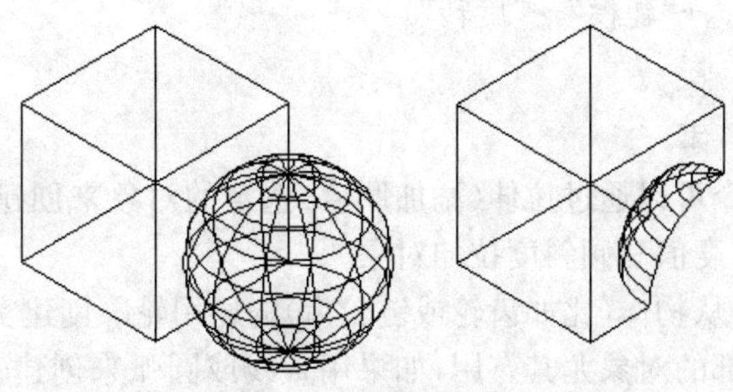

图 9－29　差集运算

3. 交集运算

交集运算可以从两个或两个以上重叠实体的公共部分创建复合实体，如图 9－30 所示。

启动“交集”命令的方法如下。

(1) 命令行：Intersect(别名：IN)。

(2) 菜单栏：“修改”→“实体编辑”→“交集”

(3) “实体”工具栏：。

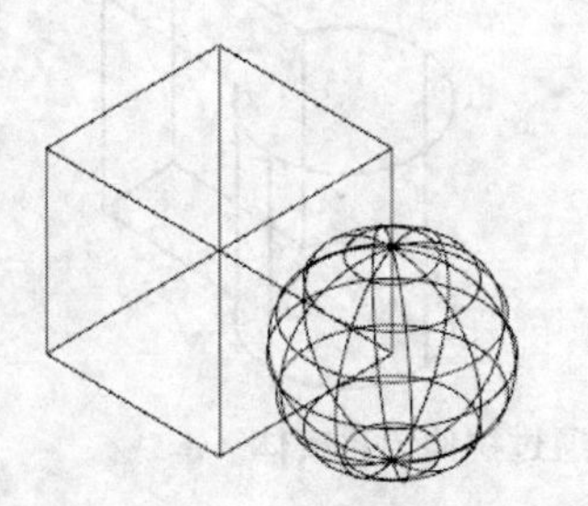

图 9－30　交集运算

二、通过拉伸、旋转等方法创建实体

1. 通过旋转创建实体

功能：可以旋转闭合多段线、多边形、圆、椭圆、闭合样条曲线、圆环和面域。不能旋转包含在块中的对象，不能旋转具有相交或自交线段的多段线。一次只能旋转一个对象。如图 9－31 所示。

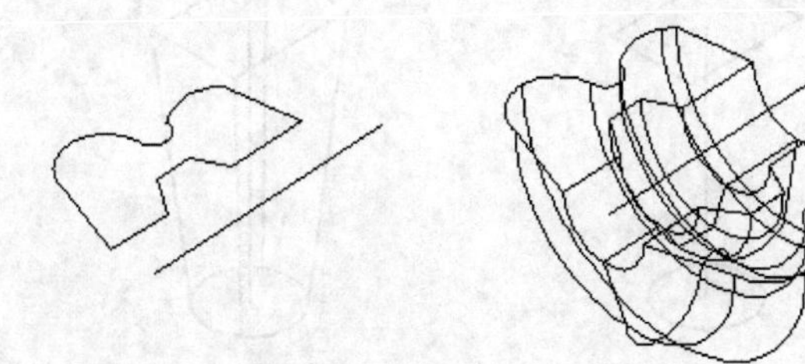

图 9－31　通过旋转创建实体

启动“旋转”命令的方法如下。

(1) 命令行：Revolve(别名：REV)。

(2) 菜单栏:“绘图”→“建模”→“旋转”。

(3)“实体”工具栏: 。

2. 通过拉伸创建实体

功能:用“拉伸”命令可以通过拉伸(添加厚度)选定的对象来创建实体。可以沿指定路径拉伸对象或按指定高度值和倾斜度拉伸对象。

用“拉伸”命令可以从物体(比如齿轮或链轮齿)的通用轮廓创建实体。“拉伸”命令对包含圆角、倒角和其他细部的对象尤其有用,如果用直线或圆弧来创建轮廓,在使用“拉伸”命令之前需要用“Pedit”命令的“合并”选项或者绘图下拉菜单里的边界命令把它们转换成单一的多段线对象或使它们成为一个面域,如图 9-32 所示。

启动“拉伸”命令的方法如下。

(1) 命令行:Extrude(别名:EXT)。

(2) 菜单栏:“绘图”→“建模”→“拉伸”。

(3)“实体”工具栏: 。

图 9-32　通过拉伸创建实体

3. 通过放样创建实体

通过一系列封闭曲线创建三维实体,如图 9-33 所示。

启动“放样”命令的方法如下。

(1) 命令行:Loft。

(2) 菜单栏:“绘图”→“建模”→“放样”。

(3)“实体”工具栏:“扫掠”→ 。

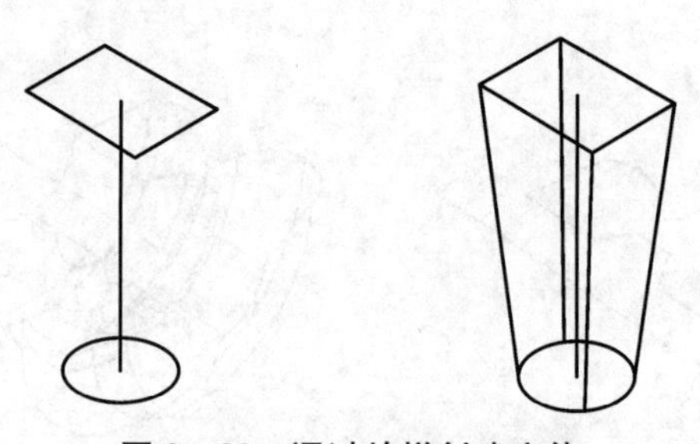

图 9-33　通过放样创建实体

4. 通过扫掠创建实体

通过沿开放或闭合的二维或三维路径扫掠开放或闭合的平面曲线(轮廓)创建新实体或曲面。扫掠命令沿指定的路径以指定轮廓的形状绘制实体或曲面。可以扫掠多个对象,但是这些对象必须位于同一平面中，如图 9－34 所示。

启动“扫掠”命令的方法如下。

(1) 命令行：Sweep。

(2) 菜单栏：“绘图”→“建模”→“扫掠”。

(3) “实体”工具栏：。

图 9－34　通过扫掠创建实体

任务实施过程

步骤 1：将三维视图视点设为俯视。绘制如图 9－35 所示的二维封闭图形。

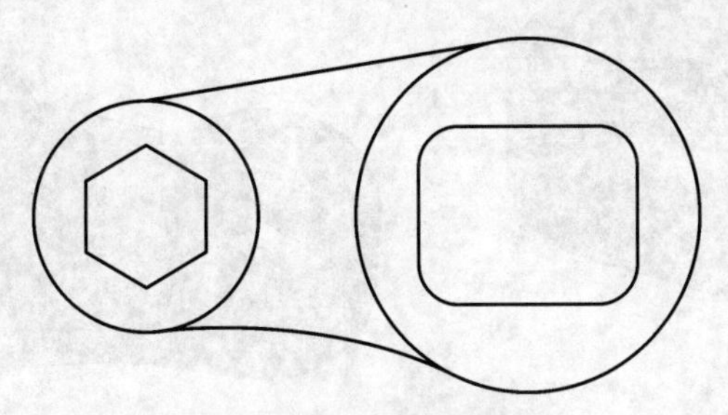

图 9－35　二维封闭图形

步骤 2：将图 9－35 所示的二维封闭图形进行边界创建，命令行操作如下。

(1) 启动“常用”→“绘图”→“边界”命令，弹出对话框，如图 9－36 所示。

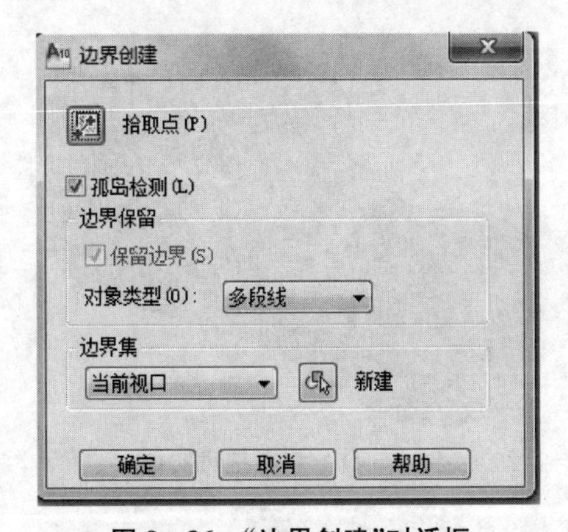

图 9－36　“边界创建”对话框

(2) 点击对话框中的“拾取点”,然后将鼠标放在两圆之间任意空隙处如图 9－37 所示,点击左键。然后按“确定”按钮,创建边界完成,如图 9－38 所示。

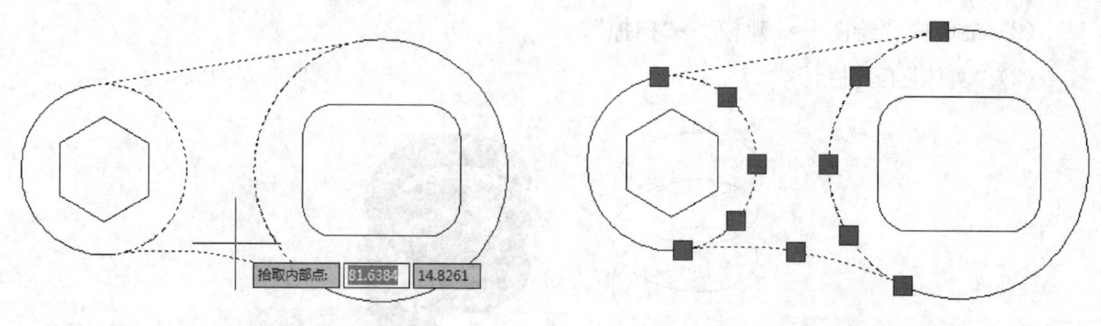

图 9－37　点击两圆之间的空隙　　　**图 9－38　创建边界完成**

步骤 3:将三维视图视点设为西南等轴测。启动“拉伸”命令,分别拉伸两个圆、六边形、四边形和上一步创建的两圆之间的边界到指定的高度,如图 9－39 所示。

步骤 4:启动“差集”命令,点击两圆柱体边缘,按“确定”按钮,再点击六棱柱和四棱柱,再按“确定”按钮,如图 9－40 所示。

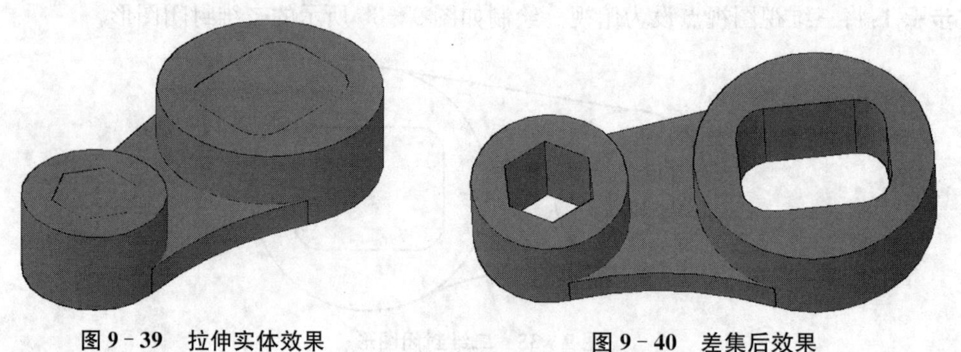

图 9－39　拉伸实体效果　　　**图 9－40　差集后效果**

步骤 5:启动“交集”命令,点击两边的圆柱体和中间的底板,按“确定”按钮,完成复杂三维实体的创建,如图 9－41 所示。

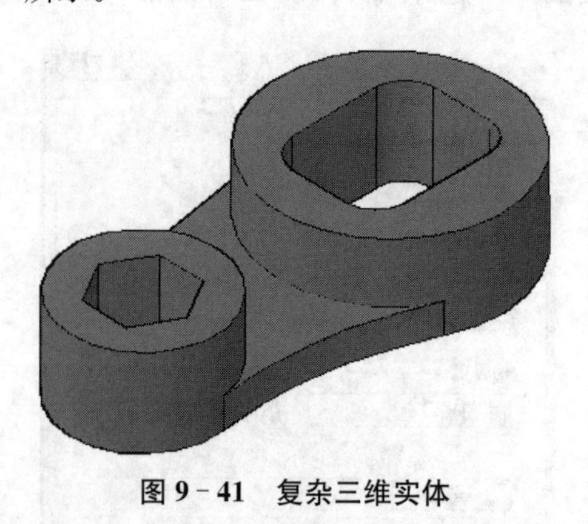

图 9－41　复杂三维实体

技能训练

利用“拉伸”“旋转”“并集”“差集”“面域”等命令,绘制如图 9-42 所示图形。

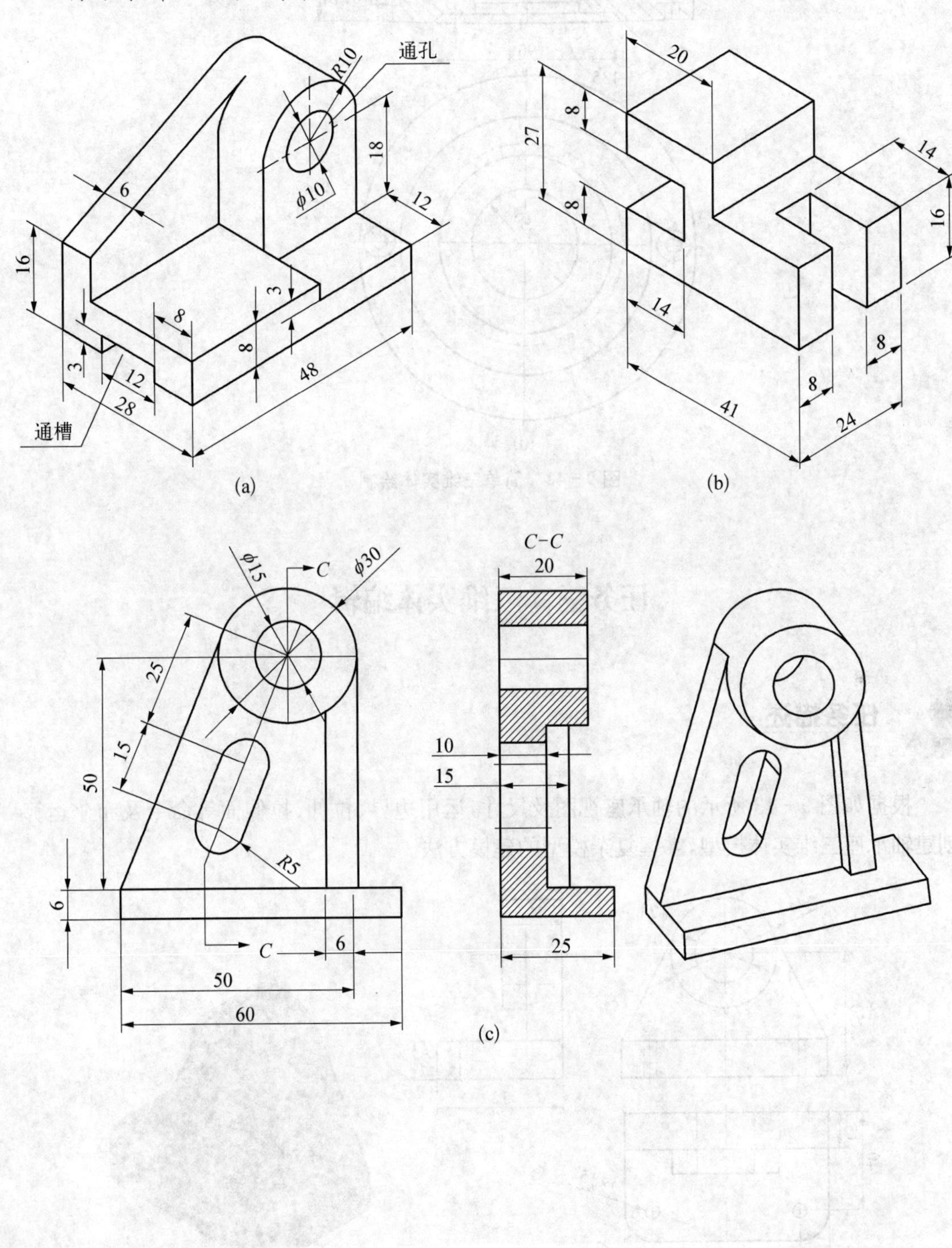

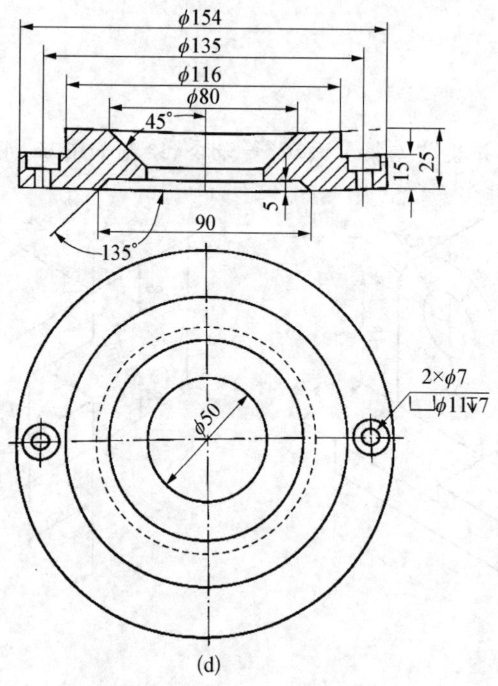

图 9－42　简单三维实体绘制

任务三　三维实体编辑

任务描述

根据如图 9－43 所示的轴承座视图及尺寸，运用边界、拉伸、拉伸面等命令及布尔运算创建轴承座三维实体模型，掌握复杂模型的建模方法。

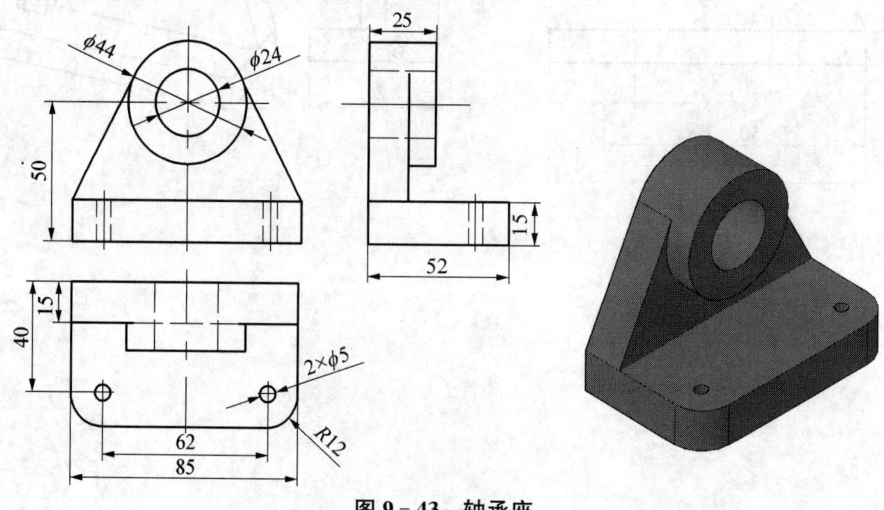

图 9－43　轴承座

相关知识点

与二维图形的编辑一样,用户也可以对三维曲面、实体进行编辑。对于二维图形的许多编辑命令同样适合于三维图形,如复制、移动等。AutoCAD 2024 专门提供了用于编辑三维图形的命令。

三维基本编辑命令包括:旋转、阵列、镜像、剖切、对齐、倒角等编辑功能。工具栏如图 9-44 所示。

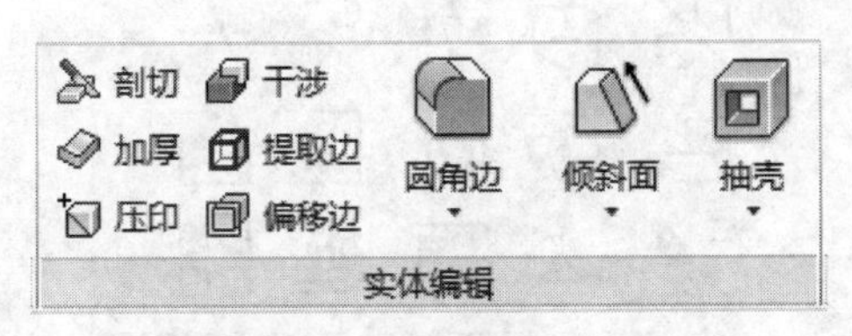

图 9-44　实体编辑工具栏

一、实体编辑

通过实体编辑功能,不但可以对一个或多个三维实体进行布尔运算,还可以对其进行“面”的编辑、“边”的编辑和“体”的编辑。

1. “面”的编辑

(1) 拉伸面

拉伸面是将选定的三维实体对象的面拉伸到指定的高度或沿一路径拉伸。一次可以选择多个面。

(2) 移动面

沿指定的高度或距离移动选定的三维实体对象的面。一次可以选择多个面。

(3) 偏移面

按指定的距离或通过指定的点,将面均匀地偏移。正值会增大实体的大小或体积。负值会减小实体的大小或体积。

(4) 删除面

使用此选项可删除圆角和倒角边,并在稍后进行修改。如果更改生成无效的三维实体。

(5) 旋转面

旋转面是指绕指定的轴旋转一个或多个面或实体的某些部分。

(6) 倾斜面

以指定的角度倾斜三维实体上的面。倾斜角的旋转方向由选择基点和第二点(沿选定矢量)的顺序决定。

(7) 复制面

将面复制为面域或体。

(8) 着色面

着色面可用于亮显复杂三维实体模型内的细节。

2. “边”的编辑

(1) 复制边

将三维实体上的选定边复制为二维圆弧、圆、椭圆、直线或样条曲线。

(2) 着色边

通过修改边的颜色或复制独立的边来编辑三维实体对象。

3. “体”的编辑

“实体”工具栏如图 9-45 所示。

图 9-45 “体”的编辑工具栏

(1) 三维旋转

将选定的对象绕空间轴旋转指定的角度。

启动“三维旋转”命令的方法如下。

① 命令行:3Drotate。

② 菜单栏:“修改”→“三维操作”→“三维旋转”。

③ “实体”工具栏: 。

操作格式如下。

① 命令: “修改”→“三维操作”→“三维旋转”。

② 选择对象:选择旋转对象。

③ 选择对象:按【Enter】键,结束选择。

④ 指定轴上的第一个点或定义轴依据[对象(O)/最近的(L)/视图(V)/*X* 轴(X)/*Y* 轴(Y)/*Z* 轴(Z)/两点(2)]:输入 Z。

⑤ 指定 *Z* 轴上的点〈0,0,0〉:指定 *Z* 轴方向上的一点。

⑥ 指定轴上的第二点:指定 *Z* 轴方向上的另一点。

⑦ 指定旋转角度或[参照(R)]:输入旋转角度 180。

指定旋转角度后,系统完成旋转操作。

(2) 三维镜像

将选定的对象在三维空间相对于某一平面镜像。

启动“三维镜像”命令的方法如下。

① 命令行:Mirror3D。

② 菜单栏:“修改”→“三维操作”→“三维镜像”。

③ “实体”工具栏: 。

操作格式如下。

① 命令:“实体”→“三维镜像”。

② 选择对象:选择要镜像的对象。

③ 选择对象:按【Enter】键,结束选择。

④ 指定镜像平面(三点)的第一个点或[对象(O)/最近的(L)/Z 轴(Z)/视图(V)/XY 平面(XY)/YZ 平面(YZ)/ZX 平面(ZX)/三点(3)]〈三点〉:指定镜像平面第1点或选项。

⑤ 在镜像平面上指定的第二个点:指定镜像平面第2点。

⑥ 在镜像平面上指定的第三个点:指定镜像平面第3点。

⑦ 是否删除源对象?[是(Y)/否(N)]〈否〉:确定是否保留镜像源对象。

(3) 三维阵列

三维阵列区别于二维阵列之处在于:矩形阵列,可在行(X 轴)、列(Y 轴)和层(Z 轴)矩形阵列中复制对象。一个阵列必须具有至少两个行、列或层环形阵列,绕旋转轴复制对象。

启动“三维阵列”命令的方法如下。

① 命令行:3Darray。

② 菜单栏:“修改”→“三维操作”→“三维阵列”。

③“实体”工具栏:。

操作格式如下。

① 命令:“实体”→“三维阵列”。

② 选择对象:选择要阵列的对象。

③ 选择对象:按【Enter】键结束选择。

④ 输入阵列类型[矩形(R)/环形(P)]〈矩形〉:按【Enter】键。

⑤ 输入行数:指定矩形阵列的行方向数值。

⑥ 输入列数:指定矩形阵列的列方向数值。

⑦ 输入层数:指定矩形阵列的 Z 轴方向层数。

⑧ 指定行间距:指定行间距。

⑨ 指定列间距:指定列间距。

⑩ 指定层间距:指定 Z 轴方向层与层之间的距离。

按【Enter】键,系统完成阵列操作,如图9-46所示。

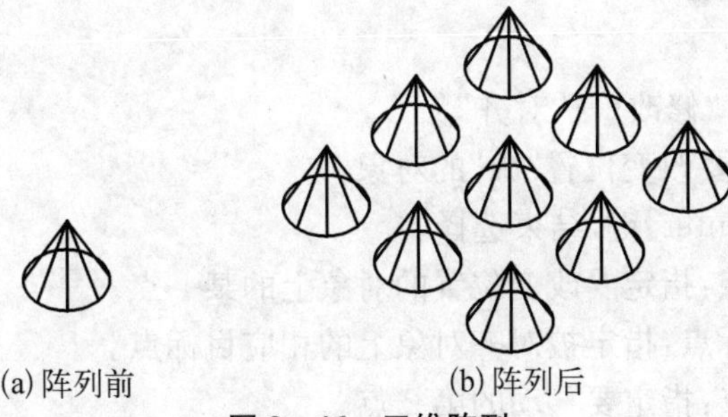

(a) 阵列前　　(b) 阵列后

图9-46　三维阵列

(4) 剖切实体

功能:用平面剖切一组实体。

启动“剖切”命令的方法如下。

① 命令行：Slice(别名：SL)。

② 菜单栏：“绘图”→“实体”→“剖切”。

③ “实体”工具栏：。

操作格式如下。

① 命令：“实体”→“剖切”。

② 选择对象：指定要剖切的对象。

③ 选择对象：按【Enter】键结束选择。

④ 指定切面上的第一个点，依照[对象(O)/*Z* 轴(Z)/视图(V)/*XY* 平面(XY)/*YZ* 平面(YZ)/*ZX* 平面(ZX)/三点(3)]〈三点〉：指定切面上的第一个点或选项确定剖切面。

⑤ 指定平面上的第二个点。

⑥ 指定平面上的第三个点。

⑦ 在要保留的一侧指定点或[保留两侧(B)]：完成如图 9-47 所示。

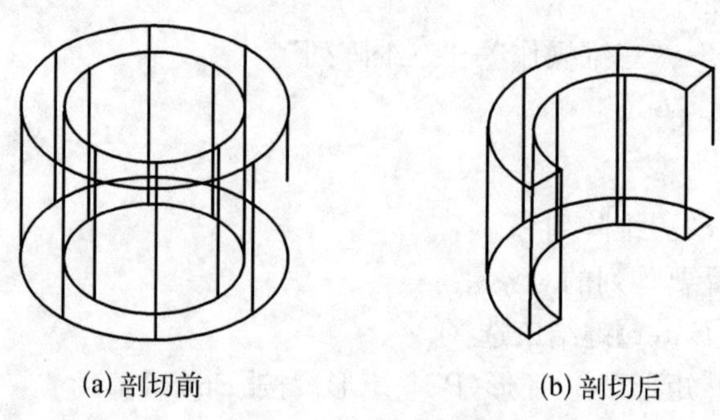

(a) 剖切前　　(b) 剖切后

图 9-47　三维剖切

(5) 三维对齐

三维对齐可以将三维模型与其他对象对齐到某个面、某条边或某个点。

启动“三维对齐”命令的方法如下。

① 命令行：Align。

② 菜单栏：“修改”→“三维操作”→“三维对齐”。

③ “常用”工具栏：。

操作格式如下。

① 命令：“常用”→ “修改”→“对齐”。

② 选择对象：指定要改变位置“源”的对象。

③ 选择对象：按【Enter】键，结束选择。

④ 指定第一个源点：指定要改变位置的对象上的某一点。

⑤ 指定第一个目标点：指定被对齐对象上的相应目标点。

⑥ 指定第二个源点：指定要移动的第 2 点。

⑦ 指定第二个目标点：指定移动到相应的目标点。

⑧ 指定第三个源点或〈继续〉：按【Enter】键结束指定点。

⑨ 是否基于对齐点缩放对象？[是(Y)否(N)]〈否〉：指定基于对齐点是否缩放对象。

(6)三维倒角

创建三维倒角的命令和创建二维倒角的命令相同,即 Chamfer 命令。利用该命令可以切去实体的外角,如图 9－48 所示。

操作格式如下。

① 命令:“实体”→“倒角边”。

② 选择第一条直线或[多段线(P)/距离(D)/角度(A)/修剪(T)/方式(M)/多个(U)]:选择实体前表面的一条边。

③ 输入曲面选择选项[下一个(N)/当前(OK)]〈当前〉:选择需要倒角的基面。

④ 输入曲面选择选项[下一个(N)/当前(OK)]〈当前〉:按【Enter】键。

⑤ 指定曲面倒角距离〈10.0000〉:指定基面倒角距离。

⑥ 指定其他曲面倒角距离〈10.0000〉:指定其他曲面倒角距离或按【Enter】键。

⑦ 选择边或[环(L)]:单击前面所有要倒角的四条边。

⑧ 选择边或[环(L)]:按【Enter】键结束目标选择。

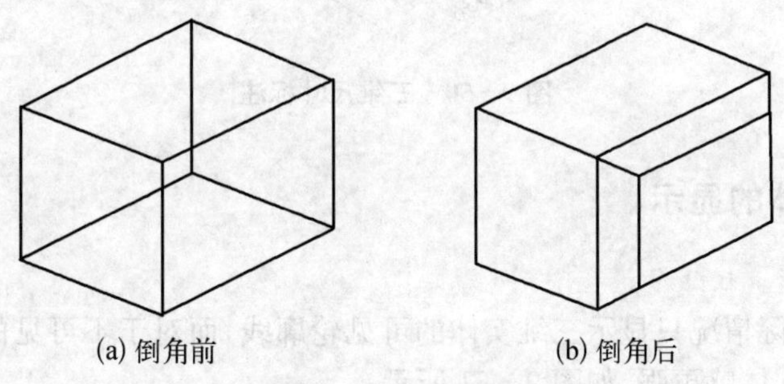

(a) 倒角前　　(b) 倒角后

图 9－48　三维倒角

(7) 三维圆角

三维圆角和创建二维圆角的命令相同,即 Fillet 命令。三维圆角对三维实体的凸边或凹边切出或添加圆角,如图 9－49 所示。

操作格式如下。

① 命令:“修改”→“圆角边”。

② 选择第一个对象或[多段线(P)/半径(R)/修剪(T)]:选择实体上要加圆角的边。

③ 输入圆角半径〈10.00.00〉:输入圆角半径。

④ 选择边或[链(C)/半径(R)]:指定其他要倒圆角的边。

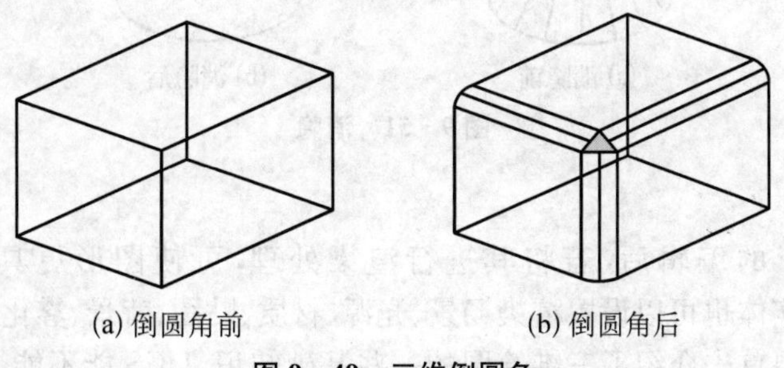

(a) 倒圆角前　　(b) 倒圆角后

图 9－49　三维倒圆角

二、三维实体尺寸标注

在 AutoCAD 中，使用“标注”菜单中的命令或“标注”工具栏中的标注工具，不仅可以标注二维对象的尺寸，还可以标注三维对象的尺寸。由于所有的尺寸标注都只能在当前坐标的 *XY* 平面中进行，因此，为了标注三维对象中各部分的尺寸，需要不断地变换坐标系，如图 9－50 所示。

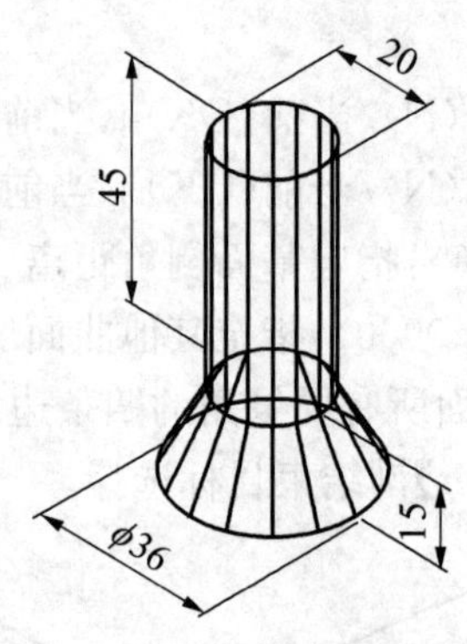

图 9－50　三维尺寸标注

三、三维实体的显示

1. 消隐对象

消隐就是按实际情况只显示三维实体的可见轮廓线，而对于不可见的轮廓线则进行隐藏，使三维实体的立体感更强，如图 9－51 所示。

启动“消隐”命令的方法如下。

(1) 命令行：Hide(别名：HI)。

(2) 菜单栏：“视图”→“消隐”(“视图”→“视觉样式”→“三维隐藏”)。

(3) “常用”工具栏：“隐藏”按钮。

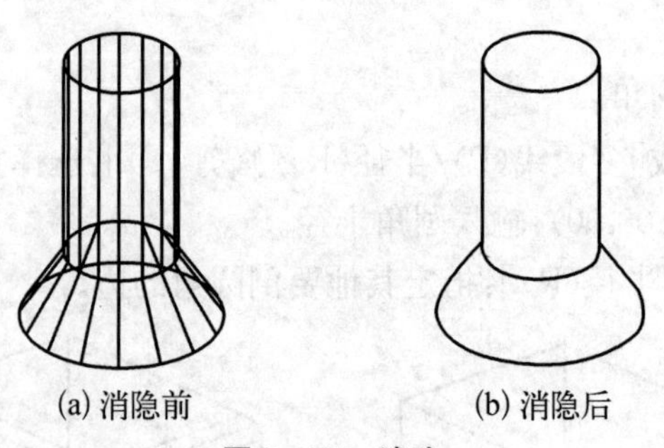

(a) 消隐前　　(b) 消隐后

图 9－51　消隐

2. 渲染

完成三维图形的编辑后，若将其进行渲染处理，可使图形更具有真实效果。在 AutoCAD 中渲染实体也可以设置渲染场景、光源、材质、贴图、背景、雾化等参数。

小结：本讲主要首先介绍了三维绘图的一些基础知识，UCS 能不能灵活运用是绘制三维实体的一个关键部分,必须掌握。因此,要先理解,再予以运用。然后介绍了如何绘制基本的三维实体对及如何创建复杂三维实体。介绍了对三维实体对象运用布尔运算,生成更为复杂的实体。最后介绍了三维实体的编辑,通过编辑达到预期的效果和目的。需要用户重点掌握绘制基本实体的方法,布尔运算的运用和三维实体的编辑命令。

任务实施过程

步骤 1:将三维视图视点设为后视。绘制如图 9 - 52 所示的二维封闭图形。

> **注意:**
> 底板的长方形用画矩形命令来画。如果用直线命令来画,长方形则要创建边界。

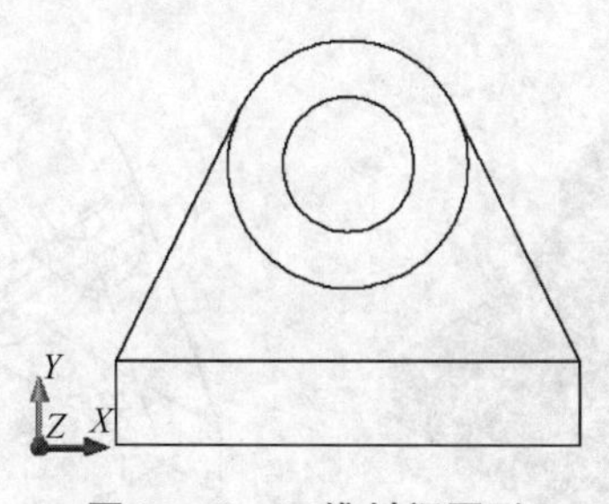

图 9 - 52　二维封闭图形

步骤 2:将图 9 - 52 所示的二维封闭图形进行边界创建,命令行操作如下。

(1) 启动“绘图”→“边界”命令,弹出对话框,如图 9 - 36 所示。

(2) 点击对话框中的“拾取点”,然后将鼠标放在底边的长方形与直径为 ϕ44 的圆中间支撑板任意空隙处如图 9 - 53 所示,点击左键。然后按“确定”按钮,创建边界完成,如图 9 - 54 所示。

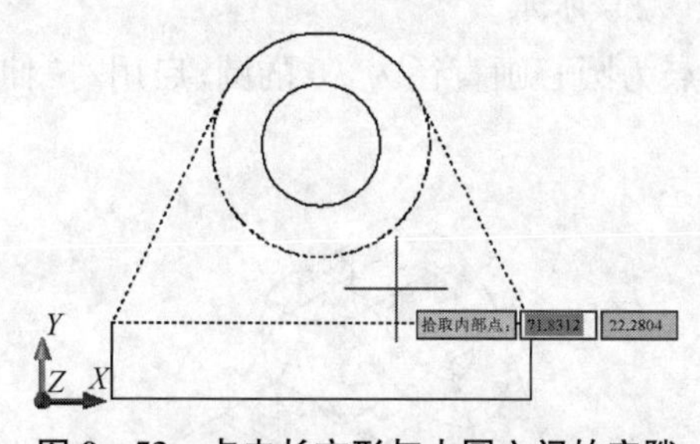

图 9 - 53　点击长方形与大圆之间的空隙

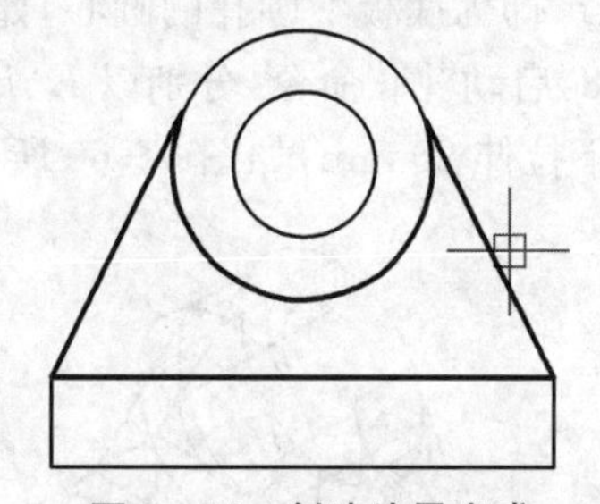

图 9 - 54　创建边界完成

步骤 3:将三维视图视点设为东北等轴测。启动“拉伸”命令,分别拉伸两个圆、长方形形和上一步创建的支撑板边界到指定的高度,如图 9 - 55 所示。

步骤 4:启动“差集”命令,点击大圆柱体边缘,按“确定”按钮,再点击小圆柱体,再按“确定”按钮,如图 9 - 56 所示。

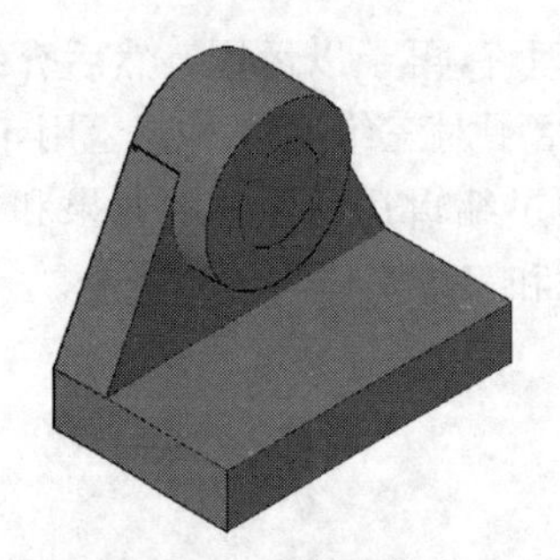

图 9－55　拉伸实体效果

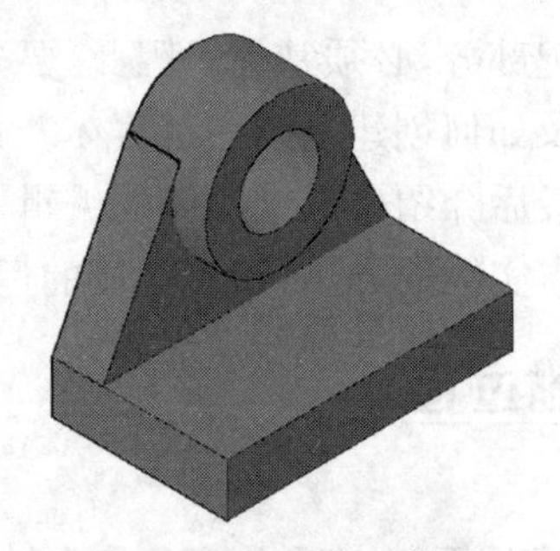

图 9－56　差集后效果

步骤 5:“常用”/“可视化”→“三点”命令,创建新的 UCS,使坐标原点与底板角点重合,如图 9－57 所示。

步骤 6:“常用”/“可视化”,启动“视觉样式”命令,按“二维线框”按钮,将灰度转换成二维线框模式。如图 9－58 所示。

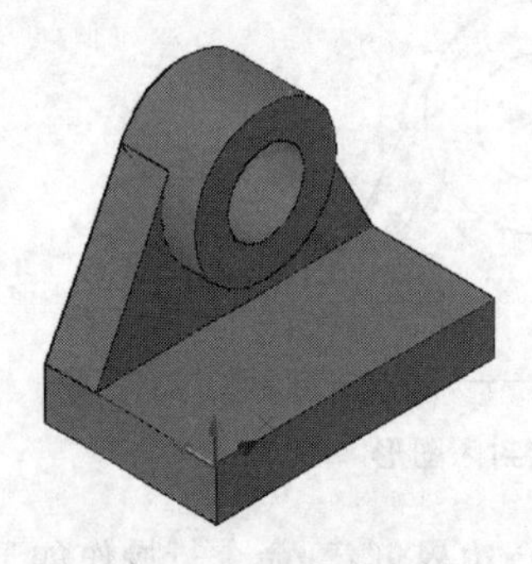

图 9－57　新建 UCS 坐标

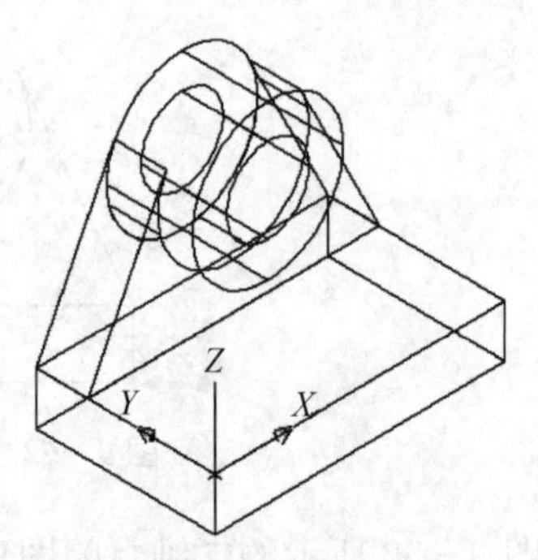

图 9－58　二维线框模式

步骤 7:启动“直线”命令,点击长方形的两个角点,画直线,然后启用“偏移”命令,将直线往里偏移 12 mm,得直线 AB;启用“直线”命令,连接长方形的两条边中点,得直线 CD,然后启用“偏移”命令将直线 CD 往两边分别偏移 31 mm。偏移得到的两条直线与直线 AB 的交点 E、F 即为底板上圆孔的圆心,如图 9－59 所示。

步骤 8:启动“圆”命令,分别以 E、F 两点为圆心画直径为 $\phi 5$ 的圆;启用“拉伸”命令,将两个圆向下拉伸 20 mm,如图 9－60 所示。

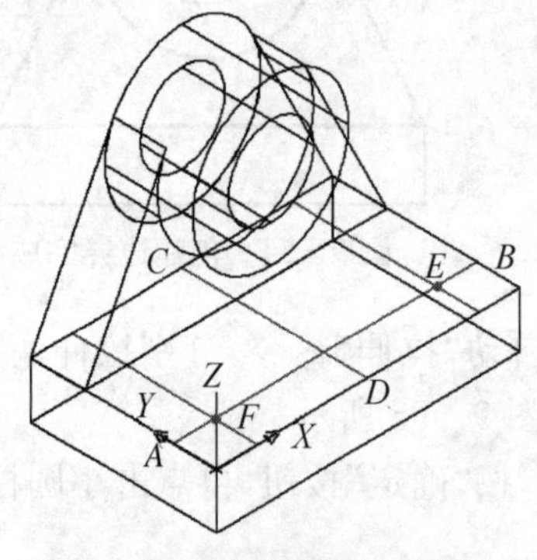

图 9－59　定底板圆孔的圆心

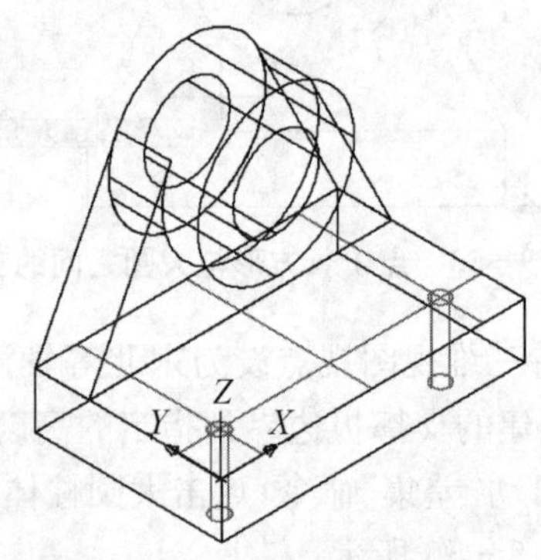

图 9－60　拉伸底板上的小圆柱

步骤 9:启动“交集”命令,点击底板,按“确定”按钮,再点击底板上两个小圆柱,按“确定”按钮,将“视觉样式”调至灰度模式,如图 9－61 所示。

步骤 10:启动“实体”→“圆角边”命令,倒圆角半径为 R12 mm,按“确定”按钮;启动“交集”命令,选择底板、支撑板和圆筒,按“确定”按钮;最后把底板定位圆心的线删掉,完成复杂三维实体轴承座绘制,如图 9－62 所示。

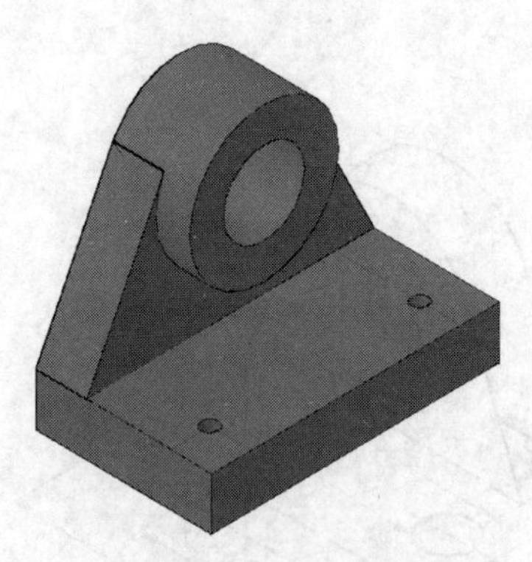

图 9－61　底板上的圆柱孔

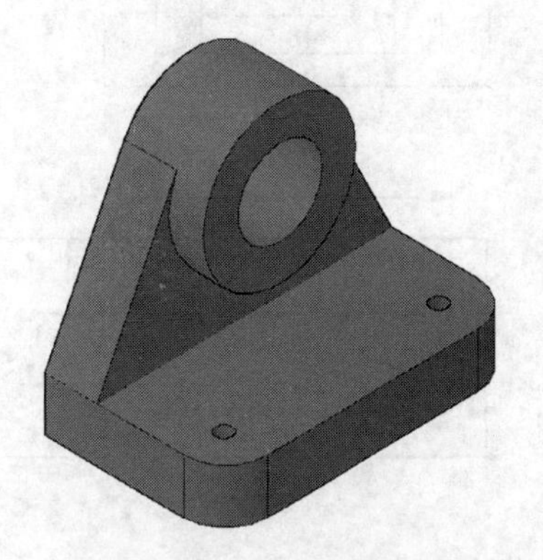

图 9－62　完成实体构建

技能训练

根据如图 9－63 所示的视图,利用三维建模、实体编辑等命令创建三维实体。

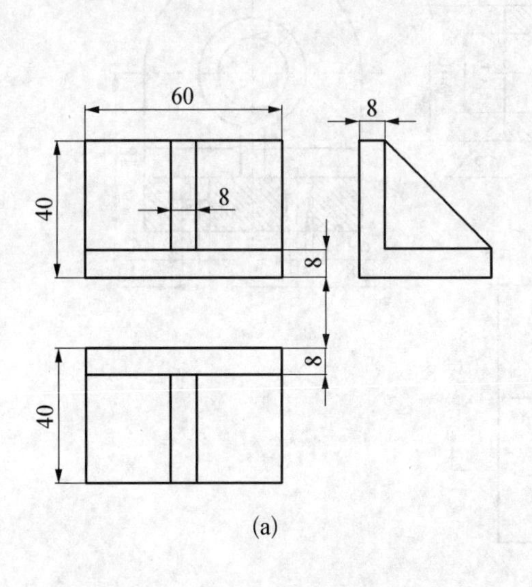

(a)

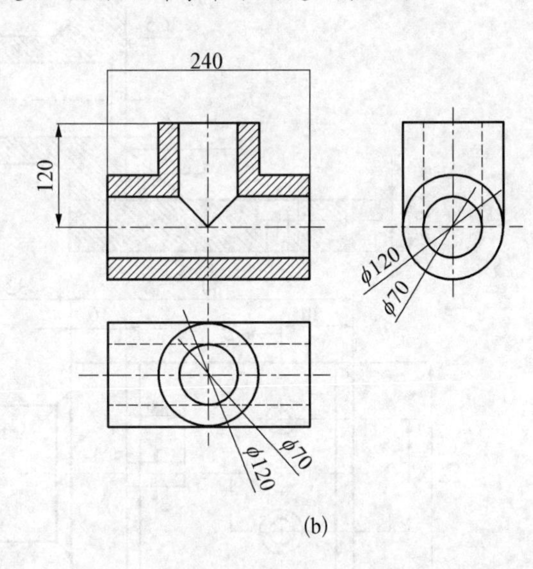

(b)

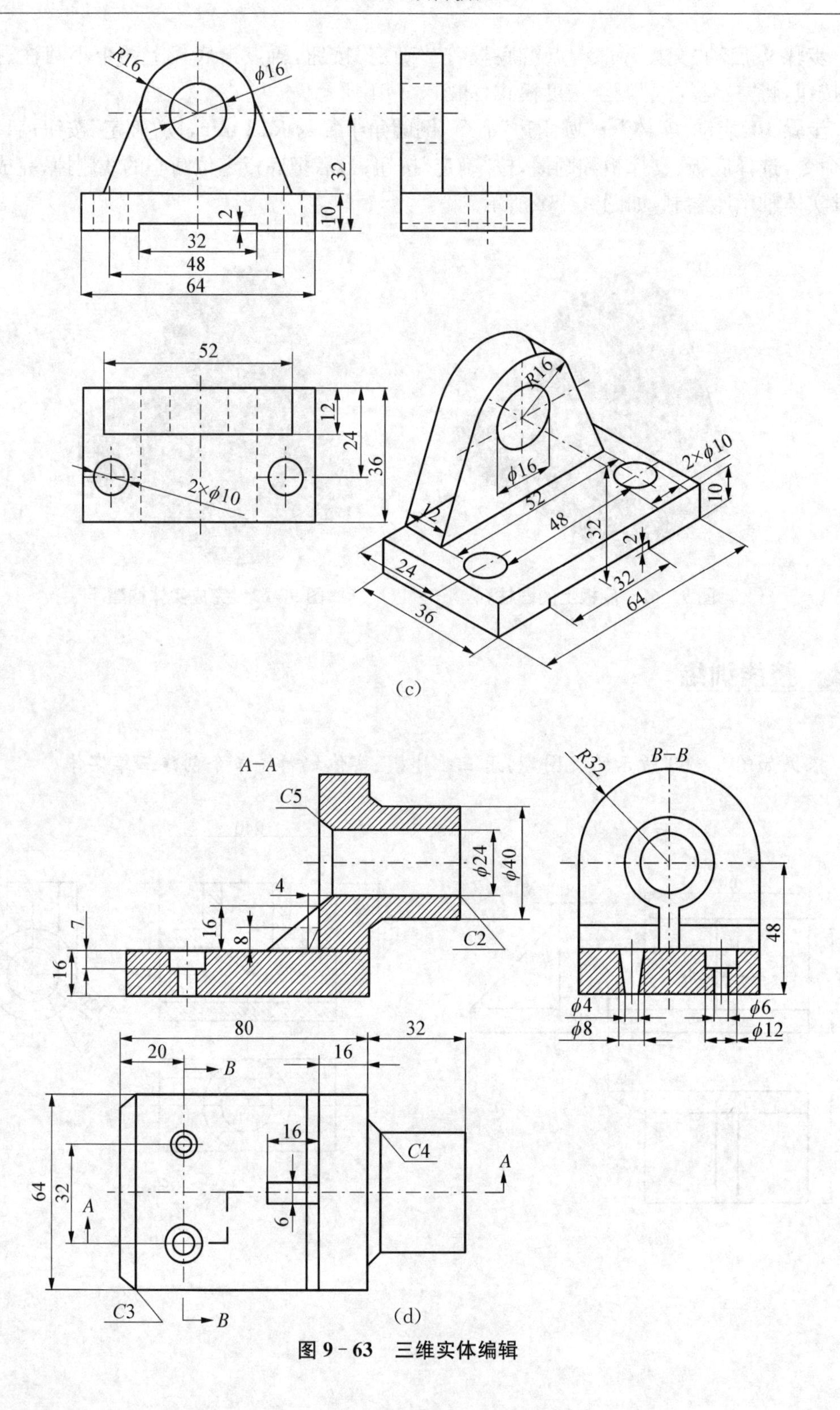
R16
φ16
32
10
2
32
48
64
52
12
24
36
2×φ10
R16
φ16
2×φ10
10
52
12
48
32
2
24
32
36
64
(c)
A−A
C5
φ24
φ40
4
16
8
7
16
C2
B−B
R32
48
φ4
φ8
φ6
φ12
80
32
20
16
B
16
C4
A
64
32
A
6
C3
B
(d)

图 9－63　三维实体编辑

项目十

图形的输入、输出与打印

教学目标

1. 了解图形输入输出。
2. 了解打印设备。
3. 了解 Internet 功能。
4. 掌握设置图纸空间及参数。
5. 掌握图形的打印。

任务　图形的输入、输出与打印

不可否认,AutoCAD 提供了详尽的图纸输出功能,可以输出各种比例,针对不同打印机和绘图仪的多种尺寸的图纸。但是也正因如此,容易使初学者产生很多疑问,如“既然可以在模型空间打印输出图纸,为什么要使用图纸空间?”等。本任务即将解决这些问题,并介绍使用各种方式打印输出图纸的方法。

任务描述

使用本书提供的布局样板素材和已绘制好的图纸素材打印输出如图 10－1 所示的零件图。

掌握如何使用 AutoCAD 的打印出图功能打印出图,以达到企业工程图形出图的目的。

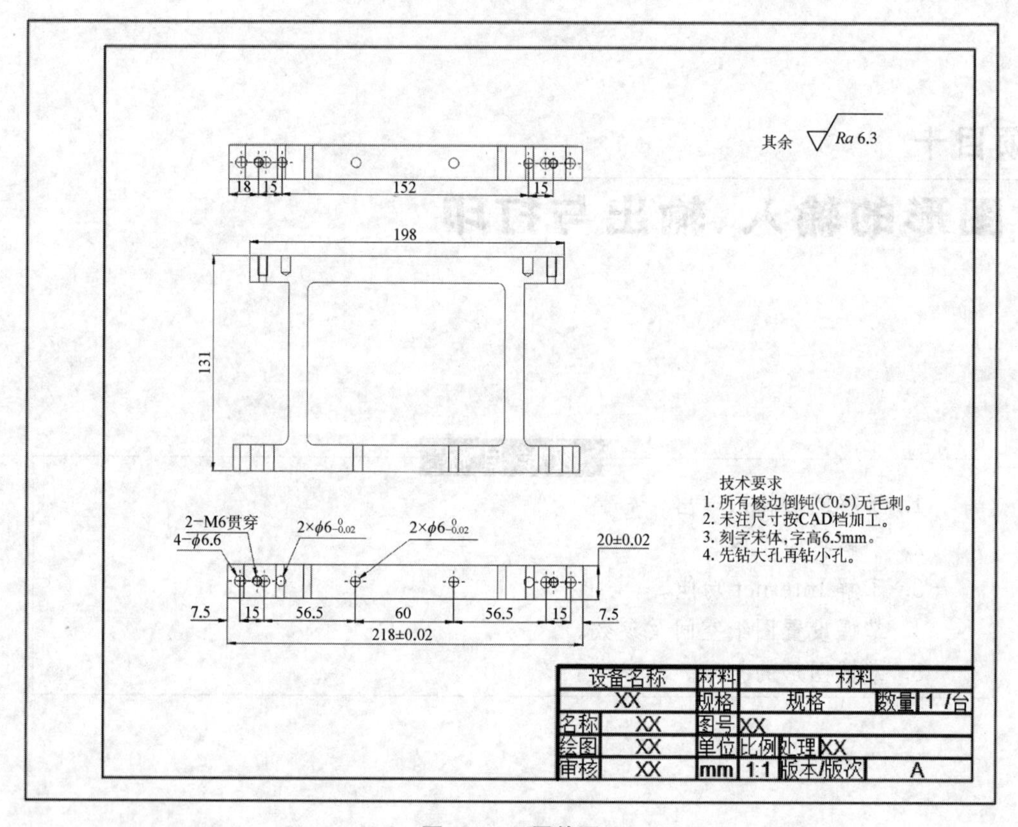

图 10-1　零件图

一、图形的输入

AutoCAD 支持不同格式输入文件。

执行图形输入文件命令方法如下。

(1) 命令行:Import。

(2) 菜单栏:“文件”→“输入”。

执行“Import”命令后,将打开“输入文件”对话框,如图 10-2 所示。

在 AutoCAD 中可以输入以下格式的文件:

(1) 图元文件(*.wmf):图元文件。

(2) ACIS (*.sat):ACIS 实体对象文件。

(3) 3D Studio (*.3ds):3D Studio 文件。

(4) MicroStation DGN (*.dgn):MicroStation DGN 文件。

(5) 所有 DGN 文件(*.*):具有用户指定的文件扩展名。

在“文件类型”中选择要输入的文件格式,在“文件名”中选择要输入的文件名称,单击“打开”按钮,该文件将被输入到图形中。

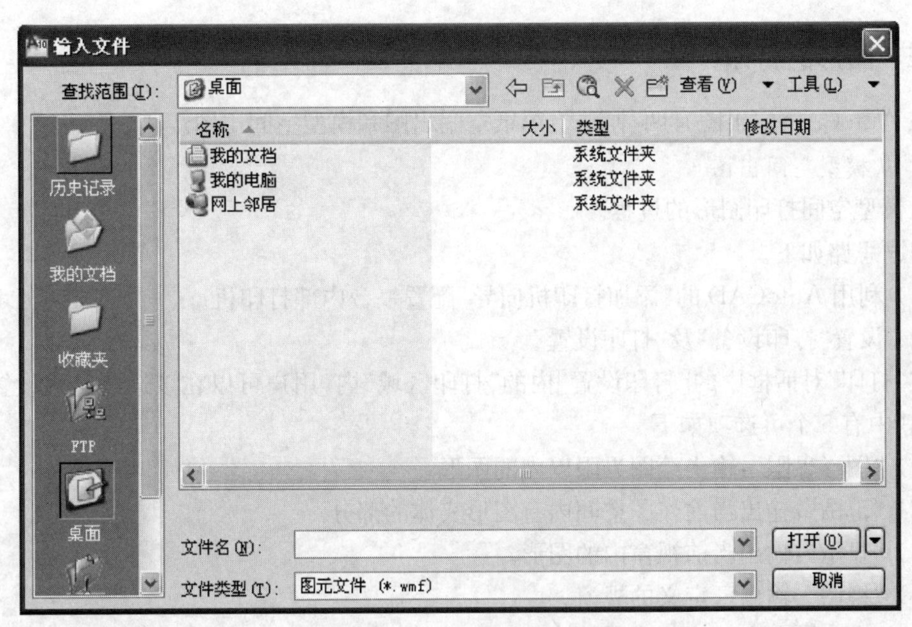

图 10－2　“输入文件”对话框

二、图形的输出

图形输出命令可以将图形以其他文件格式保存对象。

执行图形输出命令的方法如下。

(1) 命令行：Export。

(2) 菜单栏：“文件”→“输出”。

执行“Export”命令后，将弹出“输出数据”对话框，如图 10－3 所示。

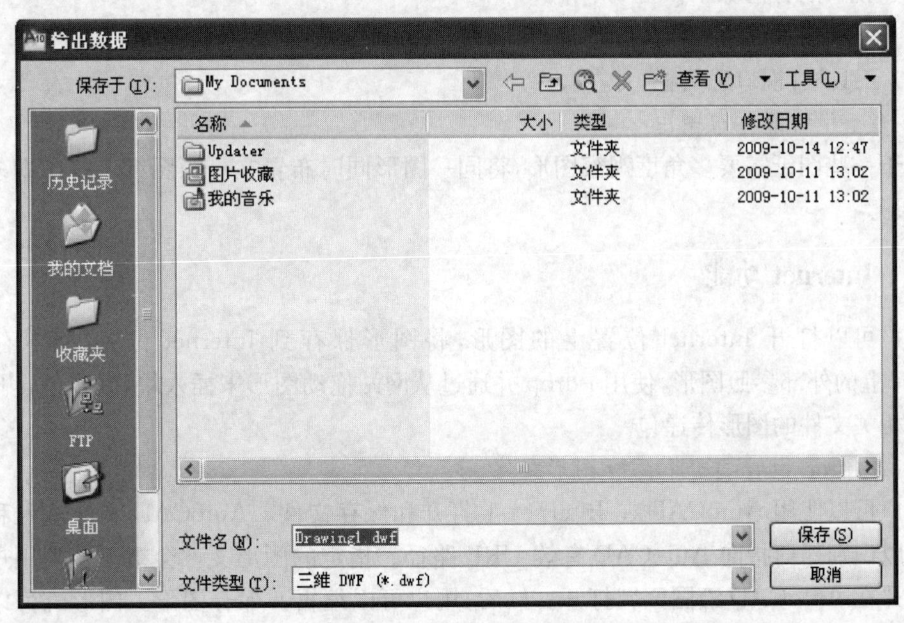

图 10－3　“输出数据”对话框

三、图形的打印

在 AutoCAD 中出图有两种方式：图纸空间出图和模型空间出图。

1. 从模型空间出图

从模型空间打印图形的过程。

解题思路如下。

(1) 利用 AutoCAD 的“添加打印机向导”配置一台内部打印机。

(2) 设置“打印设备”及“打印设置”。

在“打印”对话框中的[打印设置]内的“打印区域”内，用户可以在该选项组内设置输出区域，其中有 5 个可选项如下

(1)“图形界限”：输出绘图界限以内的图形。

(2)“范围”：输出当前作图空间内有图形实体的部分。

(3)“显示”：输出当前视窗内的图形。

(4)“视图”：输出已定义的视窗。

(5)“窗口”：以窗口选择方式在当前视图中选择输出的部分(单击其右侧的“窗口”按钮，即可在视窗中选择要输出的图形范围)。

2. 从图纸空间出图

解题思路如下。

(1) 设置“布局设置”中的参数。

(2) 调整浮动视口大小。

不管以那种方式出图，第一步都是设置打印设备，再进行有关的打印设置。

3. 创建视口

创建视口的方法如下。

(1) 菜单栏：“视图”→“视口”。

(2) 工具栏：视口工具栏。

4. 多个视口的打印输出

对于一些图纸需要多角度观察图形，将同一图形同时布置在一张图纸上打印即多视口打印图形。

四、Internet 功能

用户可以打开 Internet 位置上的图形，将图形保存到 Internet 位置，附着存储在 Internet 上的外部参照图形，使用 i-drop 并通过从网站拖动图形来插入块，以及创建自动包含所有相关文件的图形传递包。

1. 在 Internet 上打开和保存图形文件

用户可以使用 AutoCAD 在 Internet 上打开和保存文件。AutoCAD 文件输入和输出命令可以识别任何指向 AutoCAD 有效 URL 路径。指定的图形文件会被下载到用户的计算机上并在 AutoCAD 绘图区域打开。然后，用户可以编辑并保存图形。图形既可以保存在本地，也可以保存在 Internet 或 Internet 上具有足够访问权限的位置。

2. 使用“网上发布”向导创建 Web 页

执行网上发布命令的方法如下。

(1) 命令行:Publishtoweb。

(2) 菜单栏:“文件”→“网上发布”,如图 10－4 所示对话框。

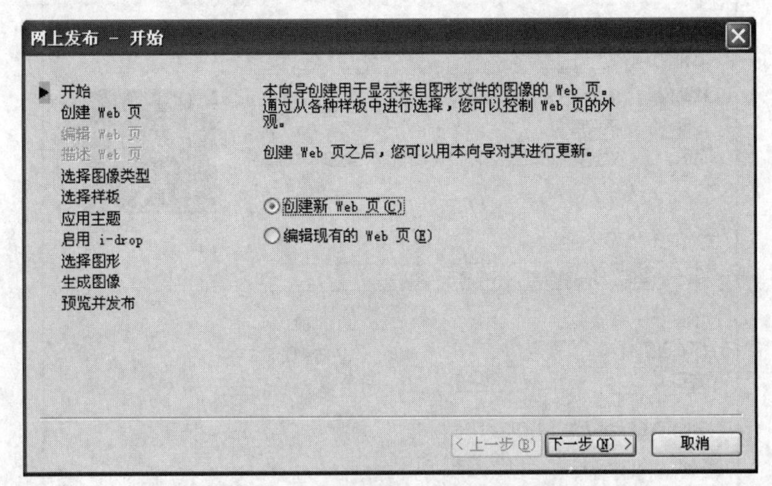

图 10－4　“网上发布-开始”对话框

任务实施过程

步骤 1:打开制作好的 CAD 文件。点击左上角的“打印”,如图 10－5 所示。

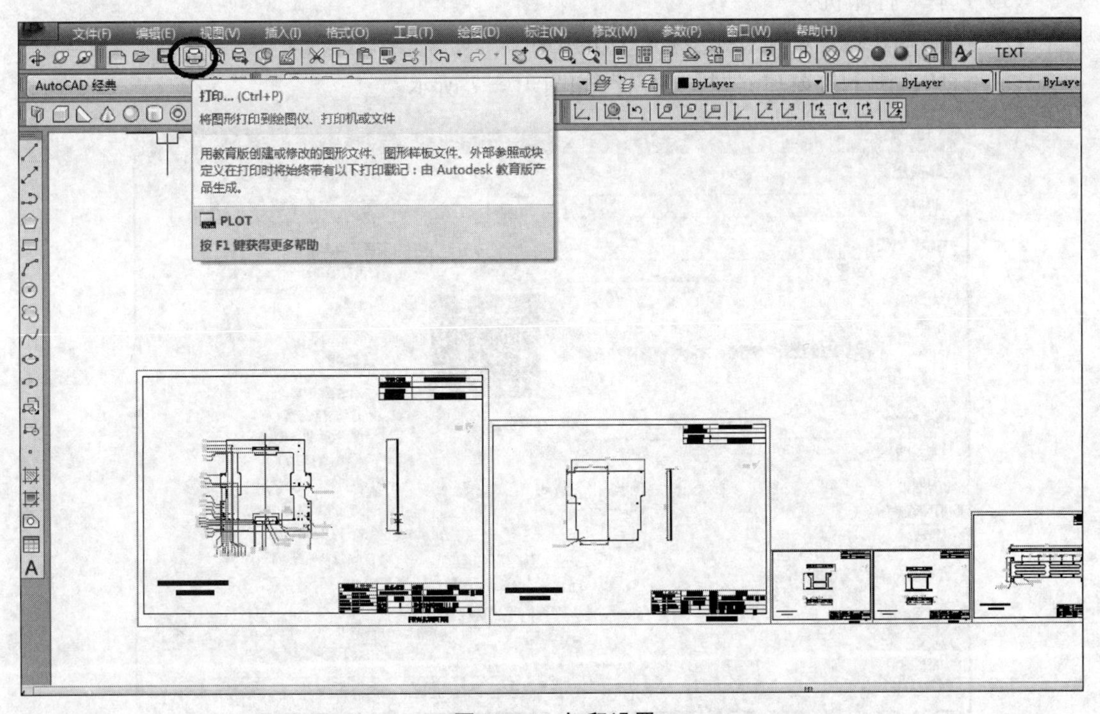

图 10－5　打印设置

步骤 2：进入“打印-模型”，点击右下角的“展开”，如图 10－6 所示。

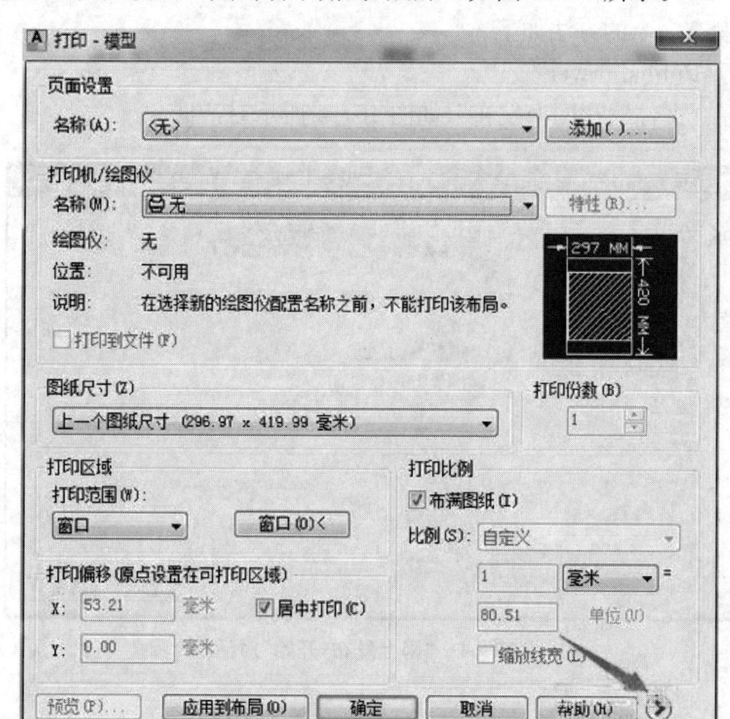

图 10－6　打印模型

步骤 3：正确设置打印参数。

(1) 选择“打印机”。

(2) 选择“图纸尺寸”，根据需要打印的图纸大小选择。

(3) 打印范围下拉窗口，选择“窗口”，如图 10－7 所示。

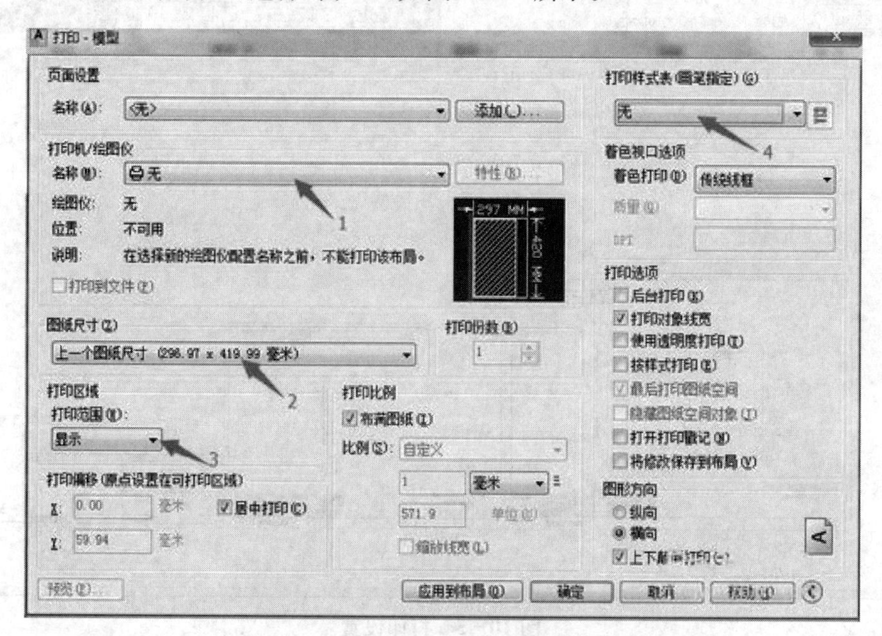

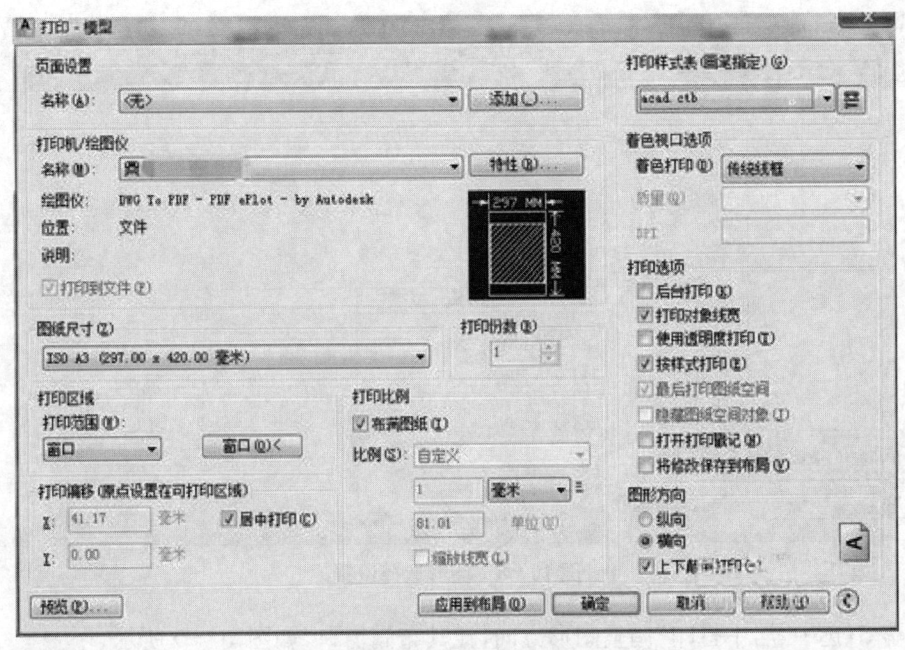

图 10－7　打印机设置

步骤 4:点击“窗口”,框选需要打印的图形,如图 10－8 所示。

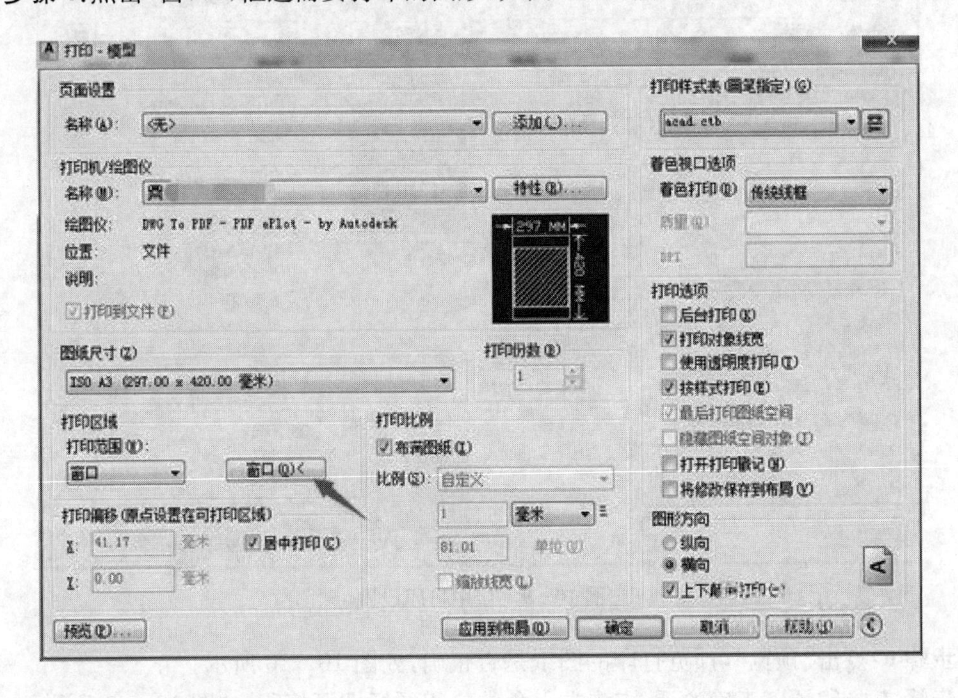

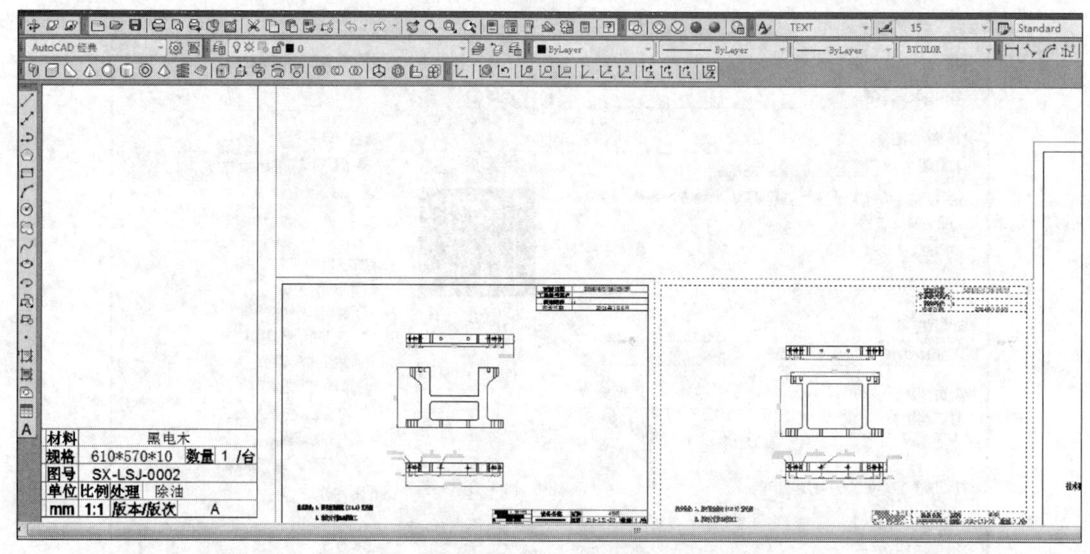

图 10－8　图形选择设置

步骤 5:选中“居中打印”调整图形方向,让其布满窗口,如图 10－9 所示。

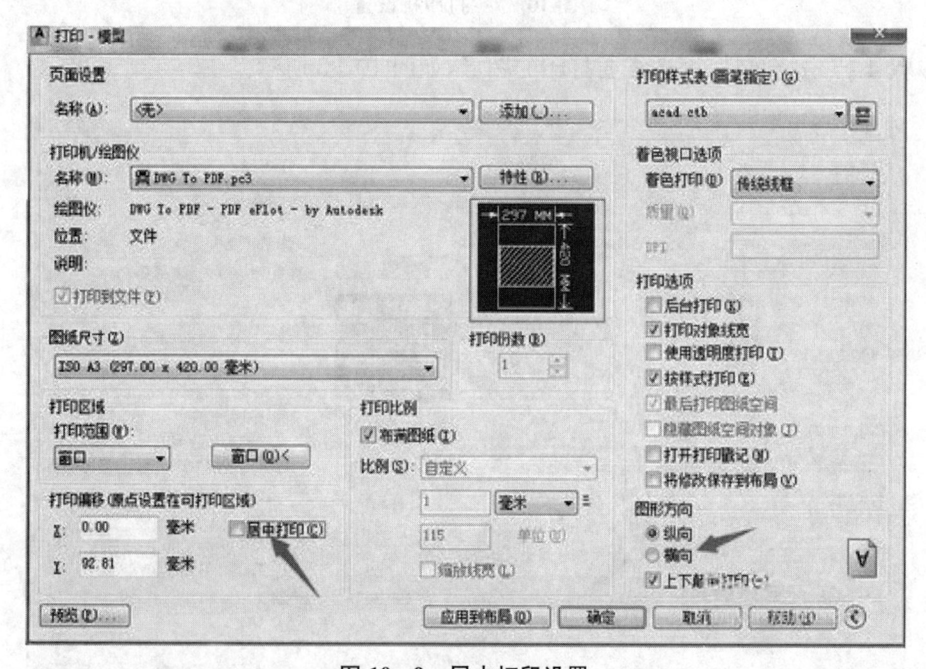

图 10－9　居中打印设置

步骤 6:点击“预览”,预览打印的图纸是否正确,如图 10－10 所示。

步骤 7:打印预览正确的话,点击左上角的打印图标即可打印,如图 10－11 所示。

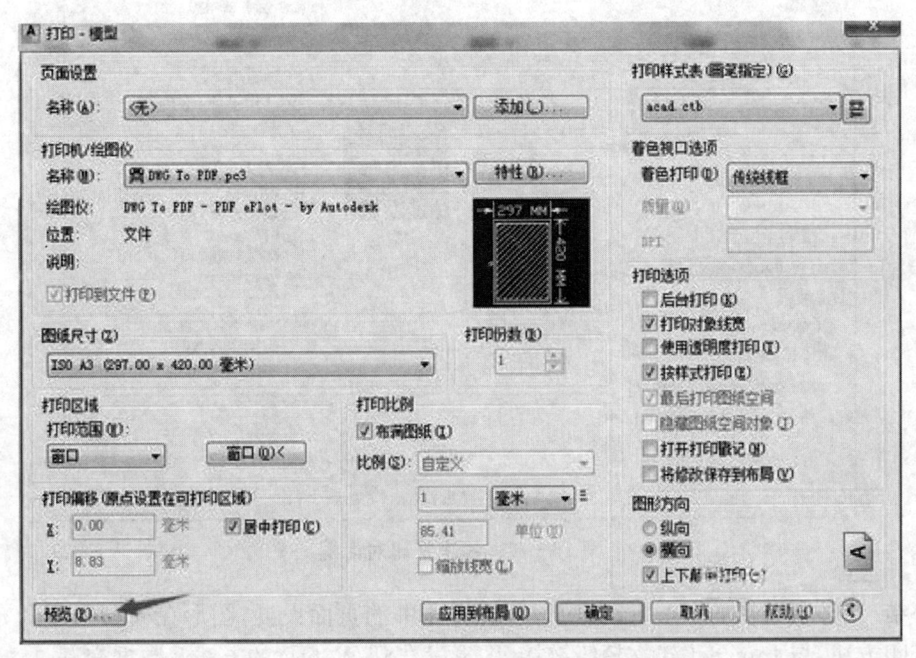

图 10 - 10　打印预览

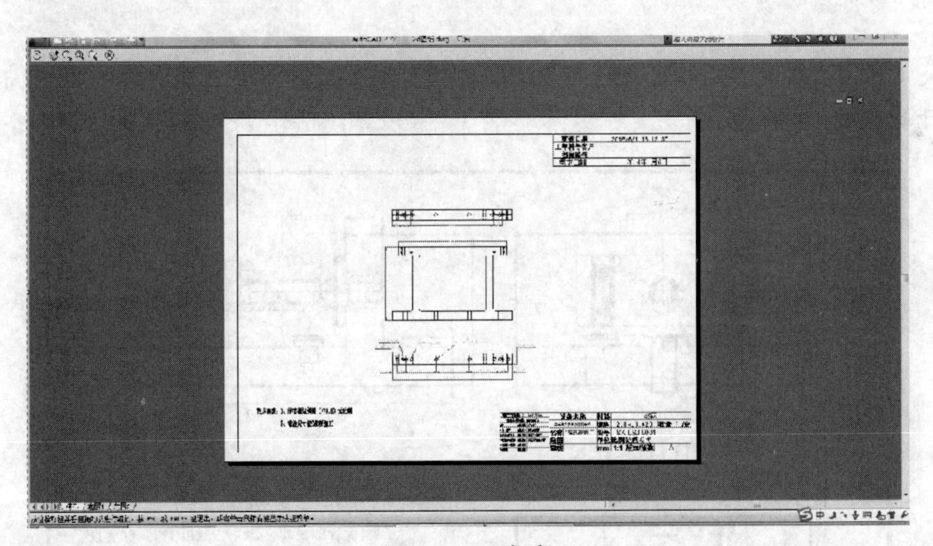

图 10 - 11　打印

步骤 8:如连续打印多张设置相同的图纸,可以点击页面设置里面的“上一次打印”选项,则设置同前一次,如图 10 - 12 所示。

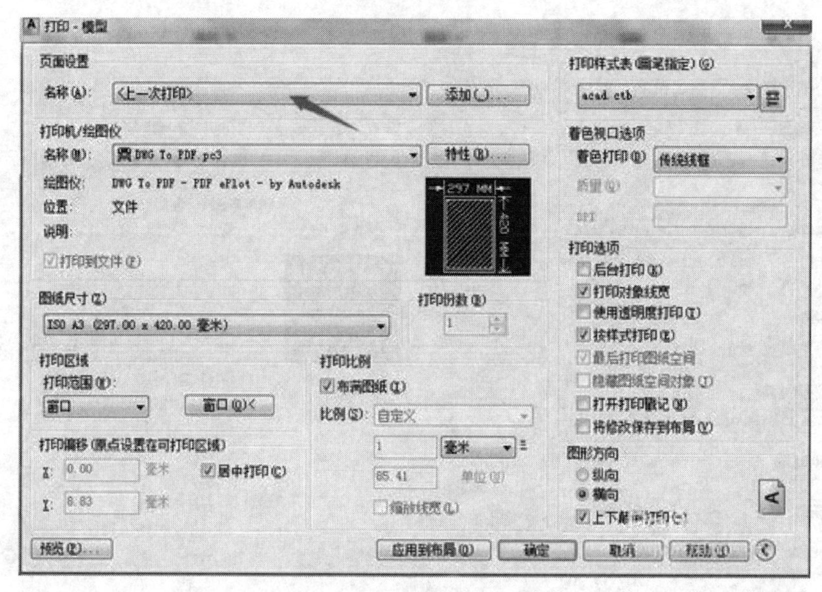

图 10－12　再次打印对话框

小结：通过本项目的学习，读者应该掌握打印中的页面设置，图形在模型空间及布局空间的打印方法，与 Internet 建立超级链接，图形发布到 Web 页的方法及数据交互。

技能训练

使用本书提供的布局样板素材和已绘制好的图纸素材打印输出如图 10－13 所示的夹具设计工程图。

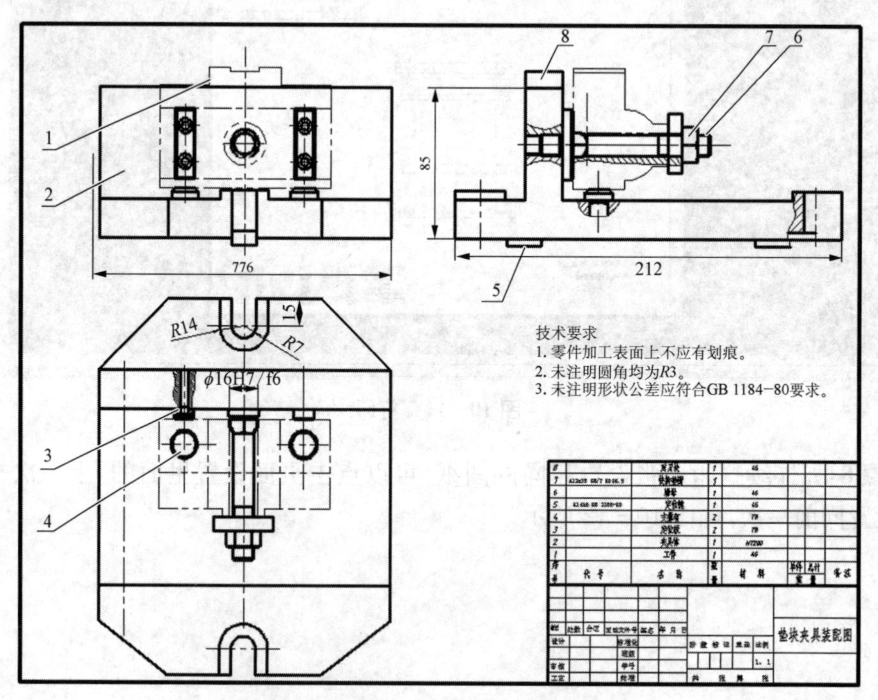

图 10－13　夹具设计工程图

附　录

附录A　绘图常见疑难解答

1. 打开其他公司的CAD图纸时显示乱码怎么办?

答:出现乱码的通常为中文文字,可以使用“Style”命令为文字所在图层设置正确的中文字体。此外,也可将显示乱码的CAD图纸作为块插入到新文件中,乱码将会消失,只是此时无法对图形进行更改,而且字体会与原图有差异。

2. DWG文件损坏了怎么办?

答:选择“文件”→“绘图实用程序”→“修复”菜单,选中要修复的文件,进行修复即可。

3. 图形太多时,如何快速选择对象?

答:可执行“Qselect”命令或“FI”命令,通过设置“选择过滤器”快速选择对象。

4. 突然无法连续选择多个对象了怎么办?

答:AutoCAD默认可以连续选择多个对象,但有时此命令会失效,选择第二个对象后,第一个对象将取消选择。此时执行“Options”命令,取消“选择集”选项卡中“用【Shift】键添加到选择集”复选框的选中状态即可(或设置“Pickadd”的值为1)。

5. 系统变量被更改了怎么办?

答:执行“Options”命令,切换到“配置”选项卡,单击“重置”按钮,将所有变量值重置即可。

6. 鼠标中键不好用了怎么办?

答:通常滚轮用于实现放大,缩小或平移等功能,但有时按住滚轮时,会出现“下一个”菜单,解决方法为将系统变量“Mbuttonpan”的值设置为1即可。

7. 如何消除单击时出现的交叉点标记?

答:执行“Blipmode”命令,并在提示行下输入OFF即可。

8. 按【Ctrl+O】键时,不出现对话框怎么办?

答:按【Ctrl+O】或【Ctrl+S】组合键打开或保存文件时,有时会不出现对话框,而在命令行中要求输入保存路径和文件名,解决方法将“Filedia”的值设为1即可。

9. 如何“炸开”汉字?

答:首先在Word中输入汉字,设置好文体,并在“字体”对话框中设置文字样式为“空心”，然后复制文字，再载 AutoCAD 中执行“Pastespec”命令（“选择性粘贴”命令），在弹出的对话框中选择“AutoCAD 图元”列表项，并单击“确定”按钮即可。

10. 如何删除无用图层？

答：本书正文中已有叙述，可以使用“Purge”命令。

11. 如何删除顽固图层？

答：可执行“Laytrans”命令，将需删除的图层影射为 0 层即可。

12. 虚线显示为实线是怎么回事？

答：线型缩放比例设置得不合适，请用“Linetype”命令重新设置此线型的缩放比例。

13. 如何将直线转为多段线？

答：可以使用“Pedit”命令。

14. 如何绘制箭头？

答：可以执行“LE”命令绘制（缺点是箭头大小不可调），也可使用“PL”命令绘制箭头。

15. 所有箭头都是空心的怎么办？

答：执行“Fill”命令，并输入“On”即可，也可通过设置“标注样式”或“多重引线样式”对箭头的样式进行更改。

16. 为什么有时“Undo”命令无效？

答：Undo 操作对某些命令和系统变量无效，如“Save”“Open”“New”等涉及 CAD 文件操作和数据读写的命令都无法取消。

17. 为什么输入多行文字时，“堆叠”按钮不可用？

答：选中含有堆叠符号（♯，∧，/）的文字后，才可使用堆叠按钮。

18. 某些快捷命令太长，如何自定义？

答：可以自定义“命令别名”（即命令的缩写）。执行“Aliasedit”命令，在打开的对话框中进行设置即可。对于 2004 以前的版本可以直接对 acad.pgp 文件进行编辑。

19. 块定义命令“Block”和“Wblock”有何区别？

答：“Block”命令定义的块只能在当前文件中使用，而“Wblock”命令定义的块是一个独立存在的图形文件，可以被其他文件调用。

20. 请问如何测量带弧线的多段线与多线的长度？

答：只需要使用“List”命令即可。

21. 填充时很久找不到范围怎么办？

答：图线较多时，系统自动查找填充范围的时间会很长，此时提前使用“Layiso”命令让将被填充的范围线所在的图层孤立不失为一种好办法。

22. 画矩形或园时没有跟随框了怎么办？

答：设置系统变量“Dragmode”的值为 ON 即可。

23. 镜像时字体不镜像怎么办？

答：设置系统变量“Mirrtext”的值为 1 即可。

24. 缩放或移动已到极限怎么办？

答：有时将图形界限设置得再大，仍然无法显示图形。实际上这是实时平移和实时缩放的局限，与图形界限无关，此时只需双击鼠标中键，或执行“重生成”命令即可。

25. 什么是"哑图"?

答:是指只有图线和尺寸线,没有尺寸值的图纸。这是以前生产中的偷懒做法,现在用计算机制图很少出现"哑图"?

26. 炸开块后,多段线变成线怎么办?

答:执行"Explode"命令炸开块后,多段线会变成线,为了避免此种情况,请使用块编辑器对块进行编辑。如一定要在绘图区使用块中的图形,可在块编辑器中将图形复制。

27. 如何隐藏视口边线?

答:本书正文中有叙述,将边线所在图层隐藏即可。

28. 如何令 AutoCAD 打印时不生成 PLOT 文件?

答:选择"工具"→"选项"菜单,在"打印和发布"选项卡中取消"自动保存打印并发布日志"复选框的选中状态,再单击"打印戳记设置"按钮,单击"高级"按钮,取消"创建日记文件"复选框的选中状态即可。

29. 为什么有些图形能显示,却打印不出来?

答:如图形绘制在 AutoCAD 自动产生的图层("Defpoints" "Ashade"等)上,将出现这种情况,所以应尽量避免在这些图层上绘制图形。

30. 打印出来的字体是空心的怎么办?

答:设置"Textfill"变量的值为 1 即可?

31. 如何将 AutoCAD 图导入到 Photoshop 中?

答:可使用 Illustrator 打开 AutoCAD 文件,然后在 Illustrator 中复制选中的图线,再在 Photoshop 执行"粘贴"命令,并在弹出的对话框中选择"路径"单选钮即可。

32. 错误保存了文件怎么办?

答:如果仅保存了一次,及时将同名文件的扩展名 BAK 改为 DWG,再在 AutoCAD 中打开就可以了。如果保存了多次,原图就很难恢复了。

33. 如何将自动保存的图形复原?

答:选择"开始"→"运行"菜单,输入"%temp%"回车,可打开 AutoCAD 自动保存的文件所在的文件夹,找到 AUTO.SV $ 或 AUTO?.SV $ 文件,将其改名为图形文件即可在 AutoCAD 中打开。

34. 如何减少文件体积?

答:除了可以使用"Purge"命令对图形进行清理减少文件体积外,还可以执行"Wblock"命令,将文件做成块来传送。

35. 如何批量打印图纸?

答:AutoCAD 2004 之前的老版本可以执行系统目录下的 batchplt.exe 文件来进行批量打印,新版本可执行"Publish"命令进行批量打印。

36. 如何打印 PLT 文件?

答:通常可以执行"Copy Filename Lpt"命令(filename 为 PLT 文件名)打印 PLT 文件。如打印机为 USB 接口打印机,可以尝试打开打印机的打印机池功能。如仍然无法正确打印,最佳方法是从网上下载专用的 PLT 打印软件来打印 PLT 文件。使用 PLT 专用打印软件,不仅可以将 PLT 文件打印出来,而且可以实现批量打印。

37. 两个视口合并需要满足什么条件?

答:两个视口必须有长度相等的公共边。

38. 如何利用平铺视口画图?

答:在执行命令的过程中可以从一个视口向另一个视口画图,该功能在绘制尺寸大的图形时非常有用。例如画一条直线,在当前视图中选择第一个端点,然后切换到另一个视图中,选择第二个端点。

39. 为什么有时候"Undo"命令无法使用?

答:对于诸如"Save""Open""New"之类涉及 CAD 文件操作和数据读写的命令,UNDO 命令无法取消。

40. 为什么利用夹点镜像图形对象,源对象总不能保留?

答:与镜像图形对象命令默认设置保留源对象不同,利用夹点镜像图形对象命令必须选择"复制"选项,方可保留源对象。

41. "Bhatch"命令与"Hatch"命令有什么区别?

答:在旧版本中,在填充图案与边界上的关联性方面,二者曾有细微不同,目前版本升级了,两个命令完全一样。

42. 当要填充的图形为不完全闭合的区域,就无法进行图案填充了吗?

答:其实,即使想要填充的图形为不完全闭合的图形,也还是可以对其进行图案填充的。对此,有两种方法,第一种方法,可以在不闭合的地方绘制一条辅助多段线,使得不闭合图形成为闭合图形,再添加填充图案,最后再将绘制的辅助多段线删除。第二种方法是设置允许的间隙,只要间隙接近(小于或等于)设置的间距(不可过大或过小),间隙就被忽略,并将边界视为封闭的。具体操作为:将"图案填充"选项卡中"允许的间隙"区域中的"公差"文本框由默认的"0"单位改成一个可以使系统忽略没闭合部分间隙的一个计量单位。

附录 B　快捷命令一览表

1. 常用快捷键

【F1】:获取帮助
【F2】:文本窗口
【F8】:正交模式
【Ctrl+1】:特性对话框
【Ctrl+3】:资源管理器
【Ctrl+B】:栅格捕捉(F9)
【Ctrl+C】:复制
【Ctrl+F】:自动捕捉(F3)
【Ctrl+G】:栅格显示(F7)
【Ctrl+J】:重复上步操作
【Ctrl+K】:超级链接
【Ctrl+M】:选项对话框
【Ctrl+N】:新建
【Ctrl+O】:打开
【Ctrl+P】:打印
【Ctrl+S】:保存
【Ctrl+U】:极轴模式(F10)
【Ctrl+V】:粘贴
【Ctrl+W】:对象捕捉追踪(F11)
【Ctrl+X】:剪切
【Ctrl+Y】:重做
【Ctrl+Z】:取消前步操作

2. 常用单字符命令

A:绘图弧
B:定义块
C:画圆
D:标注样式管理
E:删除
F:倒圆角
G:组合
H:填充
I:插入块
T:多行文本
L:直线
M:移动
X:炸开
U:恢复上一次操作
O:偏移
P:移动
Z:缩放
S:拉伸

3. 常用绘图命令

PO:点
L:直线
PL:多段线
SPL:样条曲线
POL:正多边形
REC:矩形
C:圆
A:圆弧
EL:椭圆
T:多行文本(MT)
B:块定义
I:插入块
H:填充

4. 常用修改命令

CO:复制
MI:镜像
AR:阵列
AL:对齐
O:偏移
RO:旋转
M:移动
E:删除

X:分解
S:拉伸
TR:修剪
CHA:倒角
EX:延伸
F:倒圆角

5. 尺寸标注和其他

DLI:直线标注
DAL:对齐标注
DRA:半径标注
AA:测量
LA:图层操作
LT:线型
DDI:直径标注
DAN:角度标注
LE:快速引出标注
LW:线宽
REN:重命名
Z+E:显示全图
LIMIT:图形界限
Z+空格:显示全图
3DO:动态观察
3DC:自由动态观察

附录C　往年考试试题样题集

CAD 等级(市级)考试试题

(考试时间为 120 分钟)

一、文件操作。(5 分)

1. 在“我的电脑”中 E 盘根目下新建立一个文件夹,文件夹的名称为考生准考证号的后七位数。例如考生的准考证 034107861002408553 5,则考生文件夹名为 4085535。

2. 运行 AutoCAD 软件。

3. 建立新模板文件,模板的图形范围是 420×291。

4. 设置尺寸标注样式,尺寸比例为 100,标注精度为小数点后两位数,公差方式为极限偏差,精度为小数点后三位数。

5. 并将其保存到考生自己的子目录,名称为“TCAD1—1.dwg”。

二、基本图形的绘制。(10 分)

1. 在 CAD 环境下新建一个图形文件,绘图区域为:240×200。

2. 绘制二条长度为 100 的垂直平分线。

3. 绘制如图 1 所示的多义线,其中各圆弧相切。

4. 用文本命令完成如图所示的文字,文字高度 5 单位。

5. 完成的图形存入考生自己的目录,名称为“TCAD1—2.dwg”

图 1　CAD 基本绘图

三、属性设置。(10 分)

打开新文件,完成下面的样图。

1. 设置光标大小为 100,设置最近所用文件数为 5,设置自动保存分钟数为 15。

2. 设立新层粗实线、细实线、中心线、虚线、剖面线和尺寸线,如图所示,粗实线、细实线的线宽分别是 0.7 和 0.2,其中剖面线被冻,粗实线和中心线被锁。

3. 新建一个名为“CAD 新样式”样式,并设置为当前样式。

将完成的图形以 TCAD1—3.dwt 为文件名存入考生自己的子目录。

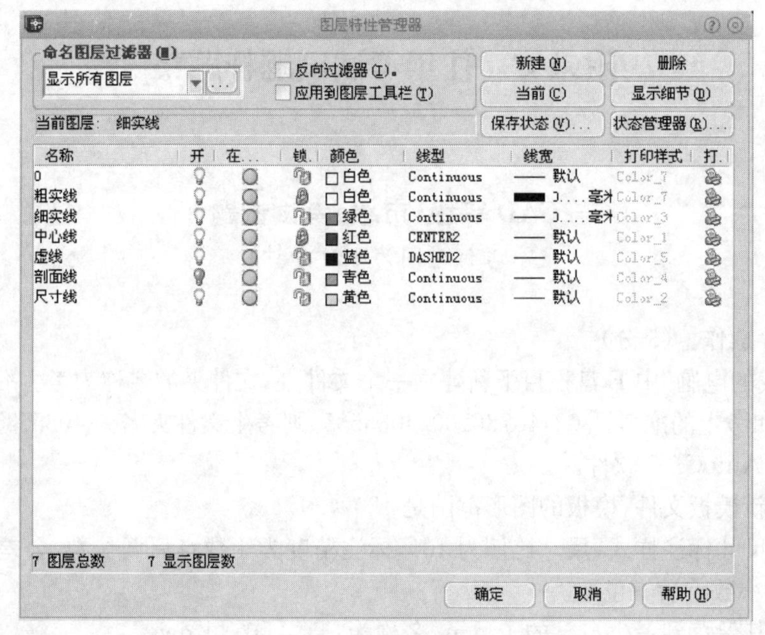

图 2　图层设置

四、图形编辑。(15 分)

打开 E:\CADTK 中的 KJCAD1—4 中的图形，要求用“Extend”“Mirror”“Array”“Trim”“Erase”等命令完成以下图形，并保存到考生自己的子目录下。

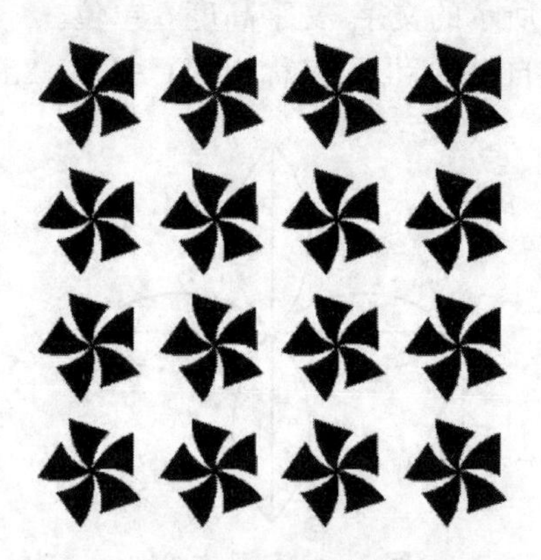

图 3　旋转与阵列

五、精确绘图。(20 分)

按图形的尺寸精确绘图(尺寸标注、文字注释不画)，绘图方法、图形编辑方法不限，注意使用辅助线(用后删去)，未明确要求线宽的，线宽为 0。

1. 建立合适的模型空间及栅格距离图形放置在模型空间范围内。

2. 图中的中心线应放在中心线层上，线型为 Center，颜色为红色。

3. 图中的外轮廓线为封闭的多义线，线宽为 0.5，要求轮廓线连接平滑。

完成后图形以“TCAD1—5”保存到考生自己的子目录。

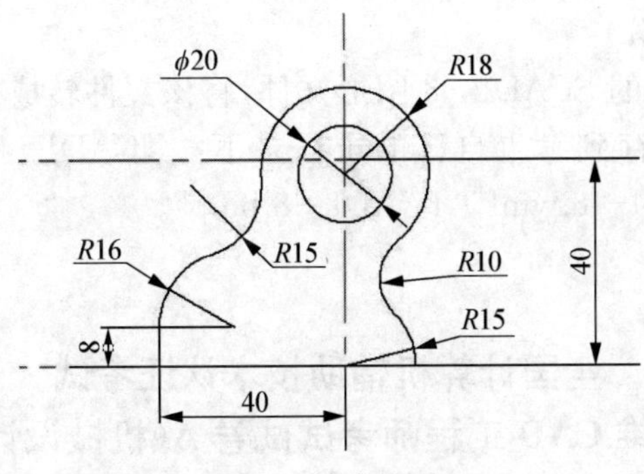

图 4 精确绘图

六、尺寸标注。（20 分）

打开 E:\CADTK 中的 SCAD1—6.dwg 图形文件，请按本题图示标注尺寸。

要求：

1. 建立标注层(DIM)，本层的颜色为红色，线型为细实线。
2. 尺寸文字的大小和箭头要求设置恰当。

完成后将图形存入考生自己的子目录，名称为“TCAD1—6”。

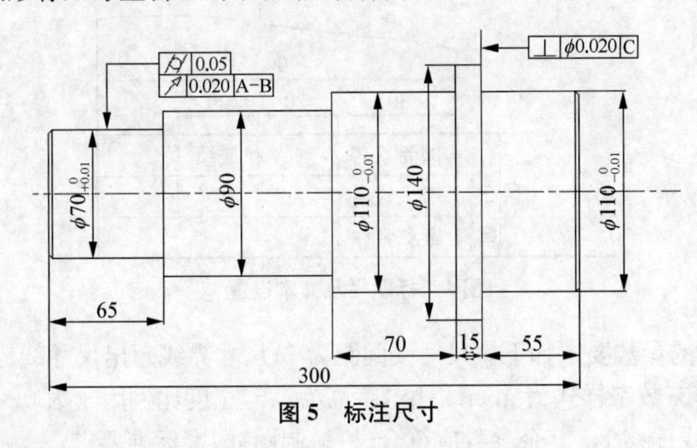

图 5 标注尺寸

七、三维作图基础。（10 分）

三维作图：

1. 新建一个图形文件，作三维图。
2. 尺寸自定，其效果如图 6 所示。
3. 完成后将图形存入考生自己的子目录，名称为“TCAD1—7”。

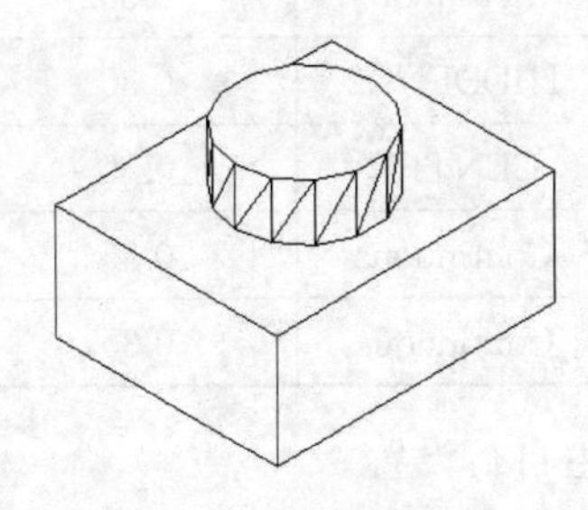

图 6 三维图绘制

八、文件输出。(10 分)

打开 E:\CADTK 中的 SCAD1—8 图形文件,将该文件转成如下格式文件(eps、dxf、3ds、wmf、bmp),分别保存到考生自己的子目录下:"TCAD1—8. eps""TCAD1—8. dxf""TCAD1—8.3ds""TCAD1—8.wmf""TCAD1—8.bmp"。

全国计算机辅助技术认证考试
二维 CAD 工程师考试试卷 A(机械设计)

(考试时间 150 分钟,总分 100 分)

一、环境设置。(12 分)

1. 设置 A2 图幅,用粗实线画出图框(574×400),按尺寸在右下角绘制标题栏,并填写考点名称、考生姓名和考号。具体要求:字高为 5;字体样式为"T 仿宋_GB2312(Windows 7 系统为 T 仿宋)";宽度比例取 0.8;标题栏尺寸如图 1 所示(注意:画出的标题栏上不注尺寸)。

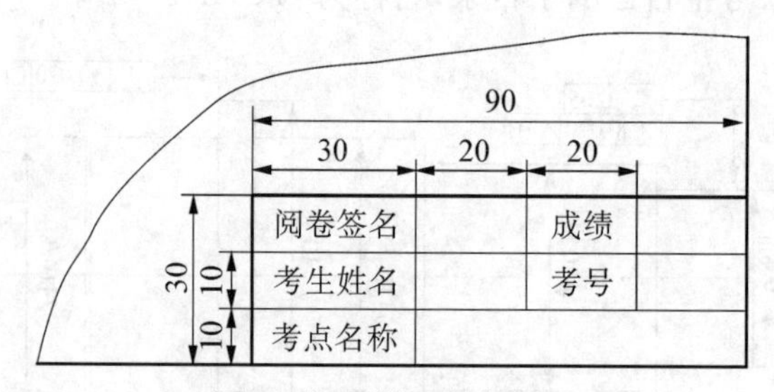

图 1　标题栏及文本设置

2. 尺寸标注的参数要求如下。尺寸线间距为 7;尺寸界线超出尺寸线为 2;起点偏移量为 0;箭头大小为 3;数字样式为 gbeitc.shx,字高为 3.5,宽度比例因子为 0.8,倾斜角度为 0,数字位置从尺寸线偏移 1。其余参数应符合《机械制图》国家标准要求。

3. 设置图层,分层绘图。图层、颜色、线型、打印要求见表 1。

表 1　图层设置

层 名	颜色	线型	线宽	用途	打印
粗实线	黑/白	Continuous	0.7	粗实线	打开
细实线	黑/白	Continuous	0.35	细实线	打开
虚线	洋红	HIDDENX2	0.35	细虚线	打开
中心线	红	CENTER	0.35	中心线	打开
尺寸线	绿	Continuous	0.35	尺寸、文字	打开
剖面线	蓝	Continuous	0.35	剖面线	打开

另外需要建立的图层,由考生自行设置。

4. 将所有要求绘制的图形储存在一个文件中,并均匀地布置在图框线内。存盘前使图框充满屏幕，文件名采用“考号加姓名”命名，例如：001 李小丽。

二、按图 **2** 所注尺寸，用 **1∶1** 的比例抄画平面图形，并标注全部尺寸。（ **15** 分）

三、根据图 **3** 轴测图，按 **1∶1** 的比例绘制其三视图，不注尺寸。（ **18** 分）

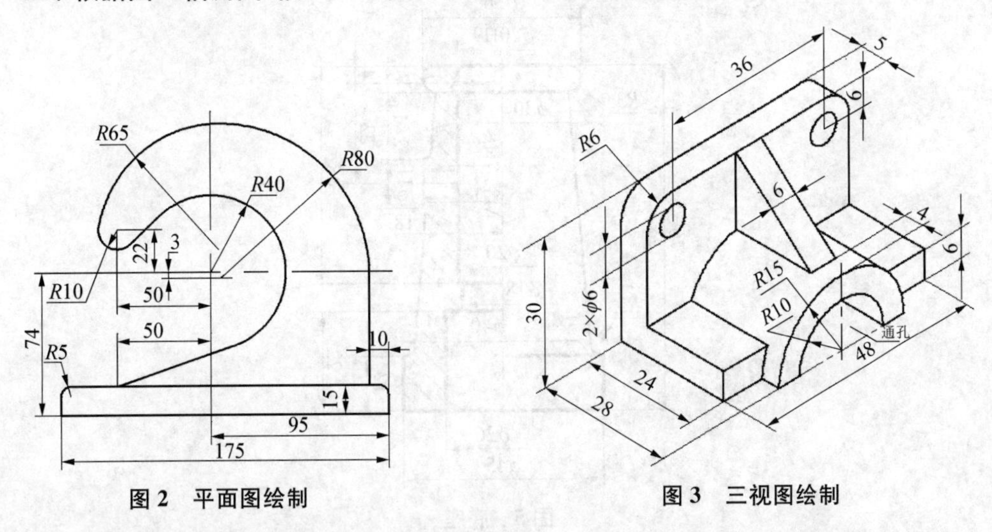

图 2　平面图绘制　　　　**图 3　三视图绘制**

四、根据图 **4**，按 **1∶1** 的比例抄画轴架的零件图，补画 ***K*** 处移出断面图，并注全尺寸和技术要求（图框及标题栏不必画出）。（ **25** 分）

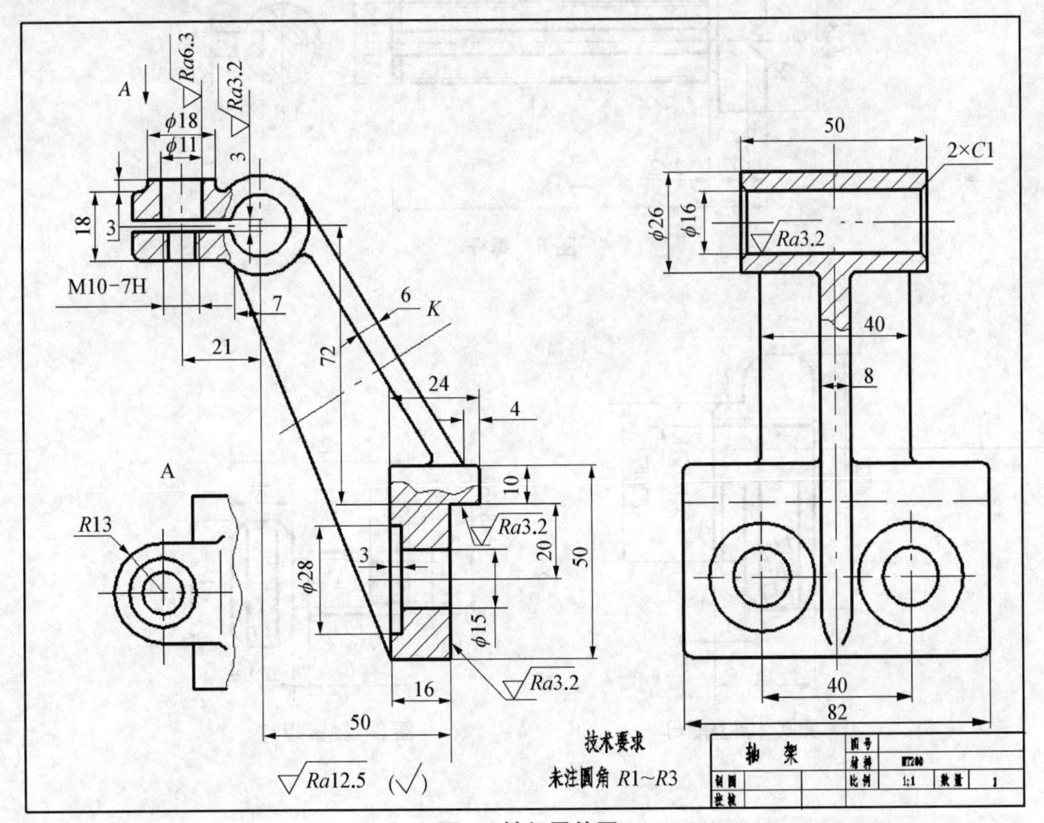

图 4　轴架零件图

五、根据图 5～图 8 给定的零件图，按 1∶1 比例绘制小千斤顶装配图（如图 9 所示装配参考图），并标注零件序号及有关尺寸（标题栏及明细表不必画出）。（30 分）

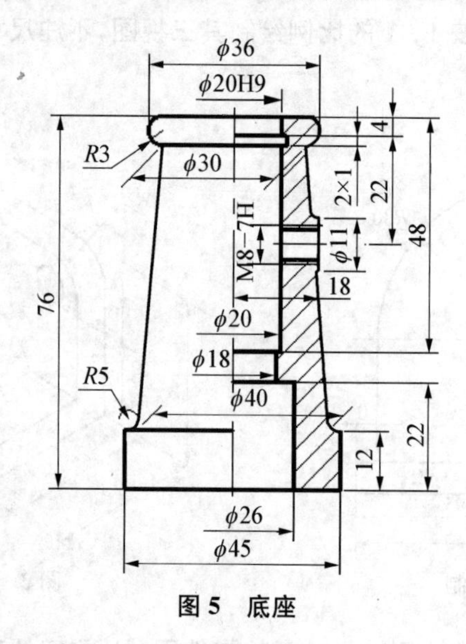

图 5　底座

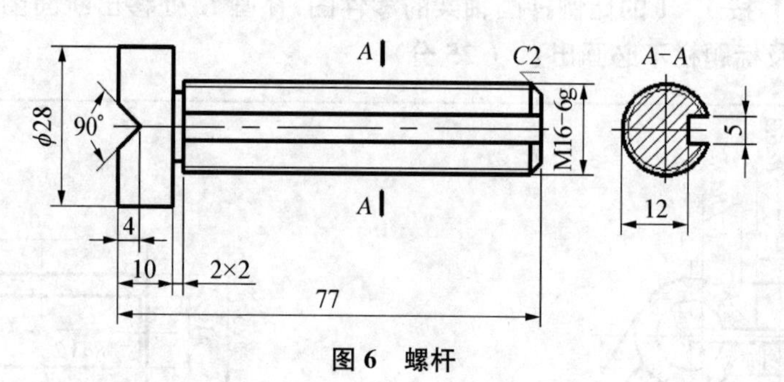

图 6　螺杆

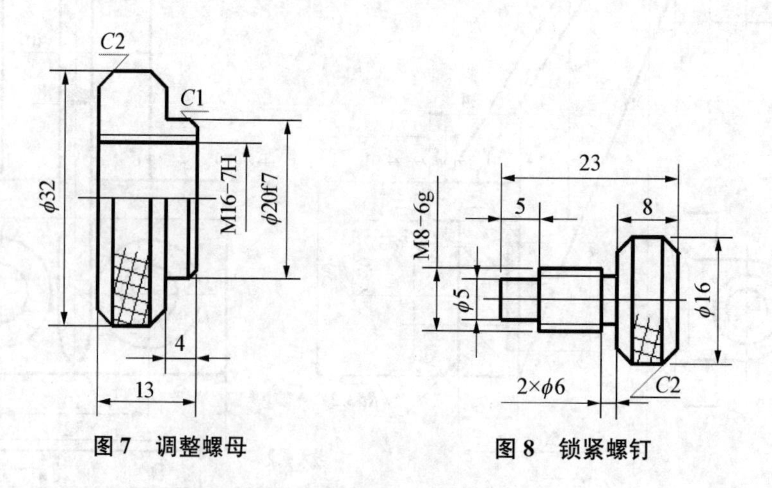

图 7　调整螺母　　　　图 8　锁紧螺钉

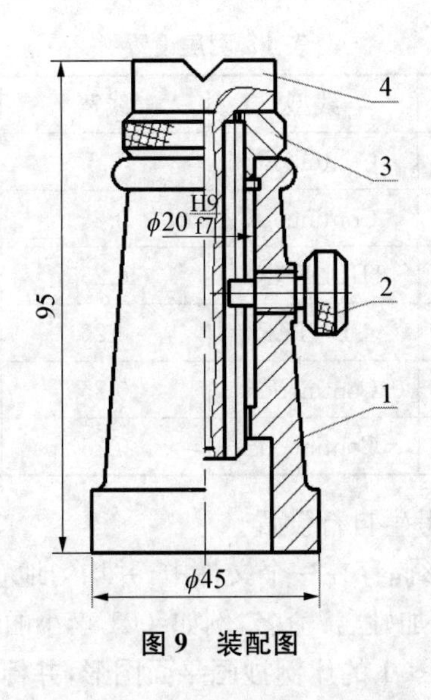

图 9　装配图

全国计算机辅助技术认证考试
二维 CAD 工程师考试试卷 B(机械设计)

(考试时间 150 分钟,总分 100 分)

一、环境设置。(12 分)

1. 设置 A2 图幅,用粗实线画出图框(574×400),按尺寸在右下角绘制标题栏,并填写考点名称、考生姓名和考号。具体要求:字高为 5;字体样式为"T 仿宋_GB2312(Windows 7 系统为 T 仿宋)";宽度比例取 0.8;标题栏尺寸如图 1 所示(注意:画出的标题栏上不注尺寸)。

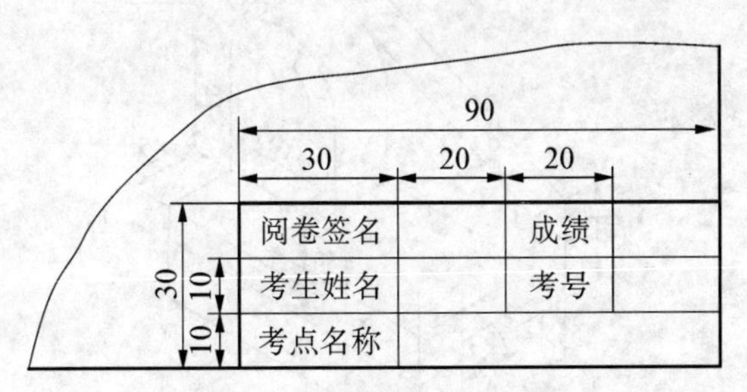

图 1　标题栏及文本设置

2. 尺寸标注的参数要求如下。尺寸线间距为 7;尺寸界线超出尺寸线为 2;起点偏移量为 0;箭头大小为 3;数字样式为 gbeitc.shx,字高为 3.5,宽度比例因子为 0.8,倾斜角度为 0,数字位置从尺寸线偏移 1。其余参数应符合《机械制图》国家标准要求。

3. 设置图层,分层绘图。图层、颜色、线型、打印要求见表 1。

表 1　图层设置

层名	颜色	线型	线宽	用途	打印
粗实线	黑/白	Continuous	0.5	粗实线	打开
细实线	黑/白	Continuous	0.25	细实线	打开
虚线	洋红	HIDDENX2	0.25	细虚线	打开
中心线	红	CENTER	0.25	中心线	打开
尺寸线	绿	Continuous	0.25	尺寸、文字	打开
剖面线	蓝	Continuous	0.25	剖面线	打开

另外需要建立的图层，由考生自行设置。

4. 将所有要求绘制的图形储存在一个文件中，并均匀地布置在图框线内。存盘前使图框充满屏幕，文件名采用“考号加姓名”命名，例如：001 李小丽。

二、按图 2 所注尺寸，用 1∶1 的比例抄画平面图形，并标注全部尺寸。（15 分）

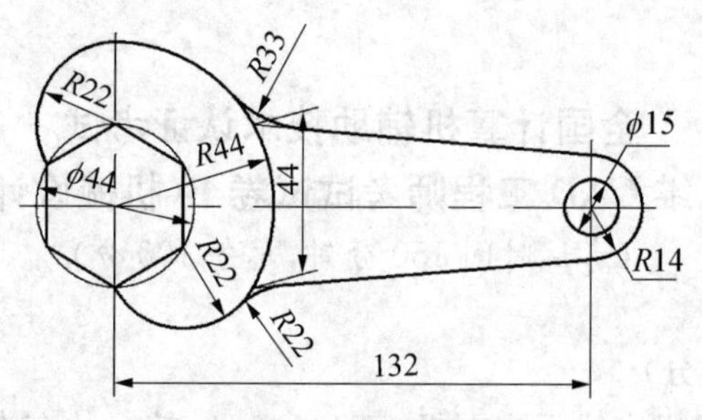

图 2　二维平面图

三、根据图 3 轴测图，按 1∶1 的比例绘制三视图，不注尺寸。（18 分）

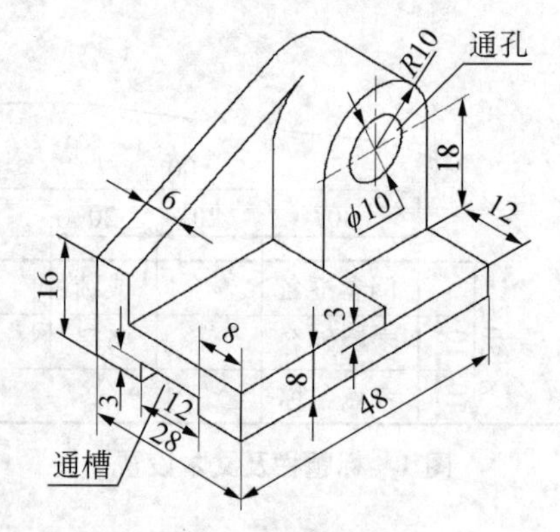

图 3　三视图绘制

四、根据图 4，按 1∶1 的比例抄画阀盖的零件图，并注全尺寸和技术要求。（ 25 分 ）

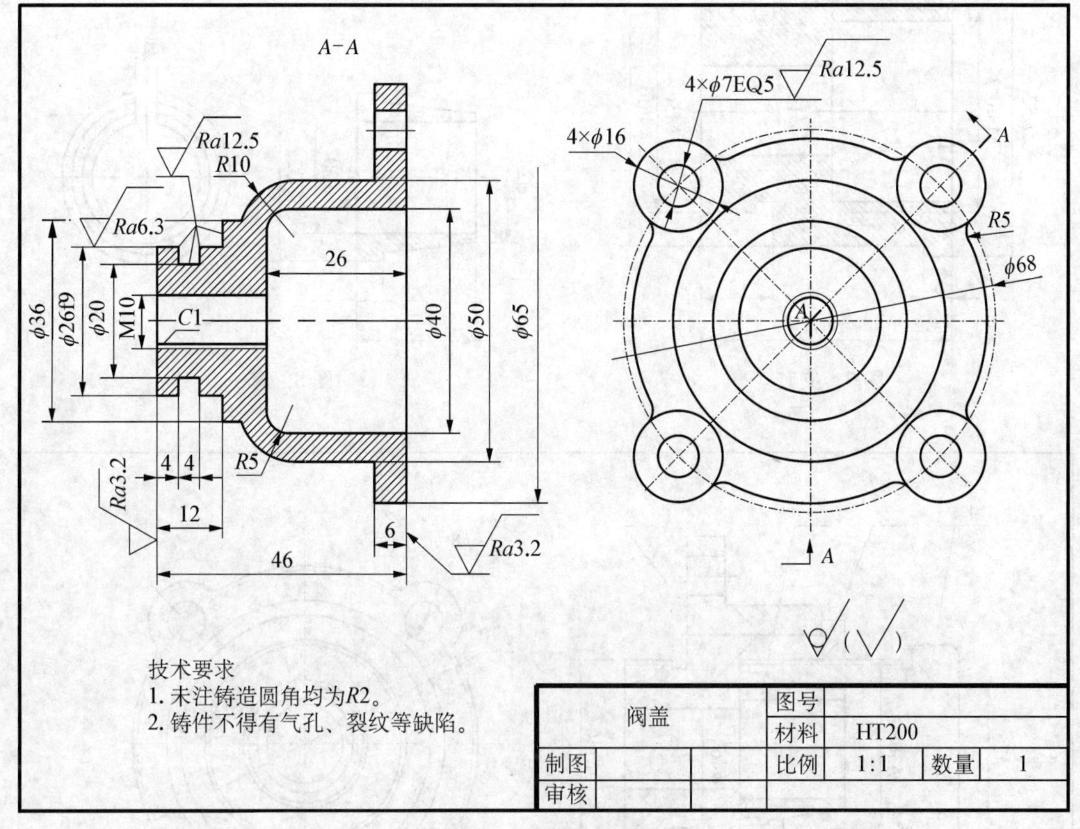

图 4　阀盖零件图

五、根据图 5～图 8 给定的零件图，按 1∶1 比例绘制夹线体装配图（如图 9 所示装配参考图），并标注零件序号和必要尺寸（标题栏及明细表不必画出）。（ 30 分 ）

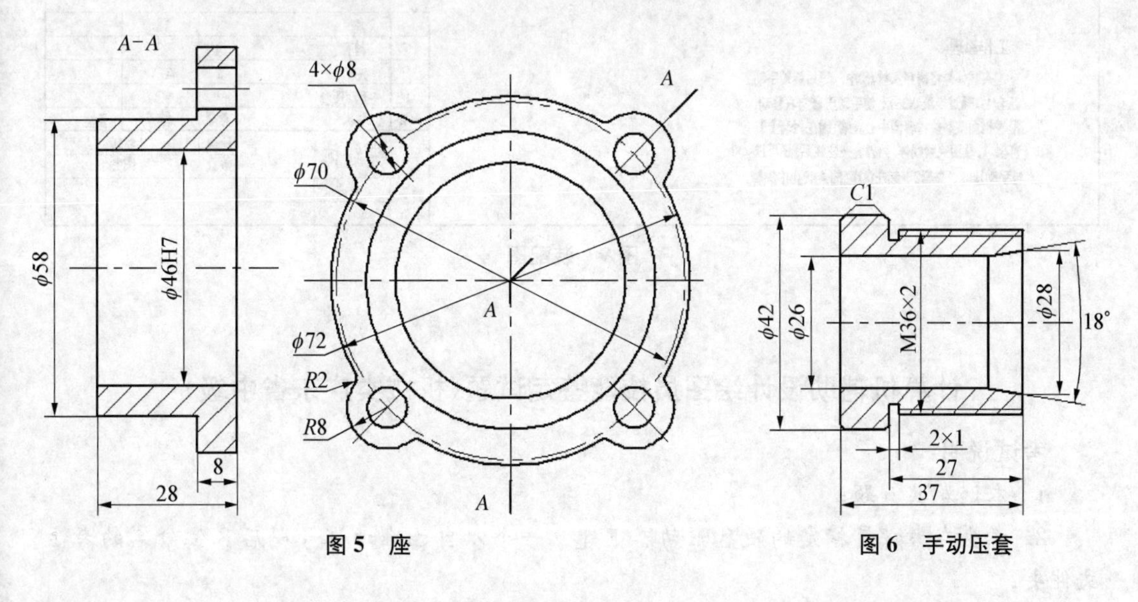

图 5　座　　　　图 6　手动压套

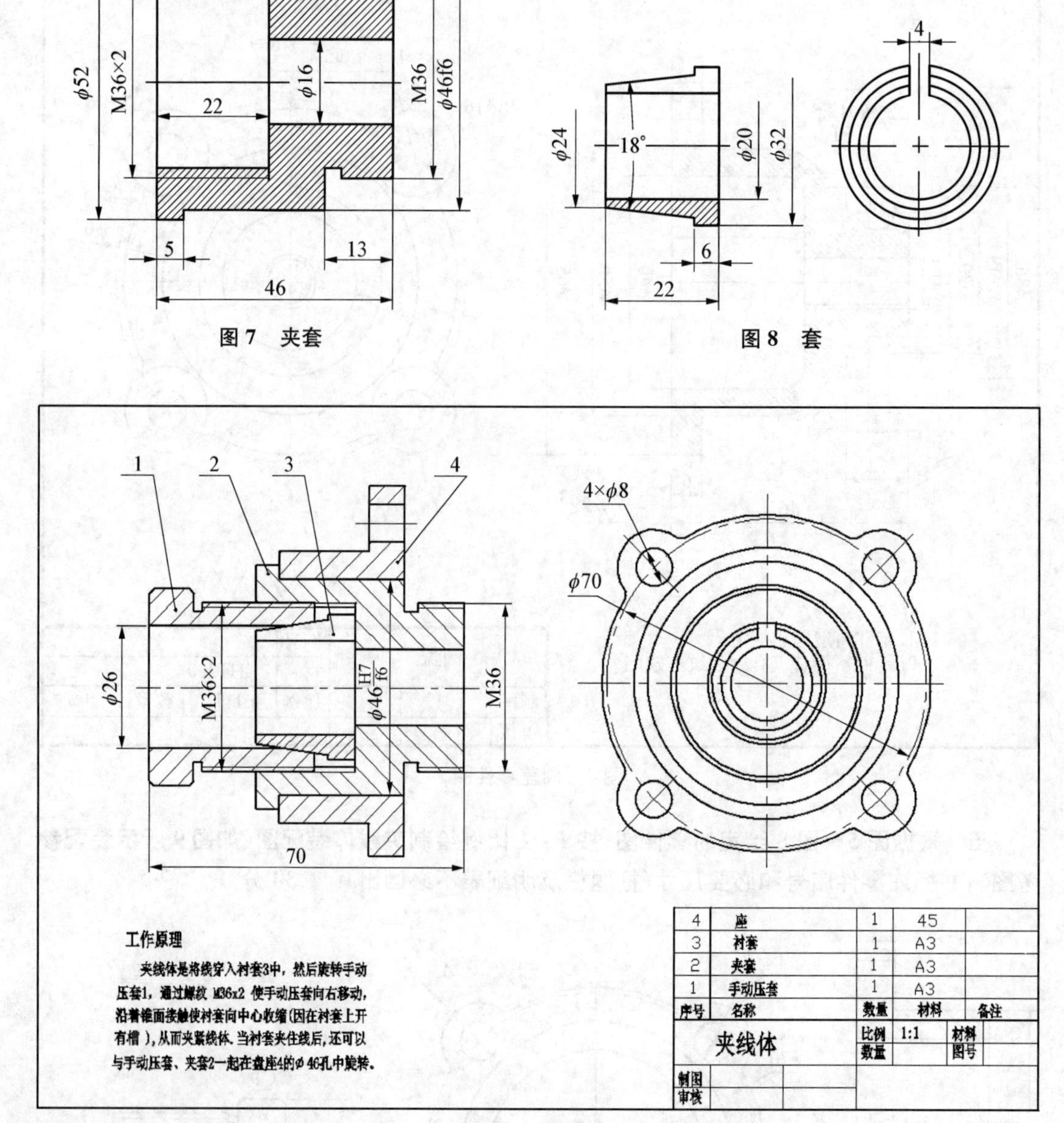

图 7　夹套

图 8　套

图 9　装配图

计算机辅助设计绘图员技能鉴定试题(机械类广东省中级)

考试说明：

1. 本试卷共 6 题；

2. 考生在考评员指定的硬盘驱动器下建立一个以自己准考证号码后 8 位命名的考生文件夹；

3. 考生在考评员指定的目录，查找“绘图员考试资源 A”文件，并据考场主考官提供的密码解压到考生已建立的考生文件夹中；

4. 然后依次打开相应的 6 个图形文件，按题目要求在其上作图，完成后仍然以原来图形文件名保存作图结果，确保文件保存在考生已建立的文件夹中，否则不得分；

5. 考试时间为 180 分钟。

一、基本设置。（8 分）

打开图形文件 A1.dwg，在其中完成下列工作：

1. 按以下规定设置图层及线型，并设定线型比例。绘图时不考虑图线宽度。

图层名称	颜色(颜色号)	线型
01	绿　(3)	实线 Continuous (粗实线用)
02	白　(7)	实线 Continuous(细实线、尺寸标注及文字用)
04	黄　(2)	虚线 ACAD_ISO02W100
05	红　(1)	点画线 ACAD_ISO04W100
07	粉红　(6)	双点画线 ACAD_ISO05W100

2. 按 1∶1 比例设置 A3 图幅(横装)一张，留装订边，画出图框线(纸边界线已画出)。

3. 按国家标准的有关规定设置文字样式，然后画出并填写如图 1 所示的标题栏。不标注尺寸。

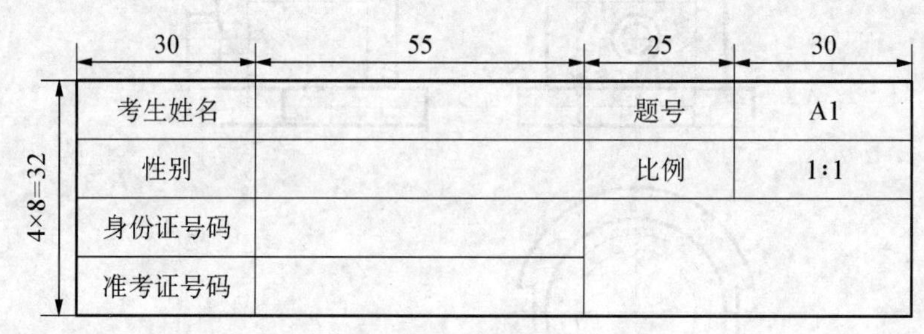

图 1　标题栏

4. 完成以上各项后，仍然以原文件名保存。

二、用 1∶1 比例作出如图 2 所示图形，不标注尺寸。（10 分）

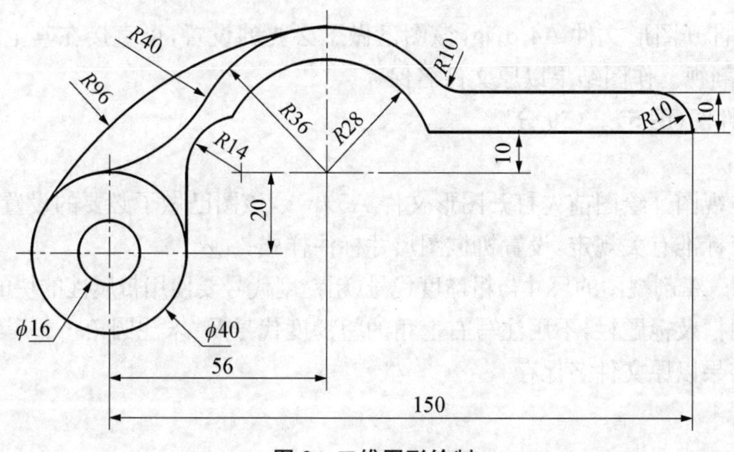

图 2　二维图形绘制

绘图前先打开图形文件 A2.dwg,该图已做了必要的设置,可直接在其上作图,作图结果以原文件名保存。

三、根据已知立体的 2 个投影作出第 3 个投影。(10 分)

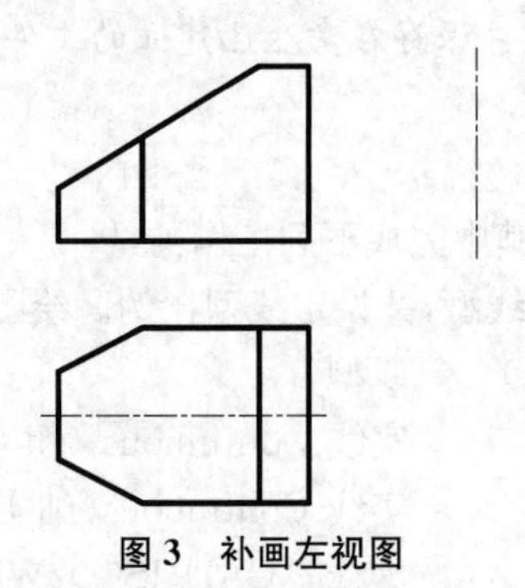

图 3　补画左视图

绘图前先打开图形文件 A3.dwg，该图已做了必要的设置,可直接在其上作图,作图结果以原文件名保存。

四、把如图 4 所示立体的主视图画成半剖视图,左视图画成全剖视图。(10 分)

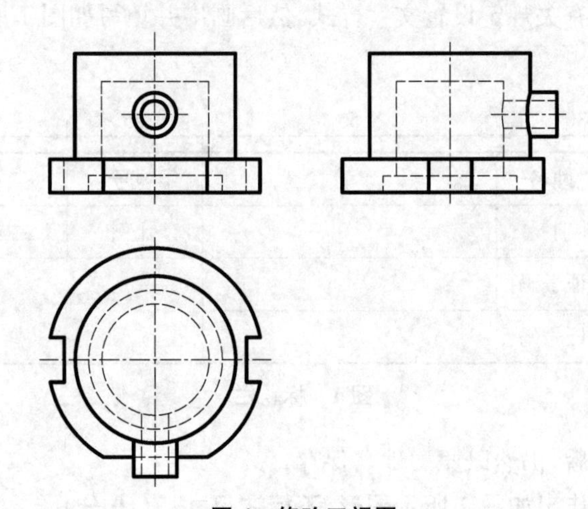

图 4　修改三视图

绘图前先打开图形文件 A4.dwg,该图已做了必要的设置,可直接在其上作图,主视图的右半部分取剖视。作图结果以原文件名保存。

五、画零件图(图 5)。(50 分)

具体要求：

1. 画 2 个视图。绘图前先打开图形文件 A5.dwg,该图已做了必要的设置;
2. 按国家标准有关规定,设置机械图尺寸标注样式;
3. 标注 $A-A$ 剖视图的尺寸与粗糙度代号(粗糙度代号要使用带属性的块的方法标注);
4. 不画图框及标题栏,不用注写右上角的粗糙度代号及“未注圆角……”等字样);
5. 作图结果以原文件名保存。

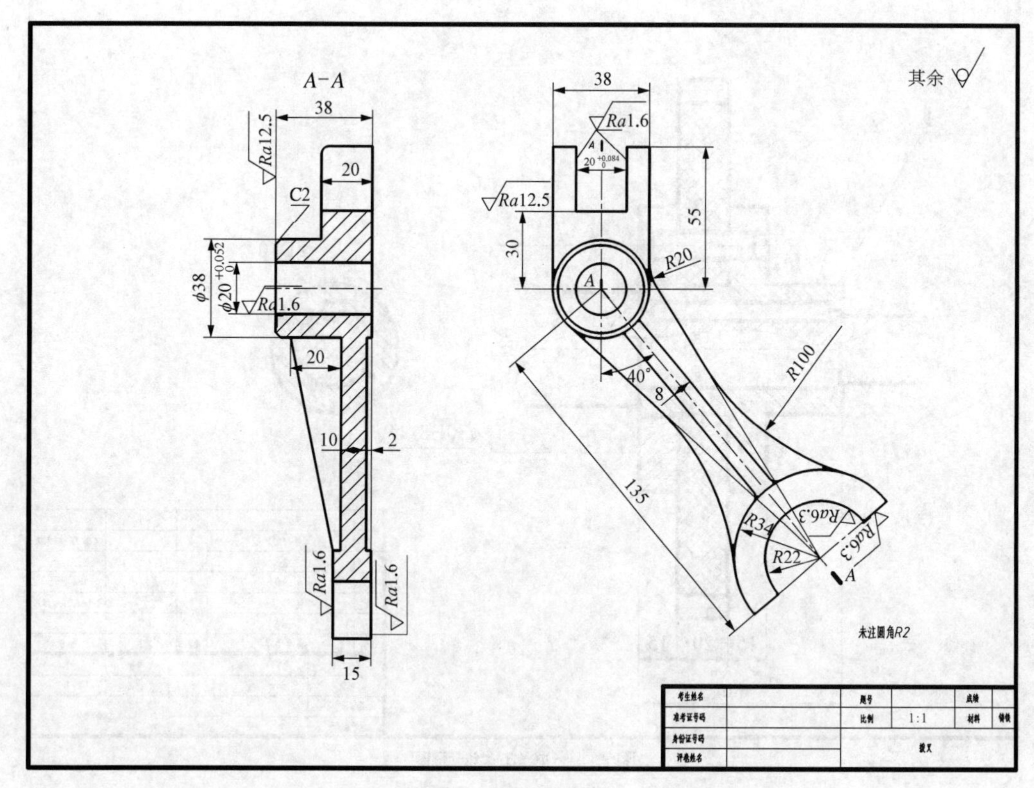

图 5 拔叉零件图

六、由给出的结构齿轮组件装配图(图 6)拆画零件 1(轴套)的零件图。(12 分)

具体要求:

1. 绘图前先打开图形文件 A6.dwg,该图已做了必要的设置,可直接在该装配图上进行编辑以形成零件图,也可以全部删除重新作图。

2. 选取合适的视图。

3. 标注尺寸。如装配图标注有某尺寸的公差代号,则零件图上该尺寸也要标注上相应的代号。不标注表面粗糙度符号和形位公差符号,也不填写技术要求。

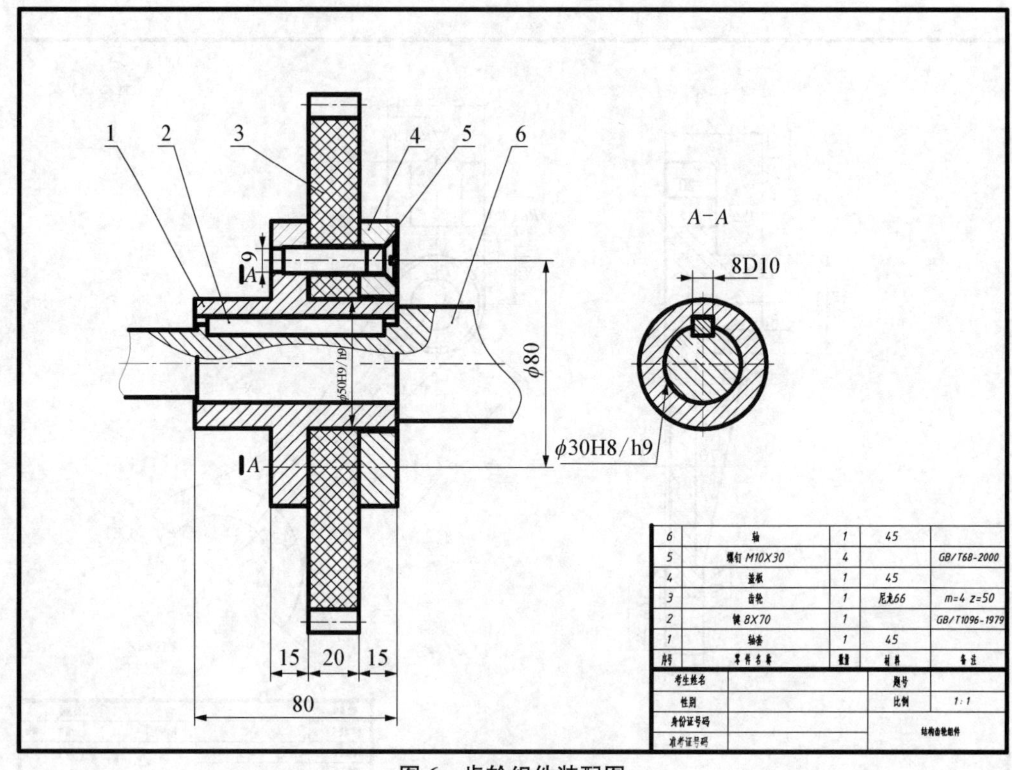

图 6　齿轮组件装配图

计算机辅助设计高级绘图员技能鉴定试题

机械类　第一卷　题号：CADH1 - 39

考试说明：

1. 技能鉴定分两卷进行，本试卷为第一卷，共两题，考试时间为 180 分钟。

2. 考生须在考评员指定的硬盘驱动器下新建一个考生文件夹，文件夹的名称为准考证号后 8 位。

3. 考生在考评员指定的目录下，查找“高级绘图员(机械第一卷 A).exe”文件，并双击文件，将文件解压到考生文件夹中，解压密码为 song8001(注意字母大小写)。

4. 所有图纸的标题栏各栏目均要填写，未填写完整的题不评分。

一、根据两个视图，按以下要求作图。(40 分)

要求：

1. 如图 1 所示，根据已给物体的两个视图，补画半剖视的左视图，并将主视图改画为全剖视图。

2. 作图要准确，符合国家标准《机械制图》的规定，投影关系要正确。

3. 完成后，以 CADH1 - 39 - 1.dwg 为文件名存入考生文件夹中。

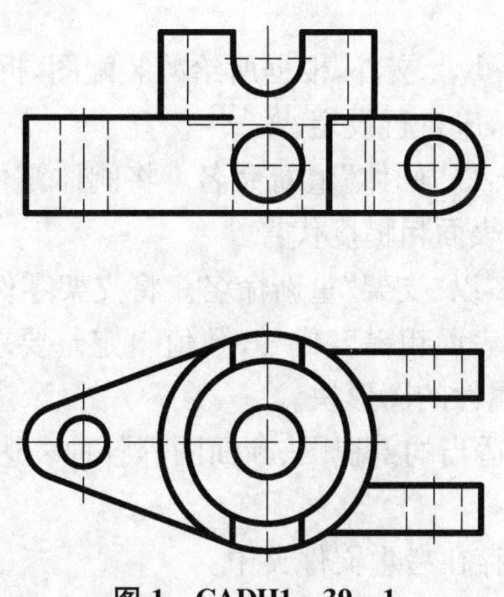

图 1　CADH1－39－1

二、由装配图拆画零件图。（60 分）

图 2 所示为自动闭锁式塞阀的装配图。

工作原理：自动闭锁式塞阀用手柄 1 来控制阀的开、关。当手柄绕支点向下压时，使阀杆 8 向下移动，此时压缩弹簧 9，阀门打开，介质流通。当手柄绕支点向上提时，由于压簧的作用，使阀杆向上移动，直至阀门关闭成自动闭锁。

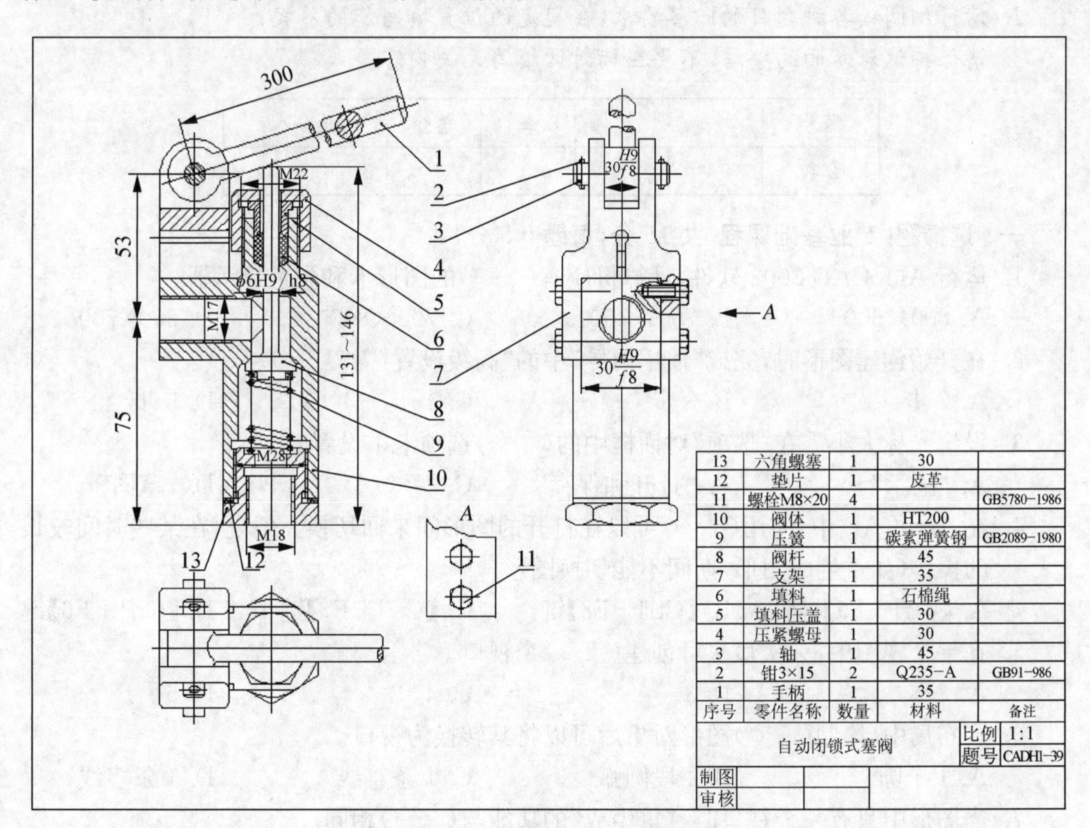

序号	零件名称	数量	材料	备注
13	六角螺塞	1	30	
12	垫片	1	皮革	
11	螺栓M8×20	4		GB5780－1986
10	阀体	1	HT200	
9	压簧	1	碳素弹簧钢	GB2089－1980
8	阀杆	1	45	
7	支架	1	35	
6	填料	1	石棉绳	
5	填料压盖	1	30	
4	压紧螺母	1	30	
3	轴	1	45	
2	销3×15	2	Q235－A	GB91－986
1	手柄	1	35	

自动闭锁式塞阀	比例	1:1
	题号	CADH1－39
制图		
审核		

图 2　自动闭锁式塞阀的装配图

要求：

1. 打开 CADH1－39－2.dwg 文件，根据所给的装配图，拆画(10)阀体、(7)支架的零件图，装配图上没有提供的资料，应自行设定。

2. 将已提供的“A3”布局，以“阀体”重新命名。将阀体零件以 1∶1 比例放置其中。不标注零件尺寸、公差带代号及表面粗糙度代号。

3. 将已提供的“A4”布局，以“支架”重新命名。将支架零件以 1∶1 比例放置其中；并标注零件的尺寸、公差带代号及表面粗糙度代号，数值自定。要求所标注尺寸不得炸开分解，表面粗糙度代号要创建为带属性的图形块。

4. 各零件按需要可选择适当的剖视图、断面图等各种表达方法。要求剖面图案不得炸开分解。

5. 完成后以原文件名保存在考生文件夹中。

全国信息化专业技能认证考试试卷(机械设计)

(考试时间:120 分钟　考试总分:100 分　考试科目:AutoCAD 机械设计)

注意事项

1. 请首先按要求在试卷的标封处填写您的姓名、考号等；
2. 请仔细阅读各种题目的回答要求，在规定的位置填写您的答案；
3. 请保持试卷卷面的整洁，不要在标封区填写无关内容。

题号	一	二	三	总分	总分人
分数					

一、选择题(专业基础课程，共 15 分，每题 0.5 分)

1. 运行 AutoCAD 2002 软件，计算机应有(　　)的图形卡和彩色显示器。
   A. 800×600　　B. 700×700　　C. 700×800　　D. 800X700
2. 在开始创建图形时，完成“使用向导”中的“高级设置”需(　　)。
   A. 2 步　　B. 3 步　　C. 4 步　　D. 5 步
3. 设置光标大小需在“选项”对话框中的(　　)选项卡中设置。
   A. “显示”　　B. “打开和保存”　　C. “系统”　　D. “草图”
4. 在 AutoCAD 中，使用(　　)可以在打开的图形间来回切换。但是，在某些时间较长的操作(如重生成图形)期间不能切换图形。
   A.【Ctrl＋F9】键　　B.【Ctrl＋F8】键　　C.【Ctrl＋F7】键　　D.【Ctrl＋F6】键
5. 在一个视图中，一次最多可创建(　　)个视口。
   A. 2　　B. 3　　C. 4　　D. 5
6. 在布局中，绘制(　　)图形对象后可以将其转换为视口。
   A. 1 个圆　　B. 1 段圆弧　　C. 1 条直线　　D. 1 条多线
7. 当图形中只有一个视口时，“重生成”的功能与(　　)相同。
   A. “窗口缩放”　　B. “实时平移”　　C. “重画”　　D. “全部重生成”
8. 在绘制圆环的过程中，改变圆环的绘制模式是通过(　　)命令实现的。

A. “Fill”　　B. “Solid”　　C. “Surftabl”　　D. “Surftab2”

9. (　　)命令用于绘制多条相互平行的线,每一条的颜色和线型可以相同,也可以不同,此命令常用来绘制建筑工程上的墙线。

A. “直线”　　B. “多段线”　　C. “多线”　　D. “样条曲线”

10. 在一个大的封闭区域内存在的一个独立的小区域称为(　　)。

A. 面域　　B. 孤岛　　C. 创建的边界　　D. 选择集

11. 在一个大的封闭区域内存在的一个独立的小区域称为(　　)。

A. 面域　　B. 孤岛　　C. 创建的边界　　D. 选择集

12. 以下哪种对象不能作为“Trim”命令修剪的对象(　　)。

A. “Xline”(结构线)　　B. “Pline”(具有宽度的多段线)

C. “Spline”(样条曲线)　　D. “Reline”(多线)

13. 用“Offset”命令绘制等距线,(　　)作为偏移的距离。

A. 零或负数都可以　　B. 可以是零,但不可以是负数

C. 只能是正数　　D. 不能是零,但可以是负数

14. 利用“Zoom”命令缩放显示,在选择了“All(全部)”选项后,本来显示的栅格有可能消失,这是因为(　　)。

A. 栅格太密,无法显示　　B. 自动关闭了栅格显示

C. 栅格太疏,无法显示　　D. 图形对象增多,无法显示

15. 被锁定的图层上的对象(　　)编辑,(　　)添加对象。

A. 可以、可以　　B. 可以、不能

C. 不能、可以　　D. 不能、不能

16. 用“Base”命令可以确定基点,对该基点的正确理解是(　　)。

A. 世界坐标系的原点

B. 用户坐标系的原点

C. Snap 捕捉栅格旋转时的基点

D. 本图形文件被其他图形文件插入时与插入点重合的点

17. 用“查询距离(Dist)”命令能得到两点间的距离,两点连线在 XY 平面上的倾角,两点连线与 XY 坐标面的(　　)和第二点相对于第一点的(　　)。

A. 距离,X 坐标增量　　B. 距离,Y 坐标增量

C. 夹角,X、Y 坐标增量　　D. 夹角,X、Y、Z 坐标增量

18. 下列对象执行“偏移”命令后,大小和形状保持不变的是(　　)。

A. 直线　　B. 圆弧　　C. 圆　　D. 椭圆

19. (　　)对象可以执行“拉长”命令中的“增量”选项。

A. 矩形　　B. 弧　　C. 圆　　D. 圆柱

20. (　　)对象适用“拉长”命令中的“动态”选项。

A. 多段线　　B. 直线　　C. 样条曲线　　D. 多线

21. (　　)命令用于创建平行于所选对象或平行于两尺寸界线源点连线的直线型尺寸。

A. “线性标注”　　B. “对齐标注”　　C. “连续标注”　　D. “快速标注”

22. 选中一个对象后，处于夹点编辑状态，按(　　)键可以切换夹点编辑模式，如镜像、移动、旋转、拉伸或缩放等。

A.【Shift】　　B.【Tab】　　C.【Ctrl】　　D.【Enter】

23. 下列不属于基本标注类型的标注是(　　)。

A. 快速标注　　B. 基线标注　　C. 线性标注　　D. 对齐标注

24. 在斜二等轴测图中，Z 轴处于铅垂位置，X 处于水平位置，Y 轴和 Z 轴成(　　)角。

A. 45°　　B. 90°　　C. 135°　　D. 18°

25. 在绘制等轴测图过程中不能切换等轴测图模式的是(　　)模式。

A. 等轴测图上　　B. 等轴测图下　　C. 等轴测图左　　D. 等轴测图右

26. 在 UCS 设置中，运用(　　)选项指定的三点不能在同一直线上，而 Y 轴及 Z 轴方向由第三点方向确定。

A. "三点"　　B. "正交"　　C. "移动"　　D. "删除"

27. (　　)命令用于绘制与轮胎相似的环形体。用此命令绘制的圆环体与当前 UCS 的 XY 平面平行。

A. "球体"　　B. "楔体"　　C. "圆环"　　D. "圆锥体"

28. 在 AutoCAD 打印中，使用某一打印机系统缺省的可打印区域时，打印出来的图纸图框通常比国家标准图纸规格的图框(　　)。

A. 要小　　B. 要大　　C. 要大小一样　　D. 可大可小

29. 在模型空间中有多个排列的平铺视口，对于模型空间而言，可以打印输出(　　)个平铺视口。

A. 1　　B. 2　　C. 3　　D. 4

30. 正交和极轴追踪是(　　)。

A. 正交是极轴的一个特例　　B. 不相同的概念

C. 名称不同，但是一个概念　　D. 极轴是正交的一个特例

二、判断题(专业基础课程，共 5 分，每题 0.5 分)

1. 0 层、当前层、含有图形对象的层不能被删除。(　　)
2. 在一幅工程图中可以包含有多个图层，但只能设置一个"当前层"。(　　)
3. 用户可以调整表格的行、列的大小。(　　)
4. 不可以利用夹点编辑对文本进行操作。(　　)
5. "Block"命令可以创建外部块。(　　)
6. 命名新块时要确定插入点。(　　)
7. 图块就是由多个图形对象组成的单一实体对象。(　　)
8. 内部块只能储存在定义于该块中，其他图形文件也可以使用。(　　)
9. 命名新块时要确定插入点。(　　)
10. 在 AutoCAD 2002 中，执行命令前、执行命令后、执行命令过程中、未选物体时、选定物体后所弹出的右键快捷菜单都相同。(　　)

三、实践操作题(专业认证课程，共 80 分)

1. 绘制如图 1 所示电风扇。(12 分)

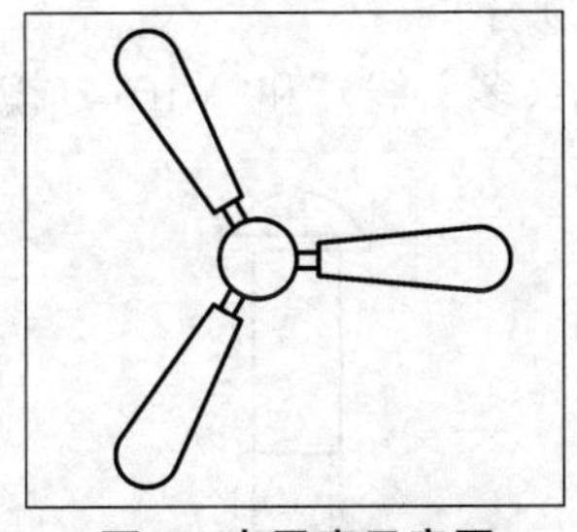

图 1　电风扇示意图

2. 绘制如图 2 所示卡车。(10 分)

要求:使用“Line(直线)”“Circle(圆)”“Trim(修剪)”等命令。

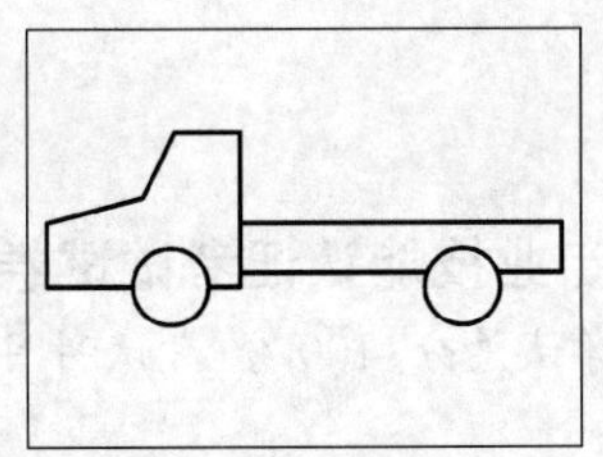

图 2　卡车示意图

3. 绘制如图 3 所示图形。(8 分)

图 3　花朵示意图

4. 绘制如图 4 所示哑铃。(15 分)

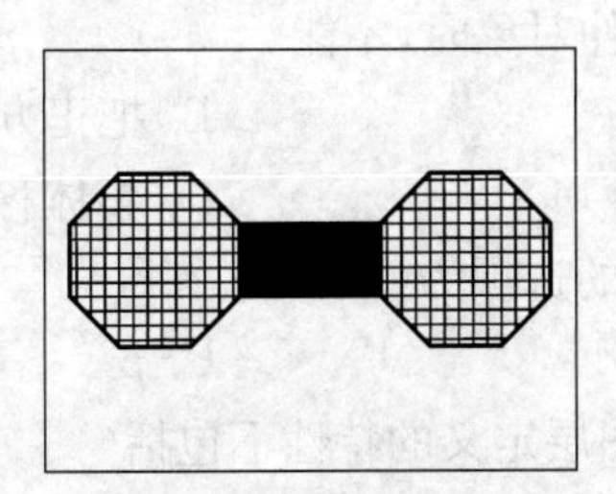

图 4　哑铃示意图

5. 绘制如图 5 所示试扳手。(15 分)

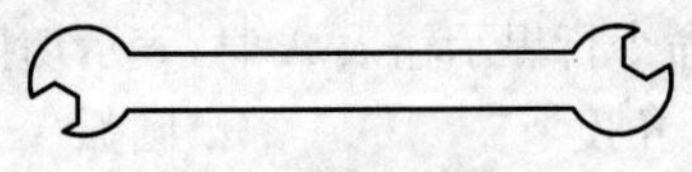

图 5　扳手示意图

6. 绘制如图 6 所示螺丝。(20 分)

要求:使用“Arc(圆弧)”“Pline(多义线)”和“Mirror(镜像)”等命令。

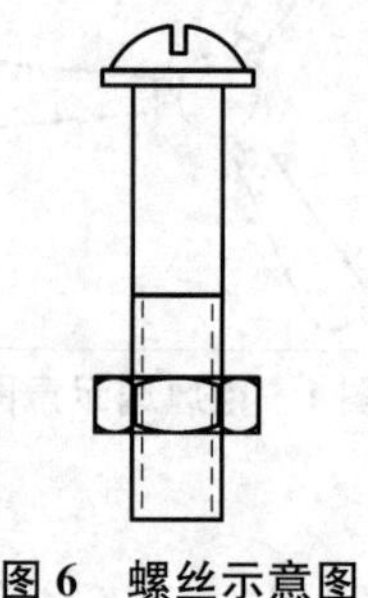

图 6　螺丝示意图

全国信息化专业技能认证考试试卷(模具设计)

(考试时间:120 分钟　考试总分:100 分 考试科目: AutoCAD 模具设计)

注意事项

1. 请首先按要求在试卷的标封处填写您的姓名、考号等;
2. 请仔细阅读各种题目的回答要求,在规定的位置填写您的答案;
3. 请保持试卷卷面的整洁,不要在标封区填写无关内容。

题号	一	二	三	总分	总分人
分数					

一、选择题(基础课程,共 15 分,每题 0.5 分)

1. 应用“倒角(Chamfer)”命令进行倒角操作时,(　　)。
   A. 不能对多段线对象进行倒角　B. 可以对样条曲线对象进行倒角
   C. 不能对文字对象进行倒角　D. 不能对三维实体对象进行倒角
2. “拉伸(Stretch)”命令拉伸对象时,不能(　　)。
   A. 把圆拉伸为椭圆　B. 把正方形拉伸成长方形
   C. 移动对象特殊点　D. 整体移动对象
3. 多次“复制(Copy)”对象的选项为(　　)。
   A. m　B. d　C. p　D. c
4. 在 AutoCAD 中可以给图层定义的特性不包括(　　)。
   A. 颜色　B. 线宽　C. 打印/不打印　D. 透明/不透明
5. Autodesk 公司推出 AutoCAD1.0 版本的时间是(　　)。
   A. 1977　B. 1982　C. 1988　D. 1997
6. 在绘制多段线时,当在命令行提示输入 A 时,表示切换到(　　)绘制方式。
   A. 直径　B. 角度　C. 圆弧　D. 直线
7. 下面哪种可以作为过滤器条件?(　　)

A. 随块　　B. 颜色　　C. 随层　　D. 绿色

8. 在 AutoCAD 2006 设置图层颜色时，可以使用(　　)种标准颜色。

A. 6　　B. 255　　C. 9　　D. 240

9. 当想把直线、弧和多线段的端点延长到指定的边界，且这些边界可以是直线、圆弧或多线段等，应使用哪一个命令？(　　)

A. Extend　　B. Fillet　　C. Area　　D. Pedit

10. 下列目标选择方式中，哪种方式可以快速全选绘图区中所有的对象？(　　)。

A. Esc　　B. Zoom　　C. Box　　D. All

11. "Array"命令与块参照中的哪一个命令相似？(　　)。

A. Insert　　B. Block　　C. Minsert　　D. Wblock

12. 应用相切、相切、相切方式画圆时(　　)。

A. 不需要指定圆的半径和圆心　　B. 相切的对象必须是直线

C. 从下拉菜单激活画圆命令　　D. 不需要指定圆心但要输入圆的半径

13. 半径尺寸标注的标注文字的默认前缀是(　　)。

A. R　　B. Rad　　C. D　　D. Radius

14. 在执行"全部缩放"或"范围缩放"命令后，(　　)图形不能完全显示。

A. 多段线　　B. 圆　　C. 直线　　D. 射线

15. 在定义块属性时，要使属性为定值，可选择(　　)模式。

A. 固定　　B. 验证　　C. 预置　　D. 不可见

16. 在打印样式表栏中选择或编辑一种打印样式，可编辑的扩展名为(　　)。

A. CTB　　B. DWG　　C. PLT　　D. WMF

17. (　　)对象执行"倒角"命令无效。

A. 弧　　B. 构造线　　C. 多段线　　D. 直线

18. 当启动向导时，如果选"使用样板"选项，每一个 AutoCAD 2006 的样板图形的扩展名应为(　　)。

A. TEM　　B. DWG　　C. DWK　　D. DWT

19. 快速引线后不可以尾随的注释对象是(　　)。

A. 复制对象　　B. 单行文字　　C. 公差　　D. 块参照

20. 哪一个命令可自动地将包围指定点的最近区域定义为填充边界？(　　)

A. "Pthatch"　　B. "Hatch"　　C. "Boundary"　　D. "Bhatch"

21. 运用"正多边形"命令绘制的正多边形可以看作是一条(　　)。

A. 构造线　　B. 直线　　C. 多段线　　D. 样条曲线

22. 下面哪个层的名称不能被修改或删除？(　　)

A. 缺省的层　　B. 未命名的层　　C. 0 层　　D. 标准层

23. 以下哪个命令不可绘制圆形的线条？(　　)

A. "Circle"　　B. "Ellipse"　　C. "Polygon"　　D. "Arc"

24. 重新执行上一个命令的最快方法是(　　)。

A. 按【Esc】键　　B. 按【空格】键　　C. 按【F1】键　　D. 按【Enter】键

25. 在创建块时，在块定义对话框中必须确定的要素为(　　)。

A. 块名、基点、对象　　B. 基点、对象、属性
C. 块名、基点、对象、属性　　D. 块名、基点、属性

26. 运行 AutoCAD 2006 软件，至少需要(　　)内存空间。
A. 48MB　　B. 64MB　　C. 32MB　　D. 40MB

27. 在绘制圆弧时，已知道圆弧的圆心、弦长和起点，可以使用“绘图”→“圆弧”命令中的(　　)子命令绘制圆弧。
A. 起点、圆心、角度　　B. 起点、端点、角度
C. 起点、端点、方向　　D. 起点、圆心、长度

28. 正交和极轴追踪是(　　)。
A. 正交是极轴的一个特例　　B. 不相同的概念
C. 名称不同，但是一个概念　　D. 极轴是正交的一个特例

29. 若选用 Metric(公制)，则设置绘图范围的命令和默认的绘图范围是(　　)。
A. “Zoom”、420×297　　B. “Limits”、297×210
C. “Limits”、12×9　　D. “Limits”、420×297

30. 在三维模型使用着色后，使用(　　)命令可停止着色，回到网格显示。
A. “重画”　　B. “消隐”　　C. “重新生成”　　D. “渲染”

二、判断题(基础课程，共 5 分，每题 0.5 分)

1. AutoCAD 样板图的扩展名是 DWG。(　　)
2. AutoCAD 中格式刷(特性匹配)能改变图线的图层、线型、颜色，但不能改变用“Pline”命令中宽度(W)设置绘出的线宽。(　　)
3. AutoCAD 中能把几个图层同时设为当前层。(　　)
4. 拉伸对象时必须用交叉窗口选择对象。(　　)
5. “栅格”显示既用于视觉参考，还能被打印出来，它是图形的一部分。(　　)
6. “重画”命令是一个透明命令。(　　)
7. AutoCAD 可以打开.dwg 格式的图形文件，还可以插入其他格式的图形文件。(　　)
8. 布局窗口是用来绘制图形的。(　　)
9. 模型空间和图纸空间之间不能进行切换。(　　)
10. 在图纸空间图纸窗口可以修改图形。(　　)

三、实践操作题(专业课程，共 80 分，操作结果请保存至以准考证号及考生姓名命名的考生文件夹，例如姓名：张某、准考证号：201110511110003，考生文件夹的名称则为：“201110511110003，张某”，考生文件夹请保存在没有设置还原的存储盘。)

1. 绘制如图 1 所示 Windows XP 标志，操作结果请保存为“1.dwg”。(10 分)

图 1　Windows XP 标志图

2．绘制如图 2 所示方向盘，操作结果请保存为“2.dwg”。（10 分）

要求：使用“圆形（Circle）”“多义线（Pline）”“阵列（Array）”和“偏移（Offset）”等命令。

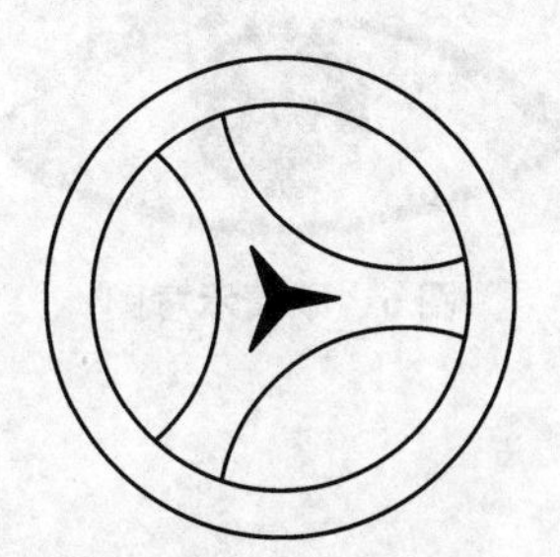

图 2　方向盘示意图

3．绘制如图 3 所示框架柱大样，操作结果请保存为“3.dwg”。（10 分）

要求：使用的工具有“矩形（Rectang）”“偏移（Offset）”“圆形（Circle）”“填充（Bhatch）”等命令。

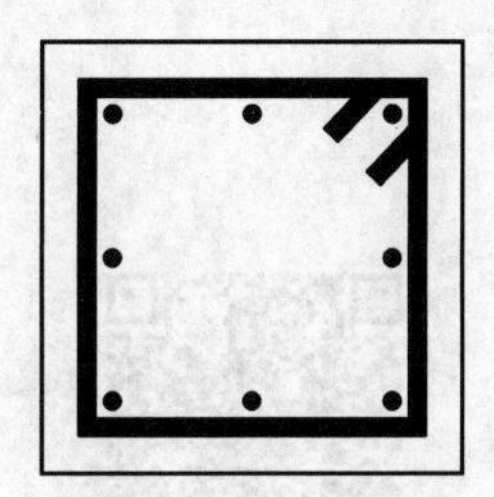

图 3　框架柱大样

4．绘制如图 4 所示面砖，操作结果请保存为“4.dwg”。（15 分）

要求：使用“矩形（Rectang）”“圆形（Circle）”和“边界图案填充（Bhatch）”等命令。

图 4　面砖示意图

5．绘制如图 5 所示鼠标，操作结果请保存为“5.dwg”。（15 分）

要求:使用“样条曲线(Spline)”“多义线(Pline)”“单行文本(Dtext)”等命令。

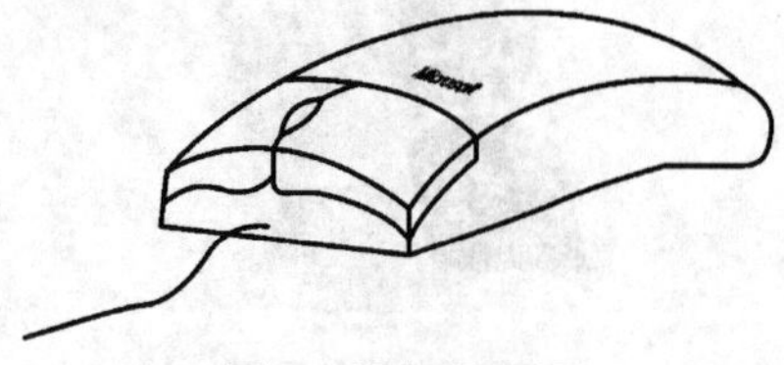

图 5　鼠标示意图

6. 绘制如图 6 所示眼睛,操作结果请保存为“6.dwg”。(20 分)

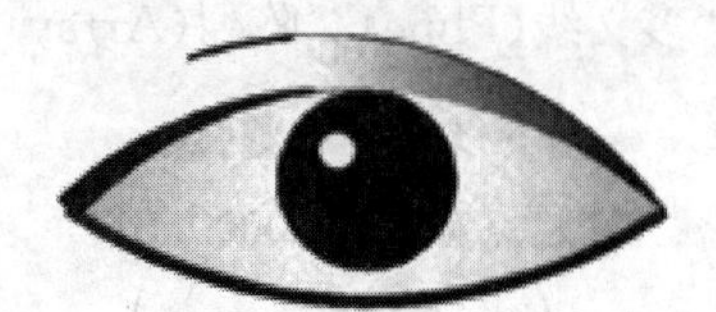

图 6　眼睛示意图

扫一扫可获取试题答案

参考文献

[1] 陈在良,余战波.AutoCAD 2013 项目式教程[M].北京:机械工业出版社,2014.

[2] 姜军.AutoCAD 2008 中文版应用基础[M].第 2 版.北京:人民邮电出版社,2009.

[3] 符莎,郭磊.AutoCAD 2013 机械绘图项目教程[M].北京:中国铁道出版社,2013.

[4] 胡仁喜,卢园等.AutoCAD 2013 中文版入门与提高[M].北京:化学工业出版社,2013.

[5] 新视角文化行.AutoCAD 2013 中文版机械设计实战从入门到精通[M].北京:人民邮电出版社,2013.

[6] 陈志民,李红术.中文版 AutoCAD 2013 课堂实录[M].北京:清华大学出版社,2014.

[7] 牛勇.AutoCAD 2013 中文版实用教程[M].北京:科学出版社,2013.

[8] 闫红娟,王侃.AutoCAD 2006 中文版基础教程[M].北京:人民邮电出版社,2006.

[9] 金大鹰.机械制图[M].第 2 版.北京:机械工业出版社,2006.

[10] 刘柏海等.AutoCAD 教程——机械类制图任务解析[M].北京:北京航空航天大学出版社,2013.

[11] 张兰等.AutoCAD 2013 中文版实例教程[M].南京:东南大学出版社,2016.

参考文献

[illegible]